Wissenschaftliche Taschenbücher

Mathematik · Physik

V. I. Karpman

Nichtlineare Wellen

Akademie-Verlag · Berlin

WTB Wissenschaftliche Taschenbücher

Reihe BIOLOGIE

HANS BERGNER
Tierernährung

HELMUT FRIEMEL / JOSEF BROCK
Grundlagen der Immunologie

HELLMUTH GÄBLER
Forstschutz

HEINZ GEILER
Ökologie der Land- und Süßwassertiere

PAUL HOFFMANN
Photosynthese

EBERHARD HOFMANN
Eiweiße und Nucleinsäuren als biologische Makromoleküle
Dynamische Biochemie, Teil I

EBERHARD HOFMANN
Enzyme und energiebereitstellende Reaktionen des Stoffwechsels
Dynamische Biochemie, Teil II

EBERHARD HOFMANN
Der Stoffwechsel lebendiger Systeme und seine Regulation
Dynamische Biochemie, Teil III

EBERHARD HOFMANN
Grundlagen der Molekularbiologie und Regulation des Zellstoffwechsels
Dynamische Biochemie, Teil IV

FRIEDRICH JACOB
Bewegungsphysiologie der Pflanzen

GERHARD LERCH
Pflanzenökologie

JOACHIM NITSCHMANN
Entwicklung bei Mensch und Tier

HANS-WERNER NOLTE
Pflanzenschutz in der Landwirtschaft

KLAUS ODENING
Parasitismus

ALFRED PALISSA
Bodenzoologie in Wissenschaft, Naturhaushalt und Wirtschaft

MARTIN SCHMIDT
Pflanzenschutz im Gartenbau

ULRICH SEDLAG
Biologische Schädlingsbekämpfung

LUDWIG SPANNHOF
Zellen und Gewebe der Tiere

GÜNTER TEMBROCK
Grundlagen der Tierpsychologie

GÜNTER TEMBROCK
Biokommunikation
Informationsübertragung im biologischen Bereich
Teil I und II

EBERHARD TEUSCHER
Pharmakognosie
Teil I und II

GERALD WOLF
Neurobiologie

Reihe CHEMIE

HANS-MARTIN BARCHET
Chemie photographischer Prozesse

ULRICH BEHRENS
MANFRED RINGPFEIL
Mikrobielle Polysaccharide

ROLF BORSDORF
MANFRED SCHOLZ
Spektroskopische Methoden in der organischen Chemie

HANS DAWCZYNSKI
Temperaturbeständige Faserstoffe aus organischen Polymeren

HANS DAWCZYNSKI
Temperaturbeständige Faserstoffe aus anorganischen Polymeren

WERNER DÖPKE
Stereochemie organischer Verbindungen

MARTIN FINKE / WALTER LEIPNITZ
Moderne Methoden der Erdölanalyse

ERICH GUNDERMANN
Chemie und Technologie des Braunkohlenteers

WERNER HABERDITZL
Magnetochemie

SIEGFRIED HAUPTMANN
Über den Ablauf organisch-chemischer Reaktionen

HORST KEHLEN / FRANK KUSCHEL
HORST SACKMANN
Grundlagen der chemischen Kinetik

GERHARD KEMPTER
Struktur und Synthese von Vitaminen

PETER KRUMBIEGEL
Isotopieeffekte

KLAUS KÜHNE
Werkstoff Glas

DIETER MERKEL
Riechstoffe

DIETER ONKEN
Steroide

JOACHIM RIEMER
Quantitative organische Mikroanalyse

ROLF SCHÖLLNER
Die Oxydation organischer Verbindungen mit Sauerstoff

WOLFGANG WAGNER
Chemische Thermodynamik

GÜNTHER WAGNER
HANS KÜHMSTEDT
Pharmazeutische Chemie

Reihe MATHEMATIK/PHYSIK

HANS BANDEMER
ANDREAS BELLMANN
WOLFHART JUNG / KLAUS RICHTER
Optimale Versuchsplanung

FRANK BEICHELT
Prophylaktische Erneuerung von Systemen

DIETRICH BENDER
ERNST-EGON PIPPIG
Einheiten, Maßsysteme, SI

WOLFRAM BRAUER
HANS-WALDEMAR STREITWOLF
Theoretische Grundlagen der Halbleiterphysik

SIEGFRIED BREHMER
Einführung in die Maßtheorie

FERDINAND CAP
Einführung in die Plasmaphysik
I. Theoretische Grundlagen
II. Wellen und Instabilitäten
III. Magnetohydrodynamik

JOHN CUNNINGHAM
Vektoren

GEORG DAUTCOURT
Relativistische Astrophysik

K. Ch. Delokarov
Relativitätstheorie und Materialismus

Albert Einstein
Grundzüge der Relativitätstheorie

Albert Einstein
Über die spezielle und die allgemeine Relativitätstheorie

Hannelore Fischer
Joachim Piehler
Modellsysteme der Operationsforschung

Alfred Frieser
Mikrowellenmeßtechnik

Herbert Goering
Elementare Methoden zur Lösung von Differentialgleichungsproblemen

Michael Gössel
Angewandte Automatentheorie
Band I und II

Michael Gössel
Wahrscheinlichkeitsautomaten und Zufallsfolgen

E. G. Golstein
Konvexe Optimierung

Helmut Hess
Der elektrische Durchschlag in Gasen

Wilhelm Kämmerer
Kybernetik — eine Einführung auf naturwissenschaftlicher Grundlage

Ulrich Kausmann
Klaus Lommatzsch
František Nožička
Lineare parametrische Optimierung

Volker Kempe
Theorie stochastischer Systeme

Volker Kempe
Analyse stochastischer Systeme
Teil I

A. R. Kessel
Akustische Kernresonanz

Heinrich Kindler
Der Regelkreis

Dieter Klaua
Elementare Axiome der Mengenlehre
Einführung in die
Allgemeine Mengenlehre I

Dieter Klaua
Grundbegriffe der axiomatischen Mengenlehre
Teil 1 und 2
Einführung in die
Allgemeine Mengenlehre II

Dieter Klaua
Kardinal- und Ordinalzahlen
Teil 1 und 2
Einführung in die
Allgemeine Mengenlehre III

Dieter König / Dietrich Stoyan
Methoden der Bedienungstheorie

Konrad Kreher
Festköryerphysik

Jean Kuntzmann
Unendliche Reihen

Jean Kuntzmann
Systeme von Differentialgleichungen

Jean Kuntzmann
Komplexe Veränderliche

Wolfgang Meiling
Kernphysikalische Elektronik

Peter Paufler / Dieter Leuschner
Kristallographische Grundbegriffe der Festkörperphysik

Harry Paul
Lasertheorie
Teil I und II

HARRY PAUL
Nichtlineare Optik
Teil I und II

WOLFGANG PAULI
Vierpoltheorie und ihre Anwendung auf elektronische Schaltungen

HARRY PFEIFER
Theorie linearer Bauelemente
Elektronik für den Physiker I

HARRY PFEIFER
Die Elektronenröhre
Elektronik für den Physiker II

HARRY PFEIFER
Schaltungen mit Elektronenröhren
Elektronik für den Physiker III

HARRY PFEIFER
Leitungen und Antennen
Elektronik für den Physiker IV

HARRY PFEIFER
Mikrowellenelektronik
Elektronik für den Physiker V

HARRY PFEIFER
Halbleiterelektronik
Elektronik für den Physiker VI

HARRY PFEIFER / W. HEINK
Schaltungen mit Transistoren
Elektronik für den Physiker VII

ULRICH RÖSEBERG
Determinismus und Physik

J. A. ROSANOW
Wahrscheinlichkeitstheorie

WOLFGANG SCHÄFER
Theoretische Grundlagen der Stabilität technischer Systeme

ERNST SCHMUTZER
Symmetrien und Erhaltungssätze der Physik

I. S. SHELUDEW
Elektrische Kristalle

N. D. SHEWANDROW
Die Polarisation des Lichtes

L. A. SKORNJAKOW
Elemente der Verbandstheorie

A. A. SMIRNOW
Metallphysik

A. S. SONIN / N. A. STRUKOW
Einführung in die Ferroelektrizität

HANS-JÜRGEN TREDER
Elementare Kosmologie

J. F. VINSON
Optische Kohärenz in der klassischen Theorie und in der Quantentheorie

TEXTE UND STUDIEN

D. M. BRINK
Kernkräfte

STEPHEN G. BRUSH
Kinetische Theorie
Teil I und II

Festkörperphysik
Entwicklungstendenzen und Anwendungsmöglichkeiten

D. TER HAAR
Quantentheorie

W. R. HINDMARSH
Atomspektren

J. H. SANDERS
Die Lichtgeschwindigkeit

GUSTAV E. R. SCHULZE
Beiträge zur Entwicklung der Metallphysik

R. A. R. TRICKER
Die Beiträge von Faraday und Maxwell zur Elektrodynamik

R. A. R. TRICKER
Frühe Elektrodynamik

Vorschau auf die nächsten Bände:

W. L. Ginsburg
Über Physik und Astrophysik

Herbert Goering
Asymptotische Methoden zur Lösung von Differentialgleichungen

Dieter Kress
Theoretische Grundlagen der Signal- und Informationsübertragung

Dierck-Ekkehard Liebscher
Relativitätstheorie mit Zirkel und Lineal

Dieter Spaar
Hans-Joachim Müller
Helmut Kleinhempel
Klaus Neumann
Bakteriosen der Kulturpflanzen

Regine Witkowski
Falko H. Herrmann
Einführung in die klinische Genetik

WTB

BAND 164

V. I. Karpman

Nichtlineare Wellen

in dispersiven Medien

Mit 25 Abbildungen

AKADEMIE-VERLAG · BERLIN

Reihe MATHEMATIK UND PHYSIK

Herausgeber:
Prof. Dr. phil. habil. W. Holzmüller, Leipzig
Prof. Dr. phil. habil. A. Lösche, Leipzig
Prof. Dr. phil. habil. H. Reichardt, Berlin
Prof. Dr. phil habil. K. Schröder, Berlin
Prof. Dr. phil. habil. K. Schröter, Berlin
Prof. Dr. rer. nat. habil. H.-J. Treder, Potsdam

Übersetzung aus dem Russischen und Bearbeitung der deutschen Ausgabe:
Dr. H.-R. Lehmann
Dr. R. Treumann
Zentralinstitut für solarterrestrische Physik der
Akademie der Wissenschaften der DDR, Potsdam

Autorisierte Übersetzung

Titel der Originalausgabe:
В. И. КАРПМАН
Нелинейные волны в диспергирующих средах
Verlag Nauka, Moskau, 1973

1977
Erschienen im Akademie-Verlag, 108 Berlin, Leipziger Str. 3—4

Lizenznummer: 202 · 100/433/77
Herstellung: VEB Druckhaus „Maxim Gorki", 74 Altenburg
Bestellnummer: 7623387 (7164) · LSV 1194
Printed in GDR
DDR 12,50 M

Vorwort der deutschen Herausgeber

Diesem Buch ein Vorwort der Herausgeber voranzustellen erübrigt sich. Es spricht für sich selbst. Nur um der Form willen sehen wir uns zu einigen wenigen ordnenden Bemerkungen veranlaßt.

Die Physik ist wesentlich nichtlinear. Im Gegensatz zur linearen Theorie gibt es aber keine geschlossene Theorie nichtlinearer Erscheinungen. Die überwiegende Mehrzahl aller Versuche macht irgendwo eine Anleihe bei der Störungstheorie. Einige von ihnen führen auf spezielle nichtlineare Gleichungen wie die Van der Pol-Gleichung, die Burgers-Gleichung, die Korteweg-de Vries-Gleichung, die nichtlineare parabolische Gleichung, auch nichtlineare Schrödinger-Gleichung genannt, die Sine-Gordon-Gleichung u. a. Sie entstammen der Theorie der Wellenausbreitung. Soweit sie sich intuitiv als aus einer Entwicklung der Dispersionsrelation hervorgehend auffassen lassen, werden sie in diesem Buch behandelt. Diese Auffassung kommt einer Vereinheitlichung und damit, wenigstens auf einem schmalen Gebiet, der Konstruktion einer geschlossenen Theorie nichtlinearer Erscheinungen nahe.

Seit dem ersten Erscheinen des Buches in russischer Sprache ist in der Theorie Neues hinzugekommen. Die Schwerpunkte liegen auf einer Ausfeilung der Lösungstheorie der Korteweg-de Vries-Gleichung und ihrer verschiedenen Modifikationen, der numerischen Methoden und einer Erweiterung der Theorie auf mehrere Dimensionen. Hierbei haben sich teilweise neue Gesichtspunkte ergeben wie der Nachweis der Stabilität dreidimensionaler Solitonen, der Nachweis der Existenz von Solitonen bei den verschiedensten Arten von nichtlinearen Wellen, insbesondere von Wellen im Plasma, die Möglichkeit einer Wechselwirkung von Solitonen mit anderen Wellen oder mit Teilchen, Operatordarstellungen der Lösungstheorie der KORTEWEG-DE VRIES-Gleichung sowie Ansätze für eine allgemeinere Lösungstheorie nichtlinearer Gleichungen auf der Basis der in diesem Buch beschriebenen Methoden zur Lösung der KORTEWEG-DE VRIES-Gleichung unter Ausnutzung der inversen Streutheorie, wenn die zusätzliche Nichtlinearität durch einen Störoperator erfaßt werden kann. Darüber hinaus ist eine Verallgemeinerung der Theorie der ponderomotorischen Kraft, die von einem hochfrequenten elektromagnetischen Felde auf ein Medium ausgeübt wird, gelungen. (An vielen dieser Arbeiten ist der Verfasser des vorliegenden Buches maßgeblich beteiligt.) Schließlich hat die Übertragung der Theorie nichtlinearer Wellen auf den Fall starker Turbulenz in einem Plasma, wenn das Verhältnis von Energiedichte der Wellen und des Plasmas lokal größer wird als das Quadrat des Produktes aus Wellenzahl und DEBYE-Länge, die Möglichkeit eines sogenannten „Plasmakollaps" aufzeigt.

Eine Auswahl aus der Vielzahl der publizierten Arbeiten gibt das ergänzende Literaturverzeichnis.

Die Herausgeber danken dem Autor für die Durchsicht der deutschen Übersetzung und seine freundliche Hilfe bei der Bearbeitung.

R. TREUMANN H.-R. LEHMANN

Vorwort

Dieses Büchlein ist die überarbeitete und erweiterte Fassung eines Vorlesungszyklus, den der Autor an der Staatlichen Universität in Nowosibirsk gehalten hat. Als Einführung in ein sich rasch entwickelndes Gebiet erhebt es keinen Anspruch auf eine erschöpfende Darstellung.

In einigen Fällen (das betrifft insbesondere den Inhalt des zweiten Kapitels) wurde die Auswahl des Stoffes bis zu einem gewissen Grade von den eigenen Interessen des Verfassers diktiert.

Auf der anderen Seite haben wir uns bemüht, die Grundgedanken und -ergebnisse möglichst vollständig wiederzugeben. Eine Reihe von Fragen, die das vorliegende Buch in dem einen oder anderen Punkte ergänzen, sind z. B. in den Artikeln und Monographien [2—5, 8—12, 37, 116] und auch in der Aufsatzsammlung [7] enthalten. Der Verfasser ist sich durchaus darüber im klaren, daß bei weitem nicht alle interessanten Arbeiten, die sich mit den in diesem Buche behandelten Problemen beschäftigen, in der Bibliographie berücksichtigt werden konnten. Das betrifft vor allem die Publikationen, die nach Fertigstellung des Manuskripts erschienen sind.

Das Buch selber ist an einigen Stellen verhältnismäßig komprimiert abgefaßt, doch verlangt es vom Leser keine Vorbildung, die über das Niveau der allgemeinen Universitätskurse in theoretischer Physik und Mechanik kontinuierlicher Medien hinausgeht.

Der Verfasser ist B. B. Kadomcev und R. Z. Sagdeev für die fruchtbringende Diskussion einer Reihe der in diesem Buche behandelten Probleme, A. G. Kulikovski und R. V. Chochlov, die das Buch im Manuskript gelesen und eine Reihe wertvoller Bemerkungen dazu gemacht haben, sehr zu Dank verpflichtet.

V. Karpman

Inhaltsverzeichnis

1. *Einführung*

Nichtlineare Wellenvorgänge erfreuen sich gegenwärtig in den verschiedensten Zweigen der Physik und Mechanik — in der Optik, Plasmaphysik, Radiophysik, Akustik, Hydrodynamik u. a. — einer intensiven Untersuchung. Obwohl jedes dieser Gebiete seine spezifischen Probleme, Methoden und Ergebnisse besitzt, kann man eine Reihe qualitativer Gesetzmäßigkeiten aufzählen, die ihrem Wesen nach als einfache Folgen einer allgemeinen Theorie der nichtlinearen Wellen in dispersiven Medien erscheinen. Ungeachtet dessen, daß eine solche Theorie noch weit von ihrer Vollendung entfernt ist, hat man in einigen ihrer Zweige bereits eine gewisse Klarheit erreicht; besondere Aufmerksamkeit gebührt in diesem Zusammenhang der Analyse bestimmter Grenzfälle, in denen es gelingt, sehr allgemeine Ergebnisse mit asymptotischem Charakter zu gewinnen.

Das klassische und zugleich der unmittelbaren Beobachtung am leichtesten zugängliche Beispiel von Wellen mit Dispersion sind Schwerewellen an der Wasseroberfläche. Wenn die Flüssigkeit nur eine geringe Tiefe hat, ist bekanntlich die Phasengeschwindigkeit der Schwingungen gleich $\omega/k = \sqrt{gh}$, d. h., wir haben keine Dispersion; nichtlineare Wellen breiten sich in diesem Falle so wie in der gewöhnlichen Gasdynamik aus (Theorie des „seichten Wassers") [1, 2]. Der wichtigste nichtlineare Effekt ist dabei die Vergrößerung der Steilheit der Wellenfront. Diese führt schließlich zum Überkippen der Welle. Im gleichen Maße, wie die Tiefe der Flüssigkeit zunimmt, tritt die Dispersion in Erscheinung. Wellen mit unterschiedlichen k besitzen in diesem Falle unterschiedliche

Geschwindigkeiten, und die nichtlineare Zunahme der Steilheit der Wellenfronten kann durch deren dispersives Zerfließen kompensiert werden. Infolgedessen wird die Existenz sogenannter *stationärer* Wellen, die sich ohne Formänderung mit konstanter Geschwindigkeit ausbreiten, ermöglicht. Es ist offensichtlich klar, daß es sich hier um einen ganz allgemeinen Effekt handelt, der in beliebigen dispersiven Medien auftreten kann. Daher ist es keineswegs zufällig, daß nichtlineare stationäre Wellen (in der Hydrodynamik bezeichnet man sie zuweilen als „progressiv") in der Vergangenheit sowohl im Plasma (wo der Einfluß der Dispersion oft sehr groß wird) als auch in anderen dispersiven Medien beobachtet wurden.[1])

Vor noch relativ kurzer Zeit war der Beweis für die Existenz nichtlinearer stationärer Wellen nahezu das einzige allgemeine Resultat der Theorie. In den letzten Jahren hat sich das Schwergewicht der Untersuchungen in Richtung auf das Studium *nichtstationärer* Wellenvorgänge hin verlagert. Einer der Zugänge zu diesem Fragenkomplex liegt in einer entsprechenden Verallgemeinerung bestimmter hydrodynamischer Vorstellungen. In der Hydrodynamik lassen sich bekanntlich die charakteristischen Eigenschaften nichtlinearer Effekte am Beispiel der sogenannten *einfachen* Wellen verdeutlichen. Es stellt sich heraus, daß dieser Begriff in wohldefiniertem Sinne, unter der Bedingung, daß die Amplituden der Wellen genügend klein bleiben, auch auf den Fall schwach dispersiver Medien ausgedehnt werden kann. Solche Wellen kann man „quasieinfach" nennen. Im allereinfachsten Fall der gewöhnlichen Gasdynamik mit Zähigkeit und Wärmeleitfähigkeit, wo wir eine „imaginäre" Dispersion haben, führt dieser Weg zur Ableitung der BURGERS-Gleichung, deren Lösung derartige instationäre Prozesse wie z. B. die Entstehung von Stoßwellen gut beschreibt. Bei Medien mit „reeller" Dispersion erhalten

---

[1]) Vgl. z. B. [2–5] und die dort zitierte Literatur.

wir in der gleichen Näherung die KORTEWEG-DE VRIES-Gleichung (KDV-Gleichung).

Eines der eindrucksvollsten Ergebnisse der allerletzten Zeit ist die Formulierung einer konsistenten Theorie der KDV-Gleichung. Sie ermöglichte es, eine Anzahl wichtiger Gesetzmäßigkeiten bei instationären Wellenvorgängen in schwach dispersiven Medien zu gewinnen (an dieser Stelle muß besonders auf die grundlegende Arbeit [6] hingewiesen werden).

Eine andere fruchtbare Richtung ist mit der sogenannten *adiabatischen Theorie* nichtlinearer Wellen [7] gekoppelt. Im Prinzip kann diese Theorie auch auf stark dispergierende Wellen beliebiger Amplitude angewendet werden. Die grundlegenden Vernachlässigungen dieser Theorie beziehen sich auf die „Langsamkeit" der Änderung von Amplitude, Wellenzahl und anderen Größen, welche die Welle über Entfernungen und Zeiten von der Größenordnung einer Wellenlänge bzw. einer Schwingungsperiode charakterisieren. In gewissem Sinne bedeutet eine solche Näherung eine Verallgemeinerung der Theorie der adiabatischen Invarianten aus der Mechanik. Für Wellen kleiner Amplitude kann man die Grundgleichungen der adiabatischen Näherung durch eine nichtlineare Verallgemeinerung des bekannten Übergangs von der Wellenoptik zur geometrischen Optik gewinnen. Sie nehmen dabei die Gestalt hydrodynamischer Gleichungen an, wo jedoch das Quadrat der „Schallgeschwindigkeit" eine sowohl positive als auch negative Größe sein kann. Im zweiten Falle stellen sich die entsprechenden Wellen als instabil gegenüber kleinen Störungen ihrer Einhüllenden heraus. Die nichtlineare Selbstfokussierung von Licht, die gegenwärtig intensiv untersucht wird (s. z. B. die Überblicksarbeiten [8, 9]), gehört gleichfalls zu diesem Kreis von Erscheinungen. Es ist selbstverständlich, daß die Gleichung der adiabatischen Näherung für *instabile* Wellen nur einen ganz begrenzten Anwendungsbereich besitzt. Für stabile Wellen hört diese Näherung auf, gültig zu sein, sobald die Bedingungen der Adiabatizität infolge nichtlinearer Verformung der Enveloppenform nicht mehr erfüllt werden. Der Einbezug entsprechender Terme mit höheren Ableitungen (die das dispersive Zerfließen sowie Beugungserscheinungen beschreiben) führt auf die sogenannte *nichtlineare parabolische Gleichung* (oder *nichtlineare* SCHRÖDINGER-Gleichung). Diese Gleichung gestattet es, eine Reihe von experimentell beobachteten Effekten bei den verschiedensten Wellentypen zu erklären.

Das oben Gesagte bildet den Inhalt dieses Buches.

Im ersten Kapitel wird die Ausbreitung von Wellen mit Dispersion in linearer Näherung behandelt. Wir haben uns hier auf die Darstellung der wesentlichsten Punkte beschränkt, die mit nichtlinearen Verallgemeinerungen zusammenhängen. Das zweite Kapitel enthält einige charakteristische Beispiele für dispersive Medien und erklärt allgemeine Eigenschaften der Gleichungen, die die nichtlinearen Wellen in derartigen Medien beschreiben. Das dritte Kapitel ist der Untersuchung stationärer Wellen gewidmet. Im vierten Kapitel wird die Theorie nichtlinearer Wellen mit schwacher Dispersion dargelegt. Hier werden die BURGERS-Gleichung und die KORTEWEG-DE VRIES-Gleichung abgeleitet und untersucht; anschließend werden diese Gleichungen auf konkrete Probleme angewendet. Im fünften Kapitel werden die Grundlagen der adiabatischen Theorie nichtlinearer Wellen und die nichtlineare parabolische Gleichung besprochen. Entsprechend dem in diesem Buch verfolgten induktiven Charakter der Darstellung haben wir uns hier auf die einfachste Form der adiabatischen Theorie beschränkt. Die allgemeine Formulierung der Grundprinzipien der adiabatischen Theorie wird im Anhang A vorgestellt.[1])

---

[1]) In Anhang B werden einige genauere Berechnungen zu Kapitel V gebracht. Anhang C legt eine Ableitung der ponderomotiven Kraft im magnetoaktiven Plasma für langsam veränderliche Amplituden vor. In Anhang D wird kurz auf den Kollaps von Plasmawellen eingegangen (d. Hrsg.).

I. Lineare Näherung

2. *Allgemeine Lösung linearisierter Gleichungen*

Eine Anzahl charakteristischer Eigenschaften der Wellenausbreitung in dispersiven Medien läßt sich bereits aus der linearen Näherung erschließen. Wir nehmen an, daß die betrachteten Schwingungen durch die Gesamtheit der Größen $\Phi_i(\boldsymbol{r}, t)$ beschrieben wird. Diese Größen genügen einem ganz bestimmten System linearer partieller Differentialgleichungen (der Kürze halber lassen wir im folgenden den Index i fort). In der linearen Näherung haben die fundamentalen Lösungen dieses Systems die Gestalt ebener Wellen

$$\Phi(\boldsymbol{r}, t) = \Phi_0 \exp\{i[\boldsymbol{k}\boldsymbol{r} - \omega(\boldsymbol{k})\, t]\}, \tag{2.1}$$

wo das Dispersionsgesetz

$$\omega = \omega(\boldsymbol{k}) \tag{2.2}$$

durch das System der Grundgleichungen festgelegt wird.

Der Einfachheit halber beschränken wir uns auf den eindimensionalen Fall. Die allgemeine Lösung der Grundgleichungen besitzt dann die Form

$$\Phi(x, t) = \frac{1}{2\pi} \int_{-\infty}^{\infty} \chi(k) \exp\{i[kx - \omega(k)\, t]\}\, \mathrm{d}k, \tag{2.3}$$

mit $\chi(k)$ als Fourier-Komponente der Anfangsstörung:

$$\chi(k) = \int_{-\infty}^{\infty} \Phi(x, 0)\, \mathrm{e}^{-ikx}\, \mathrm{d}x. \tag{2.4}$$

Wir betrachten das asymptotische Verhalten des Ausdrucks (2.3) für große t. Mit Hilfe der Methode der stationären Phasen (vgl. z. B. [13]) finden wir ohne große Mühe

$$\Phi(x, t) = \sqrt{\frac{2}{\pi\,|\omega''(k)|\,t}}$$

$$\times \operatorname{Re}\left\{\chi(k) \exp\left[i\left(kx - \omega\,(k)t - \frac{\pi}{4}\operatorname{sign}\omega''(k)\right)\right]\right\}. \quad (2.5)$$

Hier bezeichnet k eine positive Wurzel der Gleichung

$$u(k) \equiv \omega'(k) = x/t \qquad (\omega'(k) = \mathrm{d}\omega/\mathrm{d}k). \quad (2.6)$$

Falls die Gleichung (2.6) mehrere positive Wurzeln k besitzt, hat man in (2.5) die Summe über all diese k zu schreiben.

Wir wollen nun die physikalische Bedeutung der Formel (2.5) untersuchen. Aus (2.5) folgt sofort, daß die Störung für diejenigen Werte x, für die (2.6) reelle Wurzeln $k(x, t)$ besitzt, durch ein Wellenpaket mit variabler Wellenzahl $k(x, t)$, Frequenz $\omega(x, t)$ (k und ω hängen über die Dispersionsrelation (2.2) voneinander ab) und eine Amplitude dargestellt wird; letztere ist proportional zu $|\omega''(k)\,t|^{-1/2} \times \chi(k)$, wo $\chi(k)$ durch die Formel (2.4) gegeben wird. Aus (2.6) folgt außerdem, daß sich die lokale Wellenzahl $k(x, t)$ im Raume mit der Gruppengeschwindigkeit $u = \omega'(k)$ verschiebt, d. h. $k(x, t)$ besitzt längs der charakteristischen Kurve

$$x = u(k)\,t \quad (2.7)$$

einen konstanten Wert.

Die Energiedichte des Wellenpakets als Funktion von x, t wird durch den folgenden Ausdruck definiert:

$$W(x, t) \equiv \frac{\mathrm{d}\mathscr{E}}{\mathrm{d}x} = \text{const} \cdot \frac{|\chi(k)|^2}{|\omega''(k)|\,t}. \quad (2.8)$$

Die Beziehung (2.8) besitzt eine einfache physikalische Bedeutung, die sich am leichtesten erkennen läßt, wenn man von $\mathrm{d}x$ zu $\mathrm{d}k$ übergeht. Bei einer Verschiebung um $\mathrm{d}x$ ändert sich die lokale Wellenzahl um den Betrag $\mathrm{d}k$, der nach (2.6) gleich

$$\mathrm{d}k = \frac{\mathrm{d}x}{\omega''(k)\, t} \tag{2.9}$$

ist.

Aus (2.8) und (2.9) erhalten wir

$$\frac{\mathrm{d}\mathcal{E}}{\mathrm{d}k} = \text{const} \cdot |\chi(k)|^2. \tag{2.10}$$

Mit anderen Worten: die spektrale Energiedichte $\mathrm{d}\mathcal{E}/\mathrm{d}k$ ändert sich im Verlaufe der Entwicklung des Wellenpakets nicht, sondern ist gleich der Spektraldichte im Anfangszeitpunkt. Aus (2.8) und (2.9) ergibt sich aber auch

$$W(x, t)\, \delta x = \text{const} \cdot |\chi(k)|^2\, \delta k, \tag{2.11}$$

wobei δx die Länge desjenigen Intervalls im Wellenpaket ist, über welches sich die Wellenzahl um δk ändert. Man kann die Beziehung (2.11) auch in anderer Form schreiben. Tatsächlich folgt aus (2.11), daß sich die Größe $W(x, t)\, \delta x$ nicht ändert, wenn sich die Enden des Intervalls δx mit Gruppengeschwindigkeit verschieben. Das bedeutet, daß sich die Energiedichte mit Gruppengeschwindigkeit fortpflanzt und einer Kontinuitätsgleichung

$$\frac{\partial W(x,t)}{\partial t} + \frac{\partial [u W(x,t)]}{\partial x} = 0 \tag{2.12}$$

genügen muß, in der $u = u[k(x, t)]$ die Gruppengeschwindigkeit im Punkt x, t ist.

Da die Wellenzahl $k(x, t)$ selbst ihren Wert entlang einer Charakteristik (2.7) beibehält, muß sie ihrerseits die Gleichung

$$\frac{\partial k}{\partial t} + u(k) \frac{\partial k}{\partial x} = 0 \tag{2.13}$$

erfüllen. Setzt man $u(k) = \mathrm{d}\omega/\mathrm{d}k$ in (2.13) ein, so erhält man dieselbe Gleichung in einer anderen Form,

$$\frac{\partial k}{\partial t} + \frac{\partial \omega}{\partial x} = 0, \tag{2.14}$$

aus der folgt, daß die lokale Wellenzahl und die Frequenz des Wellenpakets Ableitungen ein- und derselben Funktion $\theta(x, t)$ sind:

$$k = \frac{\partial\theta}{\partial x}, \qquad \omega = -\frac{\partial\theta}{\partial t}. \tag{2.15}$$

Man kann unschwer nachweisen, daß

$$\theta(x, t) = k(x, t)\, x - \omega(x, t)\, t + \text{const}.$$

(Tatsächlich erhält man (2.15), wenn man die Funktion $\theta(x, t)$ nach x und t differenziert und die Beziehung (2.6) ausnutzt.) Der Ausdruck (2.5) kann deshalb in Gestalt einer stationären Welle

$$\Phi(x, t) = \mathrm{Re}\{a(x, t) \exp [i\theta(x, t)]\} \tag{2.16}$$

dargestellt werden. Die Amplitude $a(x, t)$ wird durch den Faktor vor der Exponentialfunktion in (2.5) festgelegt; $|a|^2$ genügt einer zu (2.12) analogen Kontinuitätsgleichung.

Damit die asymptotische Darstellung (2.5), aus der alle diese Ergebnisse folgen, genügend genau ist, muß man verlangen, daß sich $k(x, t)$ und $\omega(x, t)$, aber auch $W(x, t)$ über Entfernungen von der Größenordnung der Wellenlänge $2\pi/k$ und über Zeitintervalle von der Größenordnung $2\pi/\omega$ nur wenig ändern. Anders ausgedrückt, muß die Störung nach hinreichend langen Zeiten t schnell oszillieren. Wir hätten daher alle diese Ergebnisse auch mit Hilfe der Methode der geometrischen Optik [14] ableiten können, wenn wir unsere stationäre Welle mit $a(x, t)$ als langsam veränderlicher Amplitude von Anfang an in der Gestalt (2.16) dargestellt und das Eikonal $\theta(x, t)$ als „großen" Wert angenommen hätten. Führt man die Wellenzahl und die Frequenz entsprechend (2.15) ein und verlangt, daß ω und k miteinander über die Dispersionsrelation (2.2) verknüpft sind und die Energie sich mit Gruppengeschwindigkeit ausbreitet, so erhält man (bis auf einen konstanten Beitrag $\pm\pi/4$ zur Phase) den Ausdruck (2.5).

Einen solchen Weg kann man auch auf nichtlineare Wellen übertragen (nichtlineare Optik oder adiabatische Näherung [15, 16]). Da die geometrische Optik ihre Gültigkeit verliert, wenn „langsam veränderliche" Parameter (Amplitude, Wellenzahl usw.) sich über Entfernungen von der Größenordnung der Wellenlänge merklich zu ändern beginnen, liefert sie in einer Reihe von Fällen kein vollständiges Bild der Ausbildung einer Störung im gesamten Existenzbereich der Störung (speziell in demjenigen Gebiet, wo die Beziehung (2.6) keine reellen Lösungen k besitzt). Deshalb muß man sie (wo das möglich ist) mit anderen asymptotischen Methoden kombinieren, die nicht auf Vernachlässigungen bezüglich des rasch oszillierenden Charakters der Störung basieren.

3. *Die linearisierte Korteweg-deVries-Gleichung*

Als einfaches Beispiel, das uns zugleich ermöglicht, in das der geometrischen Optik nicht zugängliche Gebiet vorzudringen, untersuchen wir Wellen mit dem folgenden Dispersionsgesetz:

$$\omega(k) = c_0 k - \beta k^3. \tag{3.1}$$

Von einem allgemeineren Gesichtspunkt aus gesehen, kann man die Beziehung (3.1) als die ersten beiden Terme einer Reihenentwicklung der Frequenz $\omega(k)$ nach Potenzen von k für genügend lange Wellen in einem durchsichtigen Medium auffassen. Der Dispersionsrelation (3.1) entspricht die folgende Differentialgleichung für die Wellenfunktion:

$$\Phi_t + c_0 \Phi_x + \beta \Phi_{xxx} = 0.$$

Wenn wir zu der neuen Koordinate $x \to x - c_0 t$ übergehen (das entspricht der Transformation auf ein mit der Geschwindigkeit c_0 bewegtes Koordinatensystem), erhalten wir

$$\Phi_t + \beta \Phi_{xxx} = 0. \tag{3.2}$$

Die Gleichung (3.2) hat daher eine ziemlich universelle Bedeutung: Sie beschreibt hinreichend lange Wellen in Medien, in denen der Grenzwert von ω/k bei $k \to 0$ einen endlichen Wert besitzt (schwach dispergierende Wellen). Die nichtlineare Gleichung für schwach dispergierende Wellen heißt KORTEWEG-DE VRIES-Gleichung (KDV-Gleichung). Sie wird in Kapitel IV genauer untersucht. Dementsprechend bezeichnen wir die Gleichung (3.2) als linearisierte KDV-Gleichung. Wie man leicht sieht, hat die allgemeine Lösung der Gleichung (3.2) die Form

$$\Phi(x, t) = \pi^{-1/2}(3\beta t)^{-1/3} \int_{-\infty}^{\infty} \mathrm{Ai}\left[\frac{x - x'}{(3\beta t)^{1/3}}\right] \Phi(x', 0)\, \mathrm{d}x'. \tag{3.3}$$

Hier ist

$$\mathrm{Ai}(z) = \frac{1}{\sqrt{\pi}} \int_0^{\infty} \cos\left(\frac{v^3}{3} + vz\right) \mathrm{d}v \tag{3.4}$$

das AIRYsche Integral. Dieses besitzt die folgende asymptotische Darstellung [13]:

$$\mathrm{Ai}(z) = \begin{cases} \frac{1}{2}\, z^{-1/4} \exp\left(-\frac{2}{3}\, z^{3/2}\right), & z \to \infty, \\ |z|^{-1/4} \cos\left(\frac{2}{3}\, |z|^{3/2} - \frac{\pi}{4}\right), & z \to -\infty. \end{cases} \tag{3.5}$$

Es ist vorteilhaft, auch die aus (3.4) folgende Beziehung

$$\pi^{-1/2}(3\beta t)^{-1/3}\, \mathrm{Ai}\left(\frac{x}{(3\beta t)^{1/3}}\right) \to \delta(x) \qquad (\beta t \to 0) \tag{3.6}$$

anzugeben.

Wir nehmen nun an, daß die Anfangsstörung für $x \to \pm\infty$ genügend schnell abklingt, und untersuchen das asymptotische Verhalten des Ausdrucks (3.3) für sehr große t. Die Funktion $\mathrm{Ai}(z - z')$ in (3.3) läßt sich unter diesen Umständen in eine Reihe nach ansteigenden

Potenzen von z' entwickeln; als Ergebnis finden wir

$$\Phi(x, t) = \pi^{-1/2} \sum_{m=0}^{\infty} \frac{(-1)^m p_m}{m!} (3\beta t)^{-(m+1)/3} \mathrm{Ai}^{(m)}(z) \quad (3.7)$$

mit

$$z = \frac{x}{(3\beta t)^{1/3}}, \qquad p_m = \int_{-\infty}^{\infty} x^m \Phi(x, 0) \, \mathrm{d}x. \quad (3.8)$$

Setzen wir die asymptotischen Ausdrücke für die Ableitungen des AIRYschen Integrals

$$\mathrm{Ai}^{(m)}(z) = \begin{cases} \frac{(-1)^m}{2} z^{(2m-1)/4} \exp\left(-\frac{2}{3} z^{3/2}\right), \\ \qquad z \to \infty, \\ (-1)^m |z|^{(2m-1)/4} \cos\left[\frac{2}{3} |z|^{3/2} + \frac{\pi}{2}\left(m - \frac{1}{2}\right)\right], \\ \qquad z \to -\infty \end{cases} \quad (3.9)$$

in (3.7) ein und verwenden die Entwicklung der Anfangsstörung (2.4) in eine FOURIER-Reihe,

$$\chi(k) = \int_{-\infty}^{\infty} \Phi(x, 0) \, \mathrm{e}^{-ikx} \, \mathrm{d}x = \sum_{m=0}^{\infty} p_m \frac{(-ik)^m}{m!}, \quad (3.10)$$

so erhalten wir im Falle $z \to -\infty$ (d. h. $x/\beta < 0$)

$$\Phi(x, t) = |3\pi^2 \beta t x|^{-1/4} \operatorname{Re} \left\{\chi\left(\left|\frac{x}{3\beta t}\right|\right)^{1/2} \exp\left[-i\left(\frac{2}{3} |z|^{3/2} - \frac{\pi}{4}\right)\right]\right\}. \quad (3.11)$$

Wenn andererseits $z \to \infty$ ($x/\beta > 0$), haben wir stattdessen

$$\Phi(x, t) = \frac{(3\pi^2 \beta t x)^{-1/4}}{2} \chi\left[i\left(\frac{x}{3\beta t}\right)^{1/2}\right] \exp\left(-\frac{2}{3} z^{3/2}\right). \quad (3.12)$$

Für $z \lesssim 1$ und genügend große t wird schließlich die Lösung durch den ersten nichtverschwindenden Term in der Formel (3.7) beschrieben. Für $p_0 \neq 0$ ist das beispielsweise

$$\Phi \approx \pi^{-1/2}(3\beta t)^{-1/3} \operatorname{Ai}(z).$$

Die Beziehung (3.11) ist ein Spezialfall des allgemeinen asymptotischen Ausdrucks (2.5) bei Gültigkeit der Dispersionsrelation (3.1).

Die lokale Wellenzahl besitzt nach (2.6) die Gestalt

$$k(x, t) = \left|\frac{x}{3\beta t}\right|^{1/2}, \tag{3.13}$$

während die lokale Frequenz durch die Beziehung $\omega = -\beta k^3$ bestimmt wird, so daß die Phase $kx - \omega t$ (bis auf eine Konstante) mit dem Argument im Exponenten

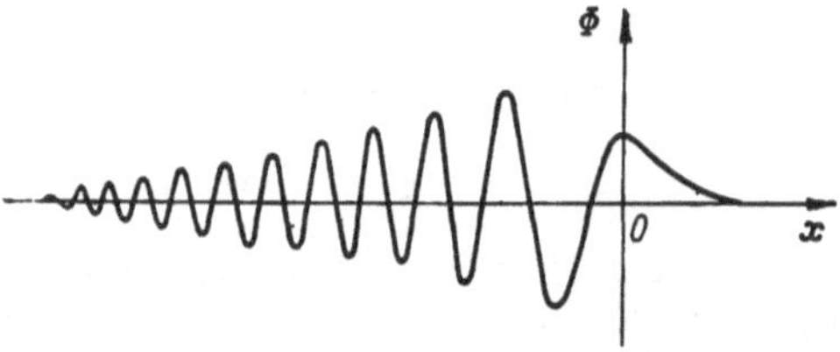

Abb. 3.1. Entwicklung einer durch die linearisierte KORTEWEG-DE VRIES-Gleichung (3.2) beschriebenen Störung

von (3.11) identisch ist. Schnelle Schwingungen, bei denen die Näherung der geometrischen Optik verwendet werden kann, liegen daher im Gebiet $x < 0$, falls $\beta > 0$ (in diesem Falle bleiben kurzwellige Oszillationen hinter den langwelligen zurück), und im Gebiet $x > 0$, falls $\beta < 0$ (die kurzen Wellen eilen voraus). Die allgemeine Form der Lösung (3.3) für $\beta > 0$ ist in der Abb. 3.1 skizziert.

II. Beispiele für dispersive Medien

4. *Schwerewellen an einer Flüssigkeitsoberfläche*

Wir gehen nun zum Studium nichtlinearer Effekte in dispersiven Medien über und betrachten als erstes ein charakteristisches Beispiel aus der Hydrodynamik, das gleichzeitig auch eine eigenständige Bedeutung besitzt: Es handelt sich um Schwerewellen an der Oberfläche einer idealen reibungsfreien Flüssigkeit. Wir nehmen an, die Bewegung besäße ein Potential. Dann können wir schreiben

$$\boldsymbol{v} = \operatorname{grad} \Phi. \tag{4.1}$$

Wir wählen das Koordinatensystem so, daß die z-Achse vertikal nach oben gerichtet und die (xy)-Ebene mit der ungestörten Flüssigkeitsoberfläche identisch ist. Als erste Grundgleichung können wir die BERNOULLI-Gleichung

$$\Phi_t + \frac{1}{2} (\nabla\Phi)^2 + \frac{p - p_0}{\varrho} + gz = 0 \tag{4.2}$$

aufschreiben. Man erhält sie, wenn man (4.1) in die EULERsche Gleichung

$$\boldsymbol{v}_t + (\boldsymbol{v}\nabla)\, \boldsymbol{v} = -\frac{\nabla p}{\varrho}$$

einsetzt und die entstehende Beziehung einmal integriert. In (4.2) wird angenommen, daß der äußere Druck auf die freie Oberfläche der Flüssigkeit gleich $p_0 = \text{const}$ ist. Die Kontinuitätsgleichung $\operatorname{div} \boldsymbol{v} = 0$ ergibt zusammen mit (4.1)

$$\Delta\Phi = 0. \tag{4.3}$$

Diese Gleichungen müssen durch entsprechende Grenzbedingungen ergänzt werden. Die erste dieser Bedingungen folgt aus der Forderung, daß die Zeitableitungen der Koordinatenpunkte der Flüssigkeitsoberfläche gleich den Geschwindigkeiten dieser Punkte sein müssen. Schreibt man die Oberflächengleichung zum Zeitpunkt t in der Gestalt

$$z = \eta(x, y, t), \tag{4.4}$$

differenziert beide Seiten von (4.4) nach t und verwendet

(4.1), so erhält man

$$\begin{gathered}\eta_t + \eta_x \Phi_x + \eta_y \Phi_y - \Phi_z = 0, \\ z = \eta(x, y, t).\end{gathered} \tag{4.5}$$

Dieser Ausdruck heißt kinematische Grenzbedingung.

Wendet man die Gleichung (4.2) auf alle an der Flüssigkeitsoberfläche liegenden Punkte an, so erhält man die sogenannte dynamische Grenzbedingung

$$\Phi_t + \frac{1}{2} (\nabla\Phi)^2 + g\eta = 0, \tag{4.6}$$

$$z = \eta(x, y, t).$$

Schließlich gilt, mit h als Tiefe der Flüssigkeit, da die Normalkomponente der Geschwindigkeit am Boden der Flüssigkeit (von dem wir annehmen, er sei horizontal) verschwinden muß,

$$\left(\frac{\partial\Phi}{\partial z}\right)_{z=-h} = 0. \tag{4.7}$$

Die Beziehungen (4.1) bis (4.7) bilden das gesuchte vollständige Gleichungssystem.

Als erstes wollen wir Wellen untersuchen, deren Amplituden so klein sind, daß man die Grundgleichungen linearisieren kann (der die Kleinheit charakterisierende Parameter sei $a/\lambda \ll 1$, a die Amplitude der Auslenkung und λ die Wellenlänge). Die linearisierten Gleichungen (4.5), (4.6) haben die Form

$$\Phi_t + g\eta = 0 \qquad (z = 0), \tag{4.8}$$

$$\eta_t - \Phi_z = 0 \qquad (z = 0). \tag{4.9}$$

Aus (4.8), (4.9) und (4.3), (4.7) erhalten wir die Dispersionsrelation monochromatischer Wellen

$$\omega^2 = gk \operatorname{th} kh. \tag{4.10}$$

Wir betrachten zwei interessante Grenzfälle: den Fall gegen die Tiefe großer Wellenlänge $kh \ll 1$ (flaches Wasser) und den umgekehrten Fall des tiefen Wassers $kh \gg 1$. In diesen beiden Fällen erhalten wir aus (4.10)

$$\omega(k) = k\sqrt{gh}\left[1 - \frac{(kh)^2}{6} + \cdots\right] \quad (kh \ll 1), \tag{4.11}$$

$$\omega(k) = \sqrt{gk} \qquad (kh \gg 1). \tag{4.12}$$

Daher ist im seichten Wasser (oder bei hinreichend langen Wellen) die Dispersion schwach: Die Phasengeschwindigkeit strebt mit $kh \to 0$ gegen den konstanten Wert $c_0 = \sqrt{gh}$.

Dementsprechend wird die Entwicklung genügend langer Wellen in der linearen Näherung durch die Formeln (3.3), (3.11) und (3.12) beschrieben, in denen

$$\beta = c_0 h^2/6 .$$

5. *Die Boussinesq-Gleichungen*

Die linearisierten Gleichungen (4.8), (4.9) enthalten die ersten Reihenglieder der Entwicklung der Ausgangsgleichungen nach Potenzen a/λ oder, was das gleiche bedeutet, nach Potenzen des Verhältnisses v_0/c, wobei v_0 und c die Geschwindigkeitsamplitude der Flüssigkeitsteilchen und die Phasengeschwindigkeit der Welle sind. Es liegt nahe, nach der Konstruktion einer systematischen Entwicklung nach Potenzen dieses Parameters zu fragen. Wir betrachten an dieser Stelle die nächsthöhere Näherung für den Fall des seichten Wassers mit kleiner Dispersion.

In diesem Falle stehen uns zwei kleine Parameter

$$\varepsilon = \frac{h}{l} \ll 1 , \qquad \mu = \frac{v_0}{c} \ll 1 \tag{5.1}$$

zur Verfügung, wo l die charakteristische lineare Störungslänge und

$$c_0 = \sqrt{gh} \tag{5.2}$$

die Grenzgeschwindigkeit der Wellenausbreitung im seichten Wasser sind. Wir werden weiterhin annehmen, daß $\varepsilon^2 \sim \mu$.

Unsere Aufgabe besteht dann darin, diejenigen Gleichungen abzuleiten, welche die Ausbreitung von Wellen im seichten Wasser mit einer Genauigkeit bis zu einschließlich Gliedern zweiter Ordnung in ε^2, μ beschreiben. Diese Gleichungen müssen deshalb nichtlineare und dispersive Terme in erster nichtverschwindender Näherung enthalten.

Durch Übergang zu den dimensionslosen Veränderlichen

$$x' = \frac{x}{l}, \qquad y' = \frac{y}{l}, \qquad z' = \frac{z}{h};$$
$$t' = \frac{c_0 t}{l}, \qquad \Phi' = \frac{\Phi}{v_0 l}, \qquad \eta' = \frac{c_0 \eta}{v_0 h} \tag{5.3}$$

können wir die Grundgleichungen in die Form

$$\frac{\partial^2 \Phi'}{\partial z'^2} + \varepsilon^2 \left(\frac{\partial^2 \Phi'}{\partial x'^2} + \frac{\partial^2 \Phi'}{\partial y'^2}\right) = 0, \tag{5.4}$$

$$\frac{\partial \Phi'}{\partial t'} + \frac{\mu}{2}\left[\left(\frac{\partial \Phi'}{\partial x'}\right)^2 + \left(\frac{\partial \Phi'}{\partial y'}\right)^2\right] + \frac{\mu}{2\varepsilon^2}\left(\frac{\partial \Phi'}{\partial z'}\right)^2 + \eta' = 0\bigg|_{z'=\mu\eta'}, \tag{5.5}$$

$$\frac{\partial \Phi'}{\partial z'} = 0\bigg|_{z'=-1} \tag{5.6}$$

überführen. Des weiteren entwickeln wir Φ' nach Potenzen von z':

$$\Phi'(t', x', y', z') = \varphi'(t', x', y') + z' \left(\frac{\partial \Phi'}{\partial z'}\right)_0 + \frac{z'^2}{2} \left(\frac{\partial^2 \Phi'}{\partial z'^2}\right)_0 + \cdots, \tag{5.7}$$

$$\frac{\partial \Phi'(t', x', y', z')}{\partial z'} = \left(\frac{\partial \Phi'}{\partial z'}\right)_0 + z' \left(\frac{\partial^2 \Phi'}{\partial z'^2}\right)_0 + \cdots, \tag{5.8}$$

wobei wir

$$\varphi(t', x', y') = \Phi'(t', x', y', 0), \quad \left(\frac{\partial \Phi'}{\partial z'}\right)_0 = \left(\frac{\partial \Phi'}{\partial z'}\right)_{z'=0} \tag{5.9}$$

gesetzt haben. Aus der Beziehung (5.4) folgt damit

$$\left(\frac{\partial^2 \Phi'}{\partial z'^2}\right)_0 = -\varepsilon^2 \, \Delta \varphi'. \tag{5.10}$$

Der Laplace-Operator Δ wirkt hier nur auf die dimensionslosen Variablen x', y':

$$\Delta = \left(\frac{\partial}{\partial x'}\right)^2 + \left(\frac{\partial}{\partial y'}\right)^2.$$

Ferner können wir schreiben

$$\left(\frac{\partial^3 \Phi'}{\partial z'^3}\right)_0 = -\varepsilon^2 \, \Delta \left(\frac{\partial \Phi'}{\partial z'}\right)_0, \quad \left(\frac{\partial^4 \Phi'}{\partial z'^4}\right)_0 = \varepsilon^4 \Delta^2 \varphi'. \tag{5.11}$$

Mit Hilfe von (5.11) und (5.6) bis (5.8) finden wir

$$\left(\frac{\partial \Phi'}{\partial z'}\right)_0 + \varepsilon^2 \Delta \varphi' - \frac{\varepsilon^2}{2} \, \Delta \left(\frac{\partial \Phi'}{\partial z'}\right)_0 - \frac{\varepsilon^4}{6} \, \Delta^2 \varphi' = 0. \tag{5.12}$$

Diese Gleichung lösen wir mit Hilfe sukzessiver Approximation und erhalten

$$\left(\frac{\partial \Phi'}{\partial z'}\right)_0 = -\varepsilon^2 \Delta \varphi' - \frac{\varepsilon^4}{3} \, \Delta^2 \varphi'. \tag{5.13}$$

Wenn wir (5.13), (4.5) und (5.5) bis (5.10) verwenden, können wir das folgende Gleichungssystem für die nur von den Variablen t', x', y' abhängigen Größen φ', η' ableiten:

$$\left.\begin{aligned}&\frac{\partial\varphi'}{\partial t'}+\frac{\mu}{2}(\nabla\varphi')^2+\eta'+O(\varepsilon^4,\mu^2,\varepsilon^2\mu)=0,\\&\frac{\partial\eta'}{\partial t'}+\mu\nabla\varphi'\nabla\eta'+\Delta\varphi'+\mu\eta'\Delta\varphi'\\&+\frac{\varepsilon^2}{3}\Delta^2\varphi'+O(\varepsilon^4,\mu^2,\varepsilon^2\mu)=0.\end{aligned}\right\}\qquad(5.14)$$

Kehren wir jetzt zu den alten Variablen zurück und führen das zweidimensionale Geschwindigkeitspotential

$$\varphi(t,x,y)=v_0l\varphi'-ght \qquad (5.15)$$

sowie die Gesamthöhe der Flüssigkeit über dem Bodenniveau

$$H(t,x,y)=h+\eta(t,x,y) \qquad (5.16)$$

ein. Die Gleichungen (5.14) nehmen dann das folgende Aussehen an:

$$\varphi_t+\frac{1}{2}(\nabla\varphi)^2+gH=0, \qquad (5.17)$$

$$H_t+\nabla(\nabla\varphi H)+\frac{h^3}{3}\Delta^2\varphi=0. \qquad (5.18)$$

Es ist zuweilen bequemer, von diesen leicht abweichende Gleichungen zu benutzen, die aber denselben Genauigkeitsgrad wie (5.17), (5.18) besitzen. Führt man nämlich das neue Potential

$$\psi=\varphi+\frac{h^2}{3}\Delta\varphi \qquad (5.19)$$

ein, so gehen die Gleichungen (5.17) und (5.18) mit gleicher Genauigkeit in die Gestalt

$$\psi_t+\frac{1}{2}(\nabla\psi)^2+gH+\frac{gh^2}{3}\Delta H=0, \qquad (5.20)$$

$$H_t+\nabla(H\nabla\psi)=0 \qquad (5.21)$$

über (bei der Ableitung des letzten Terms in (5.20) ist von der aus der linearisierten Gleichung (5.17) folgenden Beziehung $\Delta\varphi_t = -g\Delta H$ Gebrauch gemacht worden).

Definiert man jetzt eine „Horizontalgeschwindigkeit“

$$\boldsymbol{v}(t, x, y) = \nabla\psi(t, x, y) \tag{5.22}$$

und bildet den Gradienten von (5.20), so entstehen die Gleichungen

$$\frac{\partial \boldsymbol{v}}{\partial t} + (\boldsymbol{v}\nabla)\,\boldsymbol{v} + \nabla gH + \frac{gh^2}{3}\nabla\Delta H = 0, \tag{5.23}$$

$$\frac{\partial H}{\partial t} + \nabla(H\boldsymbol{v}) = 0, \tag{5.24}$$

die wir Boussinesq-Gleichungen nennen.

Durch Linearisierung von (5.23), (5.24) kann man ohne Mühe eine einzige Gleichung erhalten, welcher das Dispersionsgesetz (4.11) (mit der bei der Ableitung der Gleichungen (5.23) bis (5.24) angenommenen Genauigkeit bis zu Termen der Größenordnung $(kh)^2$ einschließlich) entspricht:

$$\eta_{tt} - c_0^2\Delta\eta - \frac{c_0^2h^2}{3}\Delta^2\eta = 0. \tag{5.25}$$

Das dispersive Glied $(kh)^2/6$ in (4.11) wurde durch den letzten Term in (5.23) erzeugt; wenn man diesen Term vernachlässigt, erhalten die Grundgleichungen die Gestalt

$$\begin{aligned} &\frac{\partial \boldsymbol{v}}{\partial t} + (\boldsymbol{v}\Delta)\,\boldsymbol{v} = -\frac{1}{H}\nabla\frac{gH^2}{2}, \\ &\frac{\partial H}{\partial t} + \operatorname{div}(H\boldsymbol{v}) = 0 \end{aligned} \tag{5.26}$$

und fallen der Form nach mit den gasdynamischen Gleichungen zusammen, in denen die Flüssigkeitstiefe H die Rolle der Dichte übernimmt und der Druck durch die Größe $gH^2/2$ gegeben wird. Das entspricht einem effektiven adiabatischen Verhältnis der spezifischen Wärmen $\gamma = 2$. Die Beziehungen (5.26) werden die Gleichungen des seichten Wassers genannt [1, 2]. Auf sie können automatisch alle für die entsprechenden gasdynamischen Gleichungen gültigen Lösungen (RIEMANNsche Invarianten, einfache Wellen usw.) übertragen werden. Die Rolle der Schallgeschwindigkeit spielt hier die Größe $c = \sqrt{gH}$.

Man kann die BOUSSINESQ-Gleichungen leicht durch Terme ergänzen, die kapillare Effekte berücksichtigen. Wir werden annehmen, daß die Oberflächenkrümmung nicht zu groß wird (bei hinreichend großen Wellenlängen ist diese Annahme erfüllt). Der zusätzliche, durch die Oberflächenspannung hervorgerufene Druck auf die Flüssigkeit wird durch die LAPLACEsche Formel gegeben

$$\delta p = \alpha(R_1^{-1} + R_2^{-1}), \tag{5.27}$$

in der α der Oberflächenspannungskoeffizient der Flüssigkeit, R_1 und R_2 die Hauptkrümmungsradien der Oberfläche sind. Wenn $z = \eta(x, y, t)$ die Gleichung der Oberfläche und η genügend klein ist (die Oberfläche also nur schwach gebogen wird), kann man schreiben ([1], § 60):

$$\frac{1}{R_1} + \frac{1}{R_2} = -\Delta\eta, \qquad \delta p = -\alpha\Delta\eta. \tag{5.28}$$

Ersetzt man in der Gleichung (5.23) den hydrostatischen Druck ϱgH durch $\varrho gH + \delta p$ (ϱ — Dichte der Flüssigkeit), so erhält man die BOUSSINESQ-Gleichungen unter Einschluß kapillarer Effekte

$$\begin{gathered}\frac{\partial \boldsymbol{v}}{\partial t} + (\boldsymbol{v}\nabla)\,\boldsymbol{v} + g\nabla H + \left(\frac{gh^2}{3} - \frac{\alpha}{\varrho}\right)\Delta\nabla H = 0,\\ \frac{\partial H}{\partial t} + \nabla(H\boldsymbol{v}) = 0.\end{gathered} \tag{5.29}$$

Die Gleichungen (5.29) unterscheiden sich von (5.23), (5.24) lediglich durch den Koeffizienten vor dem dispersiven Glied. Das hat eine Änderung der Dispersionsrelation zur Folge, so daß wir jetzt anstelle von (4.11)

$$\omega(k) = c_0 k \left[1 - \frac{1}{6}\left(h^2 - \frac{3\alpha}{\varrho g}\right) k^2 + \cdots\right], \tag{5.30}$$

haben werden, wo wie früher $c_0 = \sqrt{gh}$ ist. Wir gelangen daher wieder zu der Schlußfolgerung, daß die Entwicklung genügend langer Wellen in der linearen Näherung durch die Formeln (3.3), (3.11), (3.12) beschrieben wird; der Dispersionsparameter ergibt sich dabei aus der Formel

$$\beta = \frac{c_0}{6}\left(h^2 - \frac{3\alpha}{\varrho g}\right). \tag{5.31}$$

Es ist bemerkenswert, daß der Dispersionsparameter bei genügend großem α, nämlich

$$\alpha > \frac{\varrho g h^2}{3}, \tag{5.32}$$

sein Vorzeichen ändert. Das hat eine qualitative Änderung des Charakters der Ausbreitung im Vergleich mit dem Fall zur Folge, wenn die kapillaren Effekte klein sind und daher $\beta > 0$. In unserem Falle haben tatsächlich die kürzeren Wellen eine größere Geschwindigkeit als die langen Wellen und überholen deshalb die letzteren.

Es stellt sich heraus, daß die Boussinesq-Gleichungen nicht nur für kapillare Schwerewellen gelten; ganz analoge Gleichungen lassen sich auch für andere Wellentypen gewinnen, insbesondere für Wellen im Plasma.

6. *Ionen-Schall-Wellen im magnetfeldfreien Plasma*

In diesem wie in den folgenden Abschnitten werden wir das Plasma in der Näherung der „Zweiflüssigkeitstheorie" behandeln, das heißt, wir werden voraussetzen, daß sowohl die Ionen- als auch die Elektronenkomponente des Plasmas durch hydrodynamische Gleichungen beschrieben wird.

Wenn kein Magnetfeld vorhanden ist, haben die Grundgleichungen die Form

$$\frac{\partial \boldsymbol{v}_{i,e}}{\partial t} + (\boldsymbol{v}_{i,e}\nabla)\,\boldsymbol{v}_{i,e} = -\frac{1}{n m_{i,e}}\nabla p_{i,e} - \frac{e_{i,e}}{m_{i,e}}\nabla\varphi, \tag{6.1}$$

$$\frac{\partial n_{i,e}}{\partial t} + \operatorname{div}(n_{i,e}\boldsymbol{v}_{i,e}) = 0, \tag{6.2}$$

$$\Delta\varphi = -4\pi e\,(n_i - n_e), \tag{6.3}$$

mit φ als Potential des elektrischen Feldes. Die Indizes i, e bezeichnen die Teilchensorten (Ionen, Elektronen; dabei haben wir in (6.3) $e_i = e = -e_e$ angenommen).

Die Gleichungen (6.1) bis (6.3) gelten unter der Voraussetzung, daß die Ionen- und die Elektronenkomponenten des Plasmas schwach miteinander wechselwirken und daher merklich voneinander verschiedene Temperaturen (und dementsprechend, da $p \sim nT$, auch unterschiedliche Drücke) besitzen können. Diese Bedingungen werden im hinreichend verdünnten Plasma verwirklicht.

Außerdem werden wir hier nur „langsame" Plasmaschwingungen (der Ionen) behandeln, deren inverse Zeiten sehr viel kleiner als die LANGMUIR-Frequenz der Elektronen sind:

$$\tau^{-1} \ll \omega_{0e} = \left(\frac{4\pi n_0 e^2}{m_e}\right)^{1/2}. \tag{6.4}$$

Solche Schwingungen werden bekanntlich nur dann schwach gedämpft[1]), wenn die Bedingung $T_e \gg T_i$ erfüllt ist (vgl. z. B. [17]). Der Einfachheit halber werden wir im folgenden $T_i = 0$ und demzufolge $p_i = 0$ annehmen. Was die Elektronen betrifft, setzen wir voraus, daß ihre

[1]) Es handelt sich hier um LANDAU-Dämpfung [18].

Relaxationszeit (im Vergleich mit der Schwingungsperiode der Ionen) so kurz ist, daß die Elektronendichte durch die BOLTZMANN-Verteilung beschrieben werden kann

$$n_e = n_0 \exp(e\varphi/T). \tag{6.5}$$

Hier wie auch überall im folgenden bezeichnet T die Elektronentemperatur T_e.

Unter den oben gemachten Voraussetzungen nehmen die Bewegungsgleichungen der Ionen die Form

$$\begin{aligned} \frac{\partial \boldsymbol{v}}{\partial t} + (\boldsymbol{v}\nabla)\,\boldsymbol{v} &= -\frac{e}{m_i}\nabla\varphi, \\ \Delta\varphi &= 4\pi e[n_0 \exp(e\varphi/T) - n], \\ \frac{\partial n}{\partial t} + \operatorname{div}(n\boldsymbol{v}) &= 0 \end{aligned} \tag{6.6}$$

an (hier und im weiteren unterdrücken wir den Index i an den Größen v, m und n).

Im Falle kleiner Schwingungen, in dem wir diese Gleichungen linearisieren können, erhalten wir die Dispersionsrelation

$$\omega = \sqrt{T/m}\, k(1 + k^2D^2)^{-1/2}. \tag{6.7}$$

D bezeichnet den DEBYE-Radius:

$$D^2 = \frac{T}{4\pi n_0 e^2}. \tag{6.8}$$

Die Beziehung (6.7) ist das bekannte Dispersionsgesetz für Ionenschwingungen im Plasma mit $T_i = 0$. Im Grenzfall sehr langer Wellen $kD \ll 1$ geht es in die Form (3.1) über, in der wir

$$c_0 = \left(\frac{T}{m}\right)^{1/2}, \qquad \beta = \frac{c_0 D^2}{2} \tag{6.9}$$

zu setzen haben. Die Evolution linearer instationärer Wellen wird dementsprechend durch die Beziehungen (3.3), (3.11), (3.12) beschrieben.

Untersuchen wir jetzt, welche Gestalt die nichtlinearen Gleichungen (6.6) im Falle sehr langer Wellen annehmen. Wie auch bei der analogen Aufgabe für Schwerewellen setzen wir dabei voraus, daß die Abweichungen von den Gleichgewichtswerten nicht sehr groß werden, so daß wir uns auf nichtlineare Terme zweiter Ordnung beschränken können. Daher können wir zwei Parameter kleiner Größe

$$\varepsilon = \frac{D}{l} \ll 1, \qquad \mu = \frac{n - n_0}{n_0} \approx \frac{v}{c_0} \ll 1 \tag{6.10}$$

einführen und werden nur Glieder zweiter Ordnung in ε, μ mitnehmen.

Da die linke Seite der zweiten Gleichung (6.6) im Verhältnis zu den anderen Termen die Größenordnung ε^2 besitzt, können wir diese Gleichung bezüglich φ mit Hilfe sukzessiver Approximation lösen. Wir beschränken uns auf zwei Iterationen und bekommen

$$n_0 \exp\left(\frac{e\varphi}{T}\right) \approx n + \frac{T}{4\pi e^2} \Delta \ln \frac{n}{n_0}.$$

Dann gilt

$$e\,\nabla\varphi = T \exp\left(-\frac{e\varphi}{T}\right) \nabla \exp\left(\frac{e\varphi}{T}\right) \approx \frac{T}{n} \nabla n + \frac{T}{n_0} D^2 \nabla\Delta n. \tag{6.11}$$

Setzen wir dies in die erste der Gleichungen (6.6) ein, so erhalten wir die folgenden Grundgleichungen

$$\begin{aligned} \frac{\partial \boldsymbol{v}}{\partial t} + (\boldsymbol{v}\nabla)\,\boldsymbol{v} &= -c_0^2 \frac{\nabla n}{n} - \frac{2c_0\beta\nabla\Delta n}{n_0}, \\ \frac{\partial n}{\partial t} + \operatorname{div}(n\boldsymbol{v}) &= 0, \end{aligned} \tag{6.12}$$

in denen c_0 und β durch (6.9) gegeben werden. Die Gleichungen (6.12) haben die gleiche Form wie die BOUSSINESQ-Gleichungen (5.23), (5.24). Der Term mit der höchsten Ableitung in (6.12) — $2c_0\beta\nabla\Delta n/n_0$ — beschreibt die Dispersion. Wenn man ihn vernachlässigt, erhält man die hydrodynamischen Gleichungen mit einem effektiven adiabatischen Exponenten $\gamma = 1$.

7. *Nichtlineare Wellen in einem sich im starken Magnetfeld befindenden Plasma*

Wir gehen jetzt zu einem Plasma über, das sich im magnetischen Felde befindet. Der Einfachheit halber betrachten wir den Fall, in dem der magnetische Druck viel größer als der kinetische, d. h. $\frac{H^2}{8\pi n T} \gg 1$, und die Geschwindigkeit der Wellen viel kleiner als die Lichtgeschwindigkeit c ist. Als Grundgleichungen können wir dann das folgende System verwenden:

$$m_i \frac{\mathrm{d}\boldsymbol{v}_i}{\mathrm{d}t} = e\boldsymbol{E} + \frac{e}{c}\,[\boldsymbol{v}_i \boldsymbol{H}], \tag{7.1}$$

$$m_e \frac{\mathrm{d}\boldsymbol{v}_e}{\mathrm{d}t} = -e\boldsymbol{E} - \frac{e}{c}\,[\boldsymbol{v}_e \boldsymbol{H}], \tag{7.2}$$

$$\frac{\partial n_{i,e}}{\partial t} + \operatorname{div}\,(n_{i,e}\,\boldsymbol{v}_{i,e}) = 0, \tag{7.3}$$

$$\operatorname{rot} \boldsymbol{H} = \frac{4\pi e}{c}\,(n_i \boldsymbol{v}_i - n_e \boldsymbol{v}_e), \tag{7.4}$$

$$\frac{\partial \boldsymbol{H}}{\partial t} = -c \operatorname{rot} \boldsymbol{E}. \tag{7.5}$$

Wir setzen weiterhin voraus, daß die Quasineutralitätsbedingung

$$n_i \approx n_e = n \tag{7.6}$$

erfüllt ist. Das ist gerechtfertigt, wenn die Schwingungsfrequenzen im Vergleich zur LANGMUIR-Frequenz ω_{0i} der Ionen klein sind.

Wir führen die „Massengeschwindigkeit" des Plasmas

$$\boldsymbol{u} = (m_i \boldsymbol{v}_i + m_e \boldsymbol{v}_e)/m, \quad m = m_i + m_e \tag{7.7}$$

ein, addieren (7.1) und (7.2), verwenden (7.4) und (7.6) und erhalten

$$\frac{\mathrm{d}\boldsymbol{u}}{\mathrm{d}t} = \frac{1}{4\pi n m} [\mathrm{rot}\, \boldsymbol{H}\boldsymbol{H}]. \tag{7.8}$$

Die Beziehungen (7.1), (7.2) und (7.7) liefern

$$\boldsymbol{E} = -\frac{1}{c} [\boldsymbol{u}\boldsymbol{H}] + \frac{m_i}{e} \frac{\mathrm{d}\boldsymbol{u}}{\mathrm{d}t} - \frac{m_e}{e} \frac{\mathrm{d}\boldsymbol{v}_e}{\mathrm{d}t}. \tag{7.9}$$

Setzen wir (7.9), (7.6) und (7.7) in die MAXWELL-Gleichungen (7.4), (7.5) ein, so haben wir

$$\mathrm{rot}\, \boldsymbol{H} = \frac{4\pi n e}{c} \frac{m}{m_i} (\boldsymbol{u} - \boldsymbol{v}_e), \tag{7.10}$$

$$\frac{\partial \boldsymbol{H}}{\partial t} = \mathrm{rot}\, [\boldsymbol{u}\boldsymbol{H}] - \frac{m_i c}{e} \mathrm{rot} \frac{\mathrm{d}\boldsymbol{u}}{\mathrm{d}t} + \frac{m_e c}{e} \mathrm{rot} \frac{\mathrm{d}\boldsymbol{v}_e}{\mathrm{d}t}. \tag{7.11}$$

Die Gleichungen (7.8), (7.10) und (7.11) bilden gemeinsam mit der Kontinuitätsgleichung

$$\frac{\partial n}{\partial t} + \mathrm{div}\, (n\boldsymbol{u}) = 0 \tag{7.12}$$

das vollständige Gleichungssystem des „kalten" Plasmas im Falle niederfrequenter Schwingungen ($\omega \ll \omega_{0i}$).

Unter der Bedingung

$$\omega \ll \omega_{Hi} = \frac{eH}{m_i c} \tag{7.13}$$

sind die letzten beiden Terme der Gleichung (7.11) sehr klein. Werden sie vernachlässigt, so gehen die Grundgleichungen in die Gleichungen der Magnetohydrodynamik über, in denen der Term ∇p fortgelassen worden ist.

Setzt man

$$\boldsymbol{H} = \boldsymbol{H}_0 + \boldsymbol{h}, \qquad n = n_0 + n'$$

und vernachlässigt die Quadrate der Störungen h, n' und u, so führen die für diese Größen entstehenden linearen Gleichungen auf die folgende Dispersionsrelation für lineare Schwingungen:

$$\omega_{1,2} = \frac{c_A k}{2\sqrt{1 + k^2c^2/\omega_{0e}^2}} \left\{ \left[(1 + \cos\alpha)^2 + \frac{k^2c^2}{\omega_{0i}^2} \frac{\cos^2\alpha}{1 + k^2c^2/\omega_{0e}^2} \right]^{1/2} \right.$$
$$\left. \pm \left[(1 - \cos\alpha)^2 + \frac{k^2c^2}{\omega_{0i}^2} \frac{\cos^2\alpha}{1 + k^2c^2/\omega_{0e}^2} \right]^{1/2} \right\}, \qquad (7.14)$$

in der α der Winkel zwischen dem Wellenvektor und dem magnetischen Feld, c die Lichtgeschwindigkeit und c_A die Alfvén-Geschwindigkeit

$$c_A = \frac{H_0}{\sqrt{4\pi n m}}, \qquad m = m_e + m_i \qquad (7.15)$$

sind. Den beiden Vorzeichen $\pm$ in (7.14) entsprechen zwei Wellentypen. Im Grenzfall langer Wellen

$$k^2c^2 \ll \omega_{0e}^2, \qquad k^2c^2\cos^2\alpha \ll \omega_{0i}^2(1 - \cos\alpha)^2 \qquad (7.16)$$

haben die Dispersionsrelationen für diese beiden Zweige die Form

$$\omega_1 = c_A k, \qquad \omega_2 = c_A k \cos\alpha, \qquad (7.17)$$

d. h., sie gehen in die Dispersionsrelationen der schnellen magnetoakustischen Wellen und der Alfvén-Wellen der Magnetohydrodynamik (wenn $p \ll H^2/8\pi$) über. Dementsprechend bezeichnen wir die beiden zu den Vorzeichen $\pm$ in den Gleichungen (7.14) gehörenden Zweige gleichfalls als magnetoakustischen und Alfvénschen Zweig. Im folgenden beschränken wir uns auf das Studium der magnetoakustischen Wellen allein und nehmen an, daß der Winkel zwischen der Ausbreitungsrichtung und dem Magnetfeld nicht zu klein ist, sondern die Bedingung

$$\alpha^4 \gg k^2c^2/\omega_{0i}^2 \qquad (7.18)$$

erfüllt. Wir betrachten, mit anderen Worten, keine sich entlang der magnetischen Feldlinien oder sehr nahe am

Magnetfeld ausbreitenden Wellen (an dieser Stelle bemerken wir, daß die untere Grenze für α im Falle genügend langer Wellen $k \ll \omega_{0i}/c$ sehr klein ist).

Wenn wir (7.14) für den magnetoakustischen Zweig mit einer Genauigkeit bis zu Termen einschließlich zweiter Ordnung in k entwickeln, finden wir

$$\omega \approx c_A k \left[1 - \frac{k^2 c^2}{2\omega_{0i}^2} \left(\frac{m_e}{m_i} - \cot^2 \alpha\right)\right]. \qquad (7.19)$$

Diese Beziehung gehört zum Typ (3.1), wobei

$$c_0 = c_A, \qquad \beta = c_A \frac{c^2}{2\omega_{0i}^2} \left(\frac{m_e}{m_i} - \cot^2 \alpha\right). \qquad (7.20)$$

Für sich senkrecht zum Magnetfeld ausbreitende Wellen ($\alpha = \pi/2$) geht der Parameter β in

$$\beta = c_A \frac{c^2}{2\omega_{0e}^2} \qquad (7.21)$$

über, und die dispersiven Effekte werden groß, wenn $k \gtrsim \omega_{0e}/c$ ist (dem entsprechen die Frequenzen $\omega \approx \sqrt{\omega_{He}\omega_{Hi}}$). Die Größe

$$\delta_e = \frac{c}{\sqrt{2}\omega_{0e}} \qquad (7.22)$$

kann man Dispersionslänge der sich senkrecht zum Magnetfeld ausbreitenden hydrodynamischen Wellen nennen. Schräge Wellen haben ein erheblich verändertes Dispersionsverhalten. Insbesondere wechselt die Dispersion bei $\tan^2 \alpha < m_i/m_e$ das Vorzeichen. Der Parameter β in (7.20) wird negativ, d. h., solche Wellen verhalten sich qualitativ analog zu kapillaren Wellen an der Oberfläche einer Flüssigkeit (Abschnitt 5.), während Wellen, die sich senkrecht zum Magnetfeld ausbreiten, mit gravitativen Oberflächenwellen im flachen Wasser verglichen werden können.

Im Falle $\tan^2 \alpha \ll m_i/m_e$ ändert sich darüber hinaus auch die Größenordnung der Dispersionslänge merklich. In diesem Falle gilt nämlich

$$\delta_i = \frac{c \cot \alpha}{\sqrt{2\omega_{0i}}}. \tag{7.23}$$

Wenden wir uns jetzt den nichtlinearen Gleichungen (7.8) bis (7.12) zu. Wir betrachten zu Beginn die Bewegung des Plasmas senkrecht zum Magnetfeld. Das letztere sei parallel zur z-Achse, die Geschwindigkeit liege in der (xy)-Ebene, und alle Größen hängen nur von x, y und t ab.

Wenn wir den Spezialfall (im Vergleich mit der Dispersionslänge (7.22)) sehr langer Wellen untersuchen und die Amplitude als hinreichend klein ansehen, wobei wir nur Terme zweiter Ordnung in $(H - H_0)/H_0$ mitnehmen, d. h., uns in der gleichen Näherung wie bei der Ableitung der Boussinesq-Gleichungen für kapillare Schwerewellen bewegen (Abschnitt 5.), so kommen wir leicht zu den folgenden Gleichungen:

$$\frac{\partial \boldsymbol{u}}{\partial t} + (\boldsymbol{u}\nabla)\,\boldsymbol{u} = -\frac{H_0}{4\pi n_0 m}\,\nabla H, \tag{7.24}$$

$$\frac{\partial H}{\partial t} + \operatorname{div}(H\boldsymbol{u}) + 2\delta_e^2 H_0\,\Delta \operatorname{div}\boldsymbol{u} = 0, \tag{7.25}$$

in denen δ_e durch (7.22) definiert wird. Nach Einsetzen von $\boldsymbol{u} = \nabla\varphi$ haben diese Gleichungen genau das gleiche Aussehen wie die Gleichungen für Schwerewellen im flachen Wasser in der Näherung von Boussinesq (vgl. (5.17), (5.18)). Dabei sind hier die kleinen Parameter ε, μ (5.1) gegeben durch

$$\varepsilon = \frac{\delta_e}{l}, \qquad \mu = \frac{H - H_0}{H_0}. \tag{7.26}$$

Die Übereinstimmung der Grundgleichungen gestattet uns, von einer Analogie zwischen gravitativen Wellen in

Flüssigkeiten und Wellen im Plasma zu sprechen (dieser Zusammenhang wurde zum erstenmal in [19—20] genannt).

Wir behandeln jetzt schräge Wellen. Dabei setzen wir die Bewegung als eindimensional voraus, so daß der Dispersionsparameter (7.20) konstant bleibt. Sämtliche Größen werden deshalb Funktionen von x, t allein sein.

Es ist vorteilhaft, anstelle von x die LAGRANGEsche Koordinate x' einzuführen, welche durch die Teilchenkoordinate zu irgendeinem festen Zeitpunkt t_0 definiert wird: $x = x(t, x')$, $x(t_0, x') = x'$.

Man kann in diesem Falle schreiben:

$$u_x = \left(\frac{\partial x}{\partial t}\right)_{x'}. \tag{7.27}$$

Bezeichnen wir die zweite partielle Ableitung mit

$$N = \left(\frac{\partial x}{\partial x'}\right)_t, \quad \left(\frac{\partial N}{\partial t}\right)_{x'} = \left(\frac{\partial u_x}{\partial x'}\right)_t, \tag{7.28}$$

so erhalten wir Transformationsbeziehungen für den Übergang zu den neuen unabhängigen Veränderlichen

$$\left(\frac{\partial}{\partial t}\right)_x = \left(\frac{\partial}{\partial t}\right)_{x'} - \frac{u_x}{N}\left(\frac{\partial}{\partial x'}\right)_t, \quad \left(\frac{\partial}{\partial x}\right)_t = \frac{1}{N}\left(\frac{\partial}{\partial x'}\right)_t. \tag{7.29}$$

Hieraus folgt

$$\frac{\mathrm{d}}{\mathrm{d}t} \equiv \left(\frac{\partial}{\partial t}\right)_x + u_x\left(\frac{\partial}{\partial x}\right)_t = \left(\frac{\partial}{\partial t}\right)_{x'}. \tag{7.30}$$

Unter Verwendung von (7.28) und (7.29) kann man die Gleichung (7.12) in die Gestalt $\partial(nN)/\partial t = 0$ bringen, aus welcher folgt, daß $N = n_0(x')/n(x', t)$, wo $n_0(x')$ die Dichte zum Zeitpunkt t_0 ist, wenn $x = x'$. Ohne die Allgemeinheit einzuschränken, kann man immer annehmen, daß sich das System zum Zeitpunkt t_0 im ungestörten Zustand mit konstanter Dichte n_0 befindet. Daher dürfen wir setzen

$$N = n_0/n(x', t). \tag{7.31}$$

In LAGRANGEschen Koordinaten schreiben sich die Gleichungen (7.8), (7.10) und (7.11)

$$\frac{\partial u_x}{\partial t} = -\frac{1}{8\pi n_0 m}\frac{\partial}{\partial x'}(H_x^2 + H_y^2),$$

$$\frac{\partial u_y}{\partial t} = \frac{H_x}{4\pi n_0 m}\frac{\partial}{\partial x'}H_y, \tag{7.32}$$

$$\frac{\partial u_z}{\partial t} = \frac{H_x}{4\pi n_0 m}\frac{\partial H_z}{\partial x'},$$

$$\frac{\partial (NH_y)}{\partial t} = \frac{\partial}{\partial x'}\left(u_y H_x + \frac{m_i c}{e}\frac{\partial u_z}{\partial t} - \frac{m_e c}{c}\frac{\partial v_{ez}}{\partial t}\right),$$
$$\frac{\partial (NH_z)}{\partial t} = \frac{\partial}{\partial x'}\left(u_z H_x - \frac{m_i c}{e}\frac{\partial u_z}{\partial t} + \frac{m_e c}{e}\frac{\partial v_{ey}}{\partial t}\right), \tag{7.33}$$

$$\frac{\partial H_z}{\partial x'} = -\frac{4\pi n_0 e}{c}\frac{m}{m_i}(u_y - v_{ey}), \tag{7.34}$$

$$\frac{\partial H_y}{\partial x'} = -\frac{4\pi n_0 e}{c}\frac{m}{m_i}(u_z - v_{ez}), \tag{7.35}$$

$$H_x = \mathrm{const}$$

(die letzte dieser Beziehungen ist eine Folge der Divergenzfreiheit $\operatorname{div}\boldsymbol{H} = 0$ des Magnetfeldes). Mit Hilfe einfacher Transformationen kann man aus diesen Gleichungen sämtliche Geschwindigkeiten eliminieren; als Ergebnis erhält man mit einer Genauigkeit bis zu Gliedern zweiter Ordnung in m_e/m_i (wir lassen im folgenden die Striche an den x fort):

$$\frac{\partial^2 N}{\partial t^2} = -\frac{1}{8\pi n_0 m}\frac{\partial}{\partial x^2}(H_y^2 + H_z^2), \tag{7.36}$$

$$\frac{\partial^2 (NH_y)}{\partial t^2} = c_A^2 \cos^2\alpha \frac{\partial^2 H_y}{\partial x^2} + \frac{\partial^2}{\partial x^2}\left(\frac{c^2}{\omega_{0e}^2}\frac{\partial^2 H_y}{\partial t^2} + \frac{H_0 c}{4\pi n_0 e}\cos\alpha\frac{\partial H_z}{\partial t}\right), \tag{7.37}$$

$$\frac{\partial^2(NH_z)}{\partial t^2} = c_A^2 \cos^2\alpha \frac{\partial^2 H_z}{\partial x^2} + \frac{\partial^2}{\partial x^2}\left(\frac{c^2}{\omega_{0e}^2}\frac{\partial^2 H_z}{\partial t^2} - \frac{H_0 c}{4\pi n_0 e}\cos\alpha \frac{\partial H_y}{\partial t}\right), \quad (7.38)$$

wo H_0 das ungestörte magnetische Feld ist, welches mit der Ausbreitungsrichtung der Welle, das heißt mit der x-Achse, den Winkel α bildet. (Bei der Ableitung der Gleichung (7.36) haben wir von der Beziehung $\frac{\partial N}{\partial t} = \frac{\partial u_x}{\partial x}$ Gebrauch gemacht.)

Wir fragen nun danach, was mit den Gleichungen (7.37) und (7.38) in der zu den Boussinesq-Gleichungen führenden Näherung geschieht. Dazu definieren wir die kleinen Parameter

$$\varepsilon = \frac{\beta}{c_A l^2} \ll 1, \qquad \mu = \frac{H_z - H_0 \sin\alpha}{H_0} \ll 1 \quad (7.39)$$

und beschränken uns auf die Glieder zweiter Ordnung in diesen Größen. In der ersten Näherung bezüglich der Parameter (7.39) erhalten wir lineare Gleichungen, aus denen sich die Dispersionsrelationen (7.17) ergeben.

Für den magnetoakustischen Zweig (auf dessen Untersuchung wir uns hier beschränken) weist man leicht nach, daß in der ersten Näherung $H_y = 0$ ist. Demzufolge ist H_y in bezug auf die Parameter (7.39) eine Größe zweiter Ordnung, die sich sofort aus (7.37) bestimmen läßt, wenn $\frac{\partial^2 H_y}{\partial x^2}$ durch $\frac{1}{c_A^2}\frac{\partial^2 H_y}{\partial t^2}$ ersetzt wird. Wir beschränken uns in (7.37) auf Terme der niedrigsten Größenordnung und haben

$$H_y = \frac{H_0 c}{4\pi n_0 e c_A^2}\frac{\cos\alpha}{\sin^2\alpha}\frac{\partial H_z}{\partial t}. \quad (7.40)$$

Setzen wir das in (7.38) ein, so erhalten wir

$$\frac{\partial^2(NH_z)}{\partial t^2} = c_A^2 \cos^2\alpha \frac{\partial^2 H_z}{\partial x^2} + \frac{2\beta}{c_A}\frac{\partial^4 H_z}{\partial x^2\,\partial t^2}, \quad (7.41)$$

wo β der durch die Formel (7.20) definierte Dispersionsparameter ist.

Man kann die Beziehungen (7.36), (7.41) als vollständiges Gleichungssystem in LAGRANGEschen Koordinaten bis zu Gliedern zweiter Ordnung in den Parametern (7.39) auffassen. Wenn man von N, H_z zu den entsprechenden Störungen

$$N = 1 + \delta N, \qquad H_z = H_0 \sin\alpha + h \tag{7.42}$$

übergeht, läßt sich das System (7.36), (7.41) mit der angegebenen Genauigkeit in eine einzige Gleichung überführen [21]

$$h_{tt} - c_A^2 h_{xx} - \frac{\sin\alpha}{H_0}\left[(h^2)_{tt} + \frac{c_A^2}{2}(h^2)_{xx}\right] - \frac{2\beta}{c_A} h_{ttxx} = 0. \tag{7.43}$$

Im Falle $\alpha = \pi/2$ kann diese Gleichung auch aus den BOUSSINESQ-Gleichungen (7.25) abgeleitet werden, wenn in diesen zu LAGRANGEschen Koordinaten übergegangen wird.

In der linearen Näherung ergibt sich aus (7.43) die Dispersionsrelation (7.19).

8. *Nichtlineare elektromagnetische Wellen in isotropen Dielektrika*

In dem hier zu untersuchenden Fall hat man von den MAXWELL-Gleichungen

$$\operatorname{rot} \tilde{\boldsymbol{H}} = \frac{1}{c}\frac{\partial \tilde{\boldsymbol{D}}}{\partial t}, \qquad \operatorname{rot} \tilde{\boldsymbol{E}} = -\frac{1}{c}\frac{\partial \tilde{\boldsymbol{H}}}{\partial t}, \tag{8.1}$$

$$\tilde{\boldsymbol{D}} = \tilde{\boldsymbol{E}} + 4\pi \tilde{\boldsymbol{P}} \tag{8.2}$$

oder nach Elimination von $\tilde{\boldsymbol{H}}$ von den Gleichungen

$$\tilde{\boldsymbol{D}}_{tt} - c^2 \Delta \tilde{\boldsymbol{E}} + c^2 \operatorname{grad} \operatorname{div} \tilde{\boldsymbol{E}} = 0, \quad \operatorname{div} \tilde{\boldsymbol{P}} = 0 \tag{8.3}$$

auszugehen. Im allgemeinen hängt dabei der Vektor der Polarisation $\tilde{\boldsymbol{P}}(\boldsymbol{r}, t)$ (in nichtlinearer Weise) von der Größe der elektrischen Feldstärke $\tilde{\boldsymbol{E}}(\boldsymbol{r}, t')$ in allen Zeitpunkten $t' < t$ ab (der Einfachheit halber vernachlässigen wir hier die räumliche Dispersion).

Wir setzen voraus, daß wir es mit einem monochromatischen elektromagnetischen Feld zu tun haben, d. h., wir haben

$$\begin{aligned}\tilde{\boldsymbol{E}}(\boldsymbol{r}, t) &= \frac{1}{2}\,[\boldsymbol{E}(\boldsymbol{r}, t)\,\mathrm{e}^{-i\omega t} + \boldsymbol{E}^*(\boldsymbol{r}, t)\,\mathrm{e}^{i\omega t}],\\ \tilde{\boldsymbol{H}}(\boldsymbol{r}, t) &= \frac{1}{2}\,[\boldsymbol{H}(\boldsymbol{r}, t)\,\mathrm{e}^{-i\omega t} + \boldsymbol{H}^*(\boldsymbol{r}, t)\,\mathrm{e}^{i\omega t}],\end{aligned} \tag{8.4}$$

wo $\boldsymbol{E}(\boldsymbol{r}, t)$, $\boldsymbol{H}(\boldsymbol{r}, t)$ sich (im Vergleich zum Phasenfaktor $\mathrm{e}^{-i\omega t}$) langsam mit der Zeit t ändern.

Wenn die die Nichtlinearität hervorrufenden physikalischen Prozesse im Vergleich zur Änderungszeit der Amplituden in (8.4) schnell genug ablaufen, läßt sich der nichtlineare Teil $\tilde{\boldsymbol{P}}_{\mathrm{nl}}$ des Polarisationsvektors als Reihenentwicklung nach Potenzen des elektrischen Feldes darstellen. Der erste nichtverschwindende Term dieser Reihe, welcher die nichtlinearen Effekte bei der Basisfrequenz ω beschreibt, ist von der Form

$$\tilde{\boldsymbol{P}}_{\mathrm{nl}}(\omega) = A\tilde{\boldsymbol{E}}(\tilde{\boldsymbol{E}}\tilde{\boldsymbol{E}}^*) + B\tilde{\boldsymbol{E}}^*(\tilde{\boldsymbol{E}}\tilde{\boldsymbol{E}}), \tag{8.5}$$

in der A und B (von der Frequenz ω abhängige) Materialparameter sind.

Als einfachsten nichtlinearen Mechanismus, der auf den Ausdruck (8.5) führt, nennen wir den optischen KERR-Effekt unter Berücksichtigung der Orientierung anisotroper Moleküle im Wellenfeld.[1]) In diesem Falle kann man zeigen, daß zwischen den Koeffizienten A und B

---

[1]) Die charakteristische Umklappzeit der Moleküle ist sehr gering, so daß der Ausdruck (8.5) im Falle des KERR-Effektes ein großes Anwendungsgebiet besitzt.

in der Formel (8.5) die Beziehung

$$B = 3A \tag{8.6}$$

besteht [22, 23]. Man überzeugt sich leicht davon, daß die MAXWELL-Gleichungen im Falle der Gültigkeit von (8.5) eine Lösung von der Form (8.4) mit

$$\boldsymbol{E} = \boldsymbol{E}_0 e^{i\boldsymbol{k}\boldsymbol{r}}, \qquad \boldsymbol{H} = \boldsymbol{H}_0 e^{i\boldsymbol{k}\boldsymbol{r}} \tag{8.7}$$

und von der Zeit nicht abhängenden Amplituden $\boldsymbol{E}_0$, $\boldsymbol{H}_0$ besitzen.

Setzen wir in (8.3)

$$\tilde{\boldsymbol{D}} = \varepsilon_0 \tilde{\boldsymbol{E}} + 4\pi \tilde{\boldsymbol{P}}_{\text{nl}}, \tag{8.8}$$

wo $\varepsilon_0(\omega)$ die Dielektrizitätskonstante in linearer Näherung ist, so erhalten wir

$$\left(\varepsilon_0 - \frac{c^2k^2}{\omega^2}\right) E_i + \frac{c^2(\boldsymbol{k}\boldsymbol{E})}{\omega^2} k_i$$
$$+ A(\boldsymbol{E}\boldsymbol{E}^*)\, E_i + B(\boldsymbol{E}\boldsymbol{E})\, E_i^* = 0 \quad (i = x, y, z). \tag{8.9}$$

Für eine linear polarisierte Welle, die sich, nehmen wir an, entlang der z-Achse ausbreitet, haben wir ($E = E_x$)

$$\frac{k^2c^2}{\omega^2} = \varepsilon_0(\omega) + (A + B)\, |\boldsymbol{E}|^2. \tag{8.10}$$

Die nichtlineare Korrektur am Brechungsindex $n = kc/\omega$ einer linear polarisierten Welle ist folglich gleich

$$\delta n_l^{(\text{nl})} \sim \frac{(A + B)}{2n_0}\, |\boldsymbol{E}|^2. \tag{8.11}$$

Hier bezeichnet $n_0 = \sqrt{\varepsilon_0}$ den Brechungsindex in linearer Näherung. Für eine zirkular polarisierte Welle erhalten wir

$$\frac{k^2c^2}{\omega^2} = \varepsilon_0 + A\, |\boldsymbol{E}|^2, \tag{8.12}$$

$$\delta n_c^{(\text{nl})} \sim \frac{A}{2n_0}\, |\boldsymbol{E}|^2. \tag{8.13}$$

Aus diesem Grunde führen die nichtlinearen Effekte im Falle $B \neq C$ bei Wellen mit linearer und zirkularer Polarisation auf unterschiedliche Brechungsindizes. Wenn die Nichtlinearität speziell durch den KERR-Effekt bedingt wird, d. h., wenn die Beziehung (8.6) verwendet werden kann, ist das Verhältnis der nichtlinearen Korrekturen an den Brechungsindizes für Wellen mit linearer und zirkularer Polarisation gleich vier.

Elliptisch polarisierte Wellen mit zeitlich unveränderlichen Amplituden erfüllen im allgemeinen die nichtlineare Gleichung (8.3) nicht, d. h., die Polarisationsellipse muß sich drehen. Diese Erscheinung ist experimentell beobachtet worden (genauer s. [11]).

Neben dem KERR-Effekt gibt es eine ganze Reihe anderer Effekte, die zu nichtlinearen Termen im Ausdruck für den Polarisationsvektor $\tilde{\boldsymbol{P}}$ Anlaß geben, etwa die Elektrostriktion (Dichteänderung unter der Einwirkung von Spannungen des elektromagnetischen Feldes), Ionisation durch das Wellenfeld usw. Hier wollen wir die Elektrostriktion genauer ins Auge fassen.

Der nichtlineare Brechungsindex darf in diesem Falle nicht von der Art der Polarisation abhängen. Daher haben wir im Ausdruck (8.5)

$$B = 0 \tag{8.14}$$

zu setzen.

Striktive Effekte können insbesondere im isotropen, stark verdünntem Plasma eine dominierende Rolle spielen [9]. Die Dielektrizitätskonstante des letzteren wird bekanntlich durch die Formel

$$\varepsilon = 1 - \frac{\omega_{0e}^2}{\omega^2}, \qquad \omega_{0e}^2 = \frac{4\pi e^2 N}{m_e} \tag{8.15}$$

definiert. Im starken hochfrequenten Felde (8.4) wirkt auf jedes Teilchen eine durch den Druck der Welle erzeugte Kraft $-\nabla\Phi$, wo [24, 25]

$$\Phi = \frac{e^2}{4m\omega^2}\,|\boldsymbol{E}(\boldsymbol{r}, t)|^2. \tag{8.16}$$

Wenn die charakteristische Länge der Inhomogenität des Feldes $\boldsymbol{E}(\boldsymbol{r}, t)$ viel größer als der DEBYE-Radius ist, gilt wegen (8.16)

$$N = N_0 \exp\left(-\frac{\Phi}{T_e + T_i}\right) = N_0 \exp\left(-\frac{|\boldsymbol{E}|^2}{E_0^2}\right),$$
$$E_0^2 = \frac{4m\omega^2(T_e + T_i)}{e^2}. \tag{8.17}$$

Die nichtlinearen striktiven Effekte werden daher groß, wenn die Feldstärke in die Nähe von E_0 kommt. Im Falle $|\boldsymbol{E}|/E_0 \ll 1$ erhalten wir

$$\delta n^{(\mathrm{nl})} = \frac{4e^4 N_0 \, |\boldsymbol{E}|^2}{2n_0 m^2 \omega^4 (T_e + T_i)}. \tag{8.18}$$

Wir haben bisher dissipative Effekte vernachlässigt. Wenn sie Bedeutung erlangen, treten im Plasma (aber auch in anderen Medien) eine Reihe von zusätzlichen nichtlinearen Mechanismen in Erscheinung, die z. B. in [17, 26, 9] untersucht worden sind.

Es bleibt uns nur noch zu bemerken, daß die Gültigkeit der Beziehung (8.5) sehr begrenzt ist, wenn die nichtlinearen Effekte durch Elektrostriktion hervorgerufen werden: Man kann diese Beziehung nur benutzen, wenn die Dichteänderung und dementsprechend die Amplitudenänderung des Feldes mit viel kleinerer Geschwindigkeit als Schallgeschwindigkeit vonstatten geht. Im allgemeinen Falle verwendet man die MAXWELL-Gleichungen gemeinsam mit den Gleichungen der Hydrodynamik oder der Elastizitätstheorie. Die entsprechenden nichtlinearen Wellen kann man als elektroakustische Wellen bezeichnen.

Als Beispiel betrachten wir die allgemeinen Gleichungen für elektroakustische Wellen in Flüssigkeiten. Der Zustand des Mediums wird in diesem Falle durch die hydrodynamischen Gleichungen

$$\frac{\partial \varrho}{\partial t} + \operatorname{div} \varrho \boldsymbol{v} = 0, \tag{8.19}$$

$$\frac{\partial \boldsymbol{v}}{\partial t} + (\boldsymbol{v}\nabla)\,\boldsymbol{v} = -\frac{1}{\varrho}\,\nabla p + \frac{1}{\varrho}\,\boldsymbol{f}_E \tag{8.20}$$

beschrieben, in denen $\boldsymbol{f}_E$ die Kraftdichte des Druckes des elektromagnetischen Feldes ist, die in Übereinstimmung mit den Ergebnissen der Arbeit [27] in der Form

$$\begin{aligned} \boldsymbol{f}_E &= \frac{1}{16\pi}\left\{\nabla\left(|\tilde{\boldsymbol{E}}|^2\,\varrho\,\frac{\partial \varepsilon}{\partial \varrho}\right) - |\tilde{\boldsymbol{E}}|^2\,\nabla\varepsilon\right\} \\ &= \frac{1}{16\pi}\left\{\nabla\left(|\boldsymbol{E}|^2\,\varrho\,\frac{\partial \varepsilon}{\partial \varrho}\right) - |\boldsymbol{E}|^2\,\nabla\varepsilon\right\} \end{aligned} \tag{8.21}$$

dargestellt werden kann. Hier ist $\varepsilon = \varepsilon(\omega, \varrho)$ die Dielektrizitätskonstante der Flüssigkeit. Für Gase wird $\varepsilon(\omega, \varrho)$ eine lineare Funktion der Dichte, und man kann schreiben (vgl. z. B. [28])

$$\varepsilon(\omega, \varrho) = 1 + \varrho\,\frac{\partial \varepsilon}{\partial \varrho}. \tag{8.22}$$

Der Ausdruck für die Kraftdichte $\boldsymbol{f}_E$ nimmt dabei das folgende einfachere Aussehen an[1])

$$\boldsymbol{f}_E = \frac{\varepsilon - 1}{16\pi}\,\nabla\,|\boldsymbol{E}|^2. \tag{8.23}$$

Wir gehen nun zur Untersuchung der auf die Gleichung (8.3) reduzierten MAXWELL-Gleichungen und der Beziehung über, die den Zusammenhang zwischen der

[1]) Im isotropen Plasma, insbesondere bei dem ε durch den Ausdruck (8.15) definiert ist, kann die auf das Einheitsvolumen wirkende Kraft durch

$$\boldsymbol{f}_E = -\frac{Ne^2}{4m\omega^2}\,\nabla|E|^2$$

dargestellt werden. Das stimmt mit der Formel (8.16) überein.

Induktion $\tilde{\boldsymbol{D}}$ und der Feldstärke $\tilde{\boldsymbol{E}}$ herstellt. Da sich die Eigenschaften des Materials (wie auch die Dichte $\varrho(t)$) mit der Zeit langsam ändern, muß die letzte Beziehung die folgende allgemeine Darstellung besitzen:

$$\tilde{\boldsymbol{D}}(t) = \tilde{\boldsymbol{E}}(t) + \int_0^\infty f(\tau, t)\, \tilde{\boldsymbol{E}}(t - \tau)\, \mathrm{d}\tau. \tag{8.24}$$

Die Funktion $f(\tau, t)$ definiert die von L. P. Pitajevski [27] eingeführte Dielektrizitätskonstante $\varepsilon(\omega, t)$ des instationären Mediums

$$\tilde{\varepsilon}(\omega, t) = 1 + \int_0^\infty f(\tau, t)\, \mathrm{e}^{-i\omega\tau}\, \mathrm{d}\tau. \tag{8.25}$$

(Dabei wird $\partial f/\partial t \ll \partial f/\partial \tau$ vorausgesetzt.) Wie in der oben zitierten Arbeit [27] gezeigt worden ist, stimmt die Funktion $\tilde{\varepsilon}(\omega, t)$ im allgemeinen nicht mit der Dielektrizitätskonstante $\varepsilon(\omega, \varrho)$ des stationären Mediums überein, wenn man dort $\varrho = \varrho(t)$ setzt. Die allgemeine Beziehung zwischen diesen beiden Größen lautet[1])

$$\tilde{\varepsilon}(\omega, t) = \varepsilon(\omega, \varrho) + \frac{i}{2} \frac{\partial^2 \varepsilon}{\partial \omega\, \partial \varrho} \frac{\partial \varrho}{\partial t} \tag{8.26}$$

(natürlich nur, wenn sich die Materialeigenschaften hinreichend langsam mit der Zeit t ändern).

Aus (8.24), (8.25) und (8.4) folgt

$$\frac{\partial \tilde{\boldsymbol{D}}}{\partial t} = \frac{1}{2} \left[-i\omega\tilde{\varepsilon}\boldsymbol{E} + \frac{\partial \tilde{\varepsilon}}{\partial t} \boldsymbol{E} + \frac{\partial(\omega\tilde{\varepsilon})}{\partial \omega} \frac{\partial \boldsymbol{E}}{\partial t} \right] \mathrm{e}^{-i\omega t} + \text{k.k.W.}$$

$$\frac{\partial \tilde{\boldsymbol{H}}}{\partial t} = \frac{1}{2} \left[-i\omega\boldsymbol{H} + \frac{\partial \boldsymbol{H}}{\partial t} \right] \mathrm{e}^{-i\omega t} + \text{k.k.W.} \tag{8.27}$$

[1]) Bei Berücksichtigung räumlicher Dispersion ändert sich die Beziehung (8.26) wie folgt [29]:

$$\tilde{\varepsilon} = \varepsilon(\omega, \varrho) + \frac{i}{2} \left(\frac{\partial^2 \varepsilon}{\partial \omega\, \partial t} - \frac{\partial^2 \varepsilon}{\partial k_a\, \partial x_a} \right).$$

(k.k.W. bezeichnet den konjugiert komplexen Wert des ersten Terms der rechten Seite). Aus (8.27), (8.26), den MAXWELL-Gleichungen (8.1) und den hydrodynamischen Gleichungen (8.19) bis (8.21) erhält man das Gesetz der Erhaltung der Energie des Mediums und des Feldes in der folgenden Form:

$$\frac{\partial}{\partial t}\left\{\frac{1}{16\pi}\left[\frac{\partial(\omega\varepsilon)}{\partial\omega}|\boldsymbol{E}|^2+|\boldsymbol{H}|^2\right]+\frac{\varrho v^2}{2}+\varrho u\right\}$$

$$=-\operatorname{div}\left\{\frac{c}{4\pi}([\boldsymbol{E}^*\boldsymbol{H}]+[\boldsymbol{E}\boldsymbol{H}^*])\right.$$

$$\left.+\boldsymbol{v}\left(\frac{\varrho v^2}{2}+p+\varrho u+\frac{|\boldsymbol{E}|^2}{16\pi}\varrho\frac{\partial\varepsilon}{\partial\varrho}\right)\right\}, \tag{8.28}$$

wo u die innere Energie pro Masseneinheit des Mediums ist.[1])

Bei der Untersuchung elektroakustischer Prozesse werden wir im folgenden voraussetzen, daß die Abweichungen der Dichte ϱ vom Gleichgewichtswert ϱ_0 klein sind, d. h.

$$(\varrho-\varrho_0)/\varrho_0 \ll 1. \tag{8.29}$$

In diesem Falle darf man schreiben

$$\varepsilon(\omega,\varrho)=\varepsilon_0+\frac{\partial\varepsilon}{\partial\varrho_0}(\varrho-\varrho_0), \qquad \varepsilon_0=\varepsilon(\omega,\varrho_0). \tag{8.30}$$

Stellt man dabei in Rechnung, daß

$$\frac{\partial(\varrho-\varrho_0)}{\partial t}\ll\omega(\varrho-\varrho_0), \tag{8.31}$$

---

[1]) Bei der Ableitung von (8.28) wird vorausgesetzt, daß keine dissipativen Prozesse anwesend sind, so daß

$$du = T\,dS+\frac{p}{\varrho^2}d\varrho=\frac{p}{\varrho^2}d\varrho.$$

Dementsprechend werden alle Ableitungen nach ϱ in diesem Abschnitt bei konstanter Entropie S genommen.

so kann aus den oben angeführten Beziehungen die folgende näherungsweise gültige Gleichung für die Amplitude des elektrischen Feldes $\boldsymbol{E}$ gewonnen werden:

$$c^2(\Delta - \operatorname{grad} \operatorname{div}) \boldsymbol{E} + i \frac{\partial(\omega^2 \varepsilon_0)}{\partial \omega} \frac{\partial \boldsymbol{E}}{\partial t}$$

$$- \frac{1}{2} \frac{\partial^2(\omega^2 \varepsilon_0)}{\partial \omega^2} \frac{\partial^2 \boldsymbol{E}}{\partial t^2} + \omega^2 \left[\varepsilon_0 + \frac{\partial \varepsilon}{\partial \varrho_0} (\varrho - \varrho_0)\right] \boldsymbol{E} = 0, \quad (8.32)$$

in der Glieder höherer Ordnung als $\omega^2(\varrho - \varrho_0) E/\varrho_0$ fortgelassen worden sind. Die Anwendung dieser Gleichung auf das Plasma wird in Abschnitt 30 und in Anhang *B* behandelt.

9. *Schallwellen mit Dispersion*

Eine der am weitesten verbreiteten Ursachen für die Dispersion von Schall in Gasen und Flüssigkeiten sind Relaxationsvorgänge. Sie treten im Falle von Abweichungen vom thermodynamischen Gleichgewicht in der Welle in Erscheinung [30]. Als Beispiel für solche Prozesse lassen sich Energieumverteilungen zwischen den verschiedenen Freiheitsgraden der Teilchen im Medium, Dissoziations- und Rekombinationsvorgänge, chemische Reaktionen und vieles andere mehr anführen.[1])

Sehen wir von Dissipation, die nicht mit Relaxationsprozessen zusammenhängt, ab, so können wir von den hydrodynamischen Gleichungen

$$\begin{aligned} \frac{\partial \boldsymbol{v}}{\partial t} + (\boldsymbol{v} \nabla) \boldsymbol{v} &= -\frac{1}{\varrho} \nabla p, \\ \frac{\partial \varrho}{\partial t} + \operatorname{div} \varrho \boldsymbol{v} &= 0 \end{aligned} \quad (9.1)$$

---

[1]) Genaueres darüber vgl. z. B. [31].

ausgehen. Diese Gleichungen müssen noch durch einen Ausdruck ergänzt werden, der die Druckänderung genauer festlegt.

In Abwesenheit von Relaxationsvorgängen wird eine kleine Änderung des Drucks durch die Beziehung

$$\delta p = c_S^2 \delta \varrho \tag{9.2}$$

gegeben, wo c_S die Schallgeschwindigkeit in Abwesenheit von Dissipation ist:

$$c_S^2 = \left(\frac{\partial p}{\partial \varrho}\right)_S \tag{9.3}$$

(S bezeichnet die Entropie).

Läuft während der Dichteänderungen ein Relaxationsprozeß ab, so wird die Verknüpfung zwischen δp und $\delta \varrho$ bereits zeitlich nichtlokal, da man die Abhängigkeit von $\delta p(t)$ von der Dichtevariation in vergangenen Zeitpunkten berücksichtigen muß. Letztere kann durch die Beziehung

$$\delta p(t) = a(\varrho, S)\,\delta\varrho + b(\varrho, S) \int_0^\infty \delta\varrho(t - t')\,\varphi\left(\frac{t'}{\tau}\right) \frac{\mathrm{d}t'}{\tau} \tag{9.4}$$

beschrieben werden, in der $\varphi(t/\tau)$ eine durch den Relaxationsvorgang festgelegte Funktion ist. Der Bequemlichkeit halber haben wir eine effektive Relaxationszeit eingeführt, die den Bereich von t festlegt, in dem sich die Verzögerung bemerkbar macht (d. h. $\varphi(t/\tau)$ geht für $t > \tau$ rasch gegen Null). Wir normieren $\varphi(t/\tau)$ mit Hilfe der folgenden Bedingung:

$$\int_0^\infty \varphi(\xi)\,\mathrm{d}\xi = 1. \tag{9.5}$$

Zum Zwecke der Auskunft über die physikalische Bedeutung der Koeffizienten a und b wenden wir (9.4) auf die Grenzfälle großer und kleiner Frequenz der Schallwelle an. Im ersten Falle ($\omega\tau \gg 1$) verschwindet der Integralterm, und es entsteht $\delta p = a\,\delta\varrho$, so daß die Größe a die Bedeutung des Geschwindigkeitsquadrats des hochfrequenten „Schalls" besitzt:

$$c_\infty^2 \equiv \left(\frac{\delta p}{\delta \varrho}\right)_{\omega\tau\to\infty} = a\,.$$

Im entgegengesetzten Grenzfall kann man die langsam veränderliche Größe $\delta\varrho$ aus dem Integranden herausziehen. Berücksichtigt man außerdem (9.5), so erhält man

$$\delta p = (a + b)\,\delta\varrho\,,$$

das heißt

$$c_0 \equiv \left(\frac{\delta p}{\delta \varrho}\right)_{\omega\tau\to 0} = a + b\,,$$

$$b = c_0^2 - c_\infty^2\,.$$

Offenbar stimmt die Geschwindigkeit des niederfrequenten „Schalls" c_0 mit der durch (9.3) definierten Größe c_∞ überein. Demzufolge kann man anstelle von (9.4) auch schreiben

$$\delta p(t) = c_\infty^2\,\delta\varrho(t) - (c_\infty^2 - c_0^2)\int\limits_0^\infty \delta\varrho(t - t')\,\varphi\left(\frac{t'}{\tau}\right)\frac{\mathrm{d}t'}{\tau}, \quad (9.6)$$

wo selbstverständlich c_0 und c_∞ von den Gleichgewichtswerten der thermodynamischen Größen (beispielsweise von ϱ und S) abhängen. Dabei gilt stets

$$c_\infty^2 > c_0^2\,. \quad (9.7)$$

Diese Beziehung ist eine Folge des Le Chatelierschen Prinzips (s. [1], § 78).

Gehen wir in (9.6) zu Fourier-Komponenten über, so erhalten wir

$$\delta p(\omega) = [c_\infty^2 - (c_\infty^2 - c_0^2)\,\chi(\omega)]\,\delta\varrho(\omega)\,, \quad (9.8)$$

$$\chi(\omega) = \int\limits_0^\infty \mathrm{d}\xi\,\varphi(\xi)\exp(i\omega\tau\xi)\,. \quad (9.9)$$

Aus (9.8) ergibt sich die Formel für die komplexe „Schallgeschwindigkeit" bei der Frequenz ω:

$$c^2(\omega) \equiv \frac{\delta p(\omega)}{\delta \varrho(\omega)} = c_\infty^2 - (c_\infty^2 - c_0^2)\,\chi(\omega)\,. \qquad (9.10)$$

Die Formel (9.10) bestimmt die durch den gegebenen Relaxationsvorgang hervorgerufene Dispersion und Dissipation des „Schalls" vollständig.[1]) Aus ihr folgt insbesondere eine Beziehung zwischen dem Real- und Imaginärteil der Größe $c^2(\omega)$, die der KRAMERS-KRONIGschen Dispersionsrelation für die dielektrische Permeabilität analog ist [28], da die Funktion $\chi(\omega)$ nach Formel (9.9) in der oberen Halbebene analytisch ist. Geht man ferner in der gleichen Weise wie in [28] (§ 62) vor, so kann man sich davon überzeugen, daß $\chi(\omega)$ in keinem im Endlichen gelegenen Punkt der oberen Halbebene mit Ausnahme der Punkte der imaginären Achse einen reellen Wert annimmt; auf der letzteren klingt $\chi(\omega)$ monoton vom Wert $\chi(0) = 1$ auf $\chi(i\,\infty) = 0$ ab. Unter Berücksichtigung von (9.7) folgern wir daraus, daß die Größe $c^2(\omega)$ auf der imaginären Achse monoton von c_0^2 auf c_∞^2 anwächst. Aus diesem Grunde ist in der oberen Halbebene $c^2(\omega) \neq 0$; daher können nicht nur für $c^2(\omega)$, sondern auch für $c(\omega)$ und ebenso für die Größe $1/c(\omega)$ Dispersionsrelationen abgeleitet werden.[2])

Wir wollen jetzt den Fall genauer untersuchen, in dem die Relaxationszeit im Vergleich zur charakteristischen Periode der Welle ziemlich klein ist. Die Größe $\delta\varrho(t - t')$ in Formel (9.4) kann dann nach Potenzen von t' ent-

---

[1]) Für den Fall, daß die Abweichung vom thermodynamischen Gleichgewicht durch eine einzige Größe λ charakterisiert wird, welche die Beziehung $\partial\lambda/\partial t = -(\lambda - \lambda_0)\tau$ erfüllt, hat die Funktion $\varphi(t/\tau)$ wie sich unschwer zeigen läßt, die Form $\varphi(t/\tau) = \exp(-t/\tau)$. Dementsprechend erhält man in diesem Falle aus (9.10) die der einfachsten Variante der Relaxationstheorie entsprechende bekannte Beziehung $k^2/\omega^2 = (1 - i\omega\tau)/(c_0^2 - ic_\infty^2\omega\tau)$ (s. [1], § 78).

[2]) Vom Dispersionsmechanismus unabhängige Dispersionsbeziehungen für den Schall wurden in allgemeiner Form erstmals in [32] gewonnen. In dieser Arbeit wird die Funktion $1/c(\omega)$ untersucht.

wickelt werden. Wenn wir uns auf die ersten beiden Glieder der Entwicklung beschränken, erhalten wir

$$\delta p = c_0^2 \delta\varrho + (c_\infty^2 - c_0^2)\left[\delta\dot{\varrho}\tau \int_0^\infty \xi\varphi(\xi)\,\mathrm{d}\xi - \frac{\delta\ddot{\varrho}\tau^2}{2}\int_0^\infty \xi^2\varphi(\xi)\,\mathrm{d}\xi\right],$$

$$\left(\dot{\varrho} = \frac{\partial\varrho}{\partial t}\right). \tag{9.11}$$

Wir setzen voraus, daß die Größen $\delta\dot{\varrho}\tau/\varrho$, $\delta\ddot{\varrho}\tau^2/\varrho^2$ klein sind. Dann können wir $\delta\ddot{\varrho}$ bis auf Glieder höherer Ordnung durch $c_0^2\Delta\varrho$ (da $\delta\varrho$ in der ersten Näherung die Wellengleichung $\delta\ddot{\varrho} - c_0^2\Delta\varrho = 0$ erfüllt) und (wegen der Kontinuitätsgleichung) $\delta\dot{\varrho}$ durch ϱ div $\boldsymbol{v}$ ersetzen. Führt man das in (9.11) ein und verwendet (9.1), so erhält man in der angenommenen Genauigkeit

$$\frac{\partial \boldsymbol{v}}{\partial t} + (\boldsymbol{v}\nabla)\,\boldsymbol{v} = -\frac{c_0^2(\varrho)}{\varrho}\,\nabla\varrho + \zeta_r\,\frac{\nabla(\nabla\boldsymbol{v})}{\varrho_0} + \frac{2c_0\beta}{\varrho_0}\,\Delta\nabla\varrho, \tag{9.12}$$

$$\varrho_t + \nabla(\varrho\boldsymbol{v}) = 0, \tag{9.13}$$

wo die Größen ζ_r und β durch die Ausdrücke

$$\zeta_r = \varrho_0(c_\infty^2 - c_0^2)\,\tau\int_0^\infty \xi\varphi(\xi)\,\mathrm{d}\xi, \tag{9.14}$$

$$\beta = \frac{c_0(c_\infty^2 - c_0^2)\,\tau^2}{2}\int_0^\infty \xi^2\varphi(\xi)\,\mathrm{d}\xi \tag{9.15}$$

definiert werden.

Vergleichen wir (9.12) mit der Navier-Stokes-Gleichung

$$\frac{\partial \boldsymbol{v}}{\partial t} + (\boldsymbol{v}\nabla)\,\boldsymbol{v} = -\frac{1}{\varrho}\,\nabla p + \eta\,\frac{\Delta\boldsymbol{v}}{\varrho_0} + \left(\zeta + \frac{1}{3}\eta\right)\frac{\nabla(\nabla\boldsymbol{v})}{\varrho_0}, \tag{9.16}$$

in der η und ζ der erste und zweite Zähigkeitskoeffizient sind, so erkennen wir, daß die Größe ζ_r in der Gleichung

(9.12) die Bedeutung eines durch den Relaxationsprozeß erzeugten zweiten Zähigkeitskoeffizienten besitzt. Was den Term mit den dritten Ableitungen in Gleichung (9.12) betrifft, so kann aus der weiter unten folgenden Gleichung (9.17) entnommen werden, daß er die dispersive Korrektur zum Realteil der Schallfrequenz angibt (wir weisen in diesem Zusammenhang darauf hin, daß dieser Term der Form nach dem dispersiven Glied in den BOUSSINESQ-Gleichungen (6.12), (5.23) entspricht).

Linearisieren wir die Gleichungen (9.12), (9.13), so erhalten wir das Dispersionsgesetz für den Schall in der folgenden Darstellung:

$$\omega = c_0 k - \beta k^3 - i\mu k^2. \tag{9.17}$$

Die Größe

$$\mu = \frac{1}{2\varrho} \zeta_r \tag{9.18}$$

gibt den Dämpfungskoeffizienten des Schalls infolge Relaxation an, und β ist der durch die Formel (9.15) definierte Parameter der „reellen" Dispersion.

III. Nichtlineare stationäre Wellen

10. Stationäre Lösungen der Boussinesq-Gleichungen

Die im Kapitel I. untersuchten Gleichungen der linearen Näherung (ohne die dissipativen Terme) haben stets Lösungen von der Art der sogenannten *stationären* Wellen, die sich mit konstanter Geschwindigkeit ohne Deformation ihres Profils ausbreiten. Alle Größen, die eine derartige Welle beschreiben, hängen allein von $x - Vt$ ab (wo x die Koordinate in Ausbreitungsrichtung und $V = \omega/k$ ist).

Die nichtlinearen Koeffizienten bewirken im allgemeinen eine Aufsteilung des Wellenprofils. In der Gasdynamik z. B. vergrößert sich infolge nichtlinearer Effekte die Steilheit des Profils so lange, wie dissipative Effekte nicht wesentlich werden. Letztere rufen ein bestimmtes Zerfließen des Profils hervor und gleichen letzten Endes die nichtlineare Zunahme der Steilheit wieder aus.

Dank dessen haben die NAVIER-STOKESschen Gleichungen im Unterschied zu den EULERschen Gleichungen stetige stationäre Lösungen, bei denen alle Größen nur von $x - Vt$ abhängen. Diese Lösungen beschreiben stationäre Stoßwellen. In Medien ohne Dissipation aber mit Dispersion ist die Situation in bekannter Weise analog, da die Abhängigkeit der Phasengeschwindigkeit der Störung von der Wellenlänge gleichfalls ein Zerfließen des Profils bewirkt, das die nichtlineare Zunahme der Steilheit kompensieren kann. Daher können sich in dispersiven Medien nichtlineare stationäre Wellen ausbreiten. Die Struktur derartiger Wellen unterscheidet sich jedoch bei Abwesenheit dissipativer Effekte erheblich von Stoßwellen, da die Dispersion in diesem Falle zu keinerlei irreversiblen Vorgängen führt. Aus diesem Grunde können nichtlineare stationäre Wellen im Falle „reeller" Dispersion entweder periodisch oder isoliert auftreten.

Als typisches Beispiel behandeln wir die nichtlinearen stationären Lösungen der BOUSSINESQ-Gleichungen, die, wie wir im vorangehenden Kapitel gesehen haben, nichtlineare Wellen in einer Reihe von dispersiven Medien beschreiben, beispielsweise im Plasma, an der Oberfläche von Flüssigkeiten mit geringer Tiefe und anderen. Die Untersuchungen der in den Abschnitten 5 bis 7 behandelten Beispiele zusammenfassend, schreiben wir diese Gleichungen in der Form

$$\left.\begin{aligned} &\frac{\partial \boldsymbol{v}}{\partial t} + (\boldsymbol{v}\nabla)\,\boldsymbol{v} + \frac{c^2(\varrho)}{\varrho}\,\nabla\varrho + \frac{2c_0\beta}{\varrho_0}\,\nabla\Delta\varrho = 0,\\ &\frac{\partial \varrho}{\partial t} + \nabla(\varrho\boldsymbol{v}) = 0 \end{aligned}\right\} \quad (10.1)$$

mit der verallgemeinerten Dichte ϱ (für Wellen an einer Flüssigkeitsoberfläche ist das die Tiefe, für Ionen-Schall-Wellen im magnetfeldfreien Plasma die gewöhnliche Dichte, für Wellen, die sich im verdünnten Plasma senkrecht zum Magnetfeld ausbreiten, die magnetische Feldstärke) und der verallgemeinerten „Schallgeschwindigkeit" $c(\varrho)$ bei der Dichte ϱ im Falle einer Vernachlässigung der Dispersion. Die Größe β bezeichnet den Dispersionsparameter. Das aus (10.1) folgende Dispersionsgesetz für hinreichend lange Wellen mit kleiner Amplitude hat die Gestalt

$$\omega = c_0 k - \beta k^3 + \cdots. \tag{10.2}$$

Die Größen c_0 und β werden in den obengenannten Fällen durch die Formeln (5.2) und (5.31), (6.9) und (7.20) definiert.

In den in Kapitel II. betrachteten Fällen ergab sich die Abhängigkeit $c(\varrho)$ aus der „adiabatischen" Beziehung von Poisson

$$c^2(\varrho) = c_0^2(\varrho/\varrho_0)^{\gamma-1}, \tag{10.3}$$

in der ϱ_0 die ungestörte „Dichte" und γ ein effektiver „adiabatischer" Exponent ist. Die Formel (10.3) wird im folgenden als gültig vorausgesetzt.

Führen wir jetzt in den Gleichungen (10.1) das Geschwindigkeitspotential $\boldsymbol{v} = \nabla\varphi$ ein und eliminieren die Dichte (das ist möglich, wenn man sich nur auf Glieder zweiter Ordnung beschränkt, da die Boussinesq-Gleichungen selbst mit dieser Genauigkeit abgeleitet worden sind), so entsteht die folgende Gleichung für das Potential:

$$\varphi_{tt} - c_0^2\Delta\varphi + \nabla\varphi\nabla\varphi_t + \gamma\Delta\varphi\varphi_t - 2c_0\beta\Delta^2\varphi = 0. \tag{10.4}$$

Wir betrachten jetzt die stationären Lösungen dieser Gleichung. Wenn wir $\varphi = \varphi(x - Vt)$ setzen, erhalten wir

$$(v^2 - c_0^2)\,\varphi'' - (\gamma + 1)\,V\varphi''\varphi' - 2c_0\beta\varphi'''' = 0.$$

Die Geschwindigkeit der stationären Wellen muß, wenn ihre Amplitude klein ist, sehr nahe c_0 sein (hiervon überzeugt man sich am einfachsten, indem man den weiter unten abgeleiteten Ausdruck für die Geschwindigkeit V untersucht). Darum kann die Differenz $V - c_0$ als klein von erster Ordnung angesehen werden. Beschränken wir uns auf Glieder zweiter Ordnung und führen die neue unabhängige Veränderliche

$$u = \frac{\gamma + 1}{2} \varphi'$$

ein, so finden wir schließlich

$$\beta u''' + uu' - (V - c_0) u' = 0. \qquad (10.5)$$

Für das weitere ist es von Vorteil, die Invarianz der Gleichung (10.5) gegenüber der Transformation

$$u \to u + \text{const}, \qquad V \to V + \text{const} \qquad (10.6)$$

auszunutzen. Letztere beschreibt ganz einfach den Übergang zu einem neuen Koordinatensystem.

Durch zweimalige Integration können wir die Beziehung (10.5) in die Form

$$3\beta u'^2 = (b_1 - u)(b_2 - u)(b_3 - u) \qquad (10.7)$$

bringen, wo die b_i $(i = 1, 2, 3)$ aus der Kombination von Geschwindigkeit V und den beiden Integrationskonstanten hervorgehende Konstanten sind. Der Zusammenhang zwischen den b_i und der Geschwindigkeit V hat dabei die Form

$$V = \frac{1}{3}(b_1 + b_2 + b_3) + c_0. \qquad (10.8)$$

Zu Beginn betrachten wir den Fall $\beta > 0$. Aus der Forderung, daß die Lösung beschränkt sein soll, ergibt sich, daß alle b_i reell sein müssen (so daß man $b_1 > b_2 \geqq b_3$ setzen kann). Dabei gilt $b_2 \leqq u \leqq b_1$.

Im Falle $b_2 = b_3$ hat die Lösung die Form einer isolierten Welle (Abb. 10.1) oder, wie wir im weiteren sagen werden, eines „Solitons“:

$$u(\xi) = \frac{a}{\mathrm{ch}^2(\sqrt{a/12\beta}\,\xi)} + b_3 \tag{10.9}$$

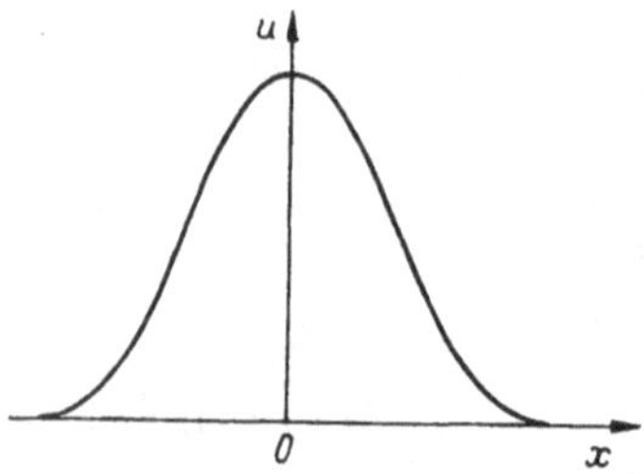

Abb. 10.1. Die Form eines Solitons im Falle $\beta > 0$

mit der Amplitude $a = b_1 - b_2$, einer Breite von der Größenordnung $\sqrt{12\beta/a}$ (d. h., die Breite ist umgekehrt proportional zur Wurzel aus der Amplitude) und der Geschwindigkeit

$$V = c_0 + \frac{a}{3} + b_3. \tag{10.10}$$

Die Größe b_3 gibt den Feldwert bei $\xi \to \pm\infty$ an, (nach (10.6) kann man immer ein derartiges Koordinatensystem finden, in dem $b_3 = 0$ ist).

Im Falle $b_3 < b_2$ stellt die Lösung (10.7) eine durch den Ausdruck

$$u(\xi) = \frac{2b}{s^2}\,\mathrm{dn}^2(z;\,s) + b_3 \tag{10.11}$$

definierte periodische Welle dar. Hier ist $\mathrm{dn}(z, s)$ die JACOBIsche elliptische Funktion vom Modul s, $\mathrm{dn}^2(z, s)$

$= 1 - s^2 \operatorname{sn}^2(z, s)$ ($\operatorname{sn}(z, s)$ ist der elliptische Sinus),

$$b = \frac{b_1 - b_2}{2}, \quad s^2 = \frac{b_1 - b_2}{b_1 - b_3}, \quad z = \sqrt{\frac{b}{6\beta}}\,\frac{\xi}{s}. \tag{10.12}$$

Die Größe b hat dabei die Bedeutung einer Wellenamplitude. Da die Funktion $\operatorname{dn}^2 z$ die Periode $2\mathrm{K}(s)$ besitzt, mit $\mathrm{K}(s)$ als vollständigem elliptischem Integral erster Art, ergibt sich die Wellenlänge der periodischen Lösung (10.11) aus der Beziehung

$$\lambda = 2\left(\frac{6\beta}{b}\right)^{1/2} s\mathrm{K}(s), \tag{10.13}$$

und der Mittelwert

$$\bar{u} = \lambda^{-1} \int_0^\lambda u(\xi)\,\mathrm{d}\xi$$

sowie die Geschwindigkeit V lassen sich in folgender Weise ausdrücken:

$$\bar{u} = \frac{2b}{s^2}\,\frac{\mathrm{E}(s)}{\mathrm{K}(s)} + b_3, \quad V = c_0 + \frac{2a(2 - s^2)}{3s^2} + b_3 \tag{10.14}$$

($\mathrm{E}(s)$ ist das vollständige elliptische Integral zweiter Art).

Der Parameter $s (0 < s < 1)$ kann als Maß der Nichtlinearität der Welle genommen werden. Im Falle $s \ll 1$ unterscheiden sich die elliptischen Funktionen nur wenig von den trigonometrischen. Der Ausdruck (10.11) geht daher mit $s \to 0$ in die Lösung der linearisierten Gleichungen über.

Aus der Reihenentwicklung

$$\operatorname{dn} z = \frac{\pi}{2\mathrm{K}(s)} + \frac{2\pi}{\mathrm{K}(s)} \sum_{n=1}^{\infty} \frac{q^n}{1 + q^{2n}} \cos\frac{\pi n z}{\mathrm{K}(s)},$$

$$q = \exp\left[-\pi\,\frac{\mathrm{K}(s')}{\mathrm{K}(s)}\right], \qquad s' = \sqrt{1 - s^2}$$

kann man entnehmen, daß die periodische Lösung (10.11) im Falle $s \ll 1$ die folgende Gestalt erhält:

$$u(\xi) = \bar{u} + b\left[\cos k\xi + \frac{1}{8}\, s^2 \cos 2k\xi + O(s^4)\right], \tag{10.15}$$

wo $\bar{u}$ der Mittelwert, b die durch (10.12) definierte Amplitude, $k = 2\pi/\lambda$ die Wellenzahl sind. Die Verknüpfung der Wellenzahl mit dem Parameter s wird durch die Beziehung (10.13) hergestellt. Im Falle $s \ll 1$ hat sie die Form[1])

$$\frac{2b}{3\beta k^2} = s^2\left(1 + \frac{s^2}{2}\right) + O(s^6). \tag{10.16}$$

Die Darstellung von V im Falle $s^2 \ll 1$ ergibt sich aus (10.14) und (10.16):

$$V = c_0 + \bar{u} - \beta k^2\left[1 - \frac{3}{32}\, s^4 + O(s^6)\right] = c_0 + \bar{u}$$
$$- \beta k^2\left[1 - \frac{b^2}{24\beta^2 k^4} + O(a^3)\right]. \tag{10.17}$$

Im Falle $\bar{u} = 0$ ergeben die nicht von der Amplitude abhängenden Terme gerade den Ausdruck für die Phasengeschwindigkeit der Welle in der linearen Näherung (vgl. Formel (3.1)).

Im anderen Grenzfall $s \to 1$ gelten die Beziehungen [33]

$$\mathrm{K}(s) \approx \frac{1}{2}\ln\left(\frac{16}{1 - s^2}\right) \to \infty, \qquad \operatorname{dn} z \to \frac{1}{\operatorname{ch} z}. \tag{10.18}$$

---

[1]) Die elliptischen Integrale besitzen im Falle $s \ll 1$ die Reihenentwicklungen

$$\mathrm{K}(s) = \frac{\pi}{2}\left(1 + \frac{1}{4}\, s^2 + \frac{9}{64}\, s^4 + \cdots\right),$$

$$\mathrm{E}(s) = \frac{\pi}{2}\left(1 - \frac{1}{4}\, s^2 - \frac{3}{64}\, s^4 + \cdots\right).$$

Aus (10.13) folgt sodann, daß die Wellenlänge unendlich groß wird, und die Formel (10.11) wird mit (10.9) identisch. Im Falle $s \to 1$, $b = \text{const}$ geht daher die periodische Welle asymptotisch in die Folge von Solitonen mit den Amplituden $a = 2b$ (relativ zum Niveau $u = \bar{u}$) über (Abb. 10.2). Der Abstand zwischen den Solitonen wird der Größenordnung nach durch die Formel

$$\lambda = \sqrt{\frac{12\beta}{a}}\, |\ln (1 - s^2)| \tag{10.19}$$

definiert.

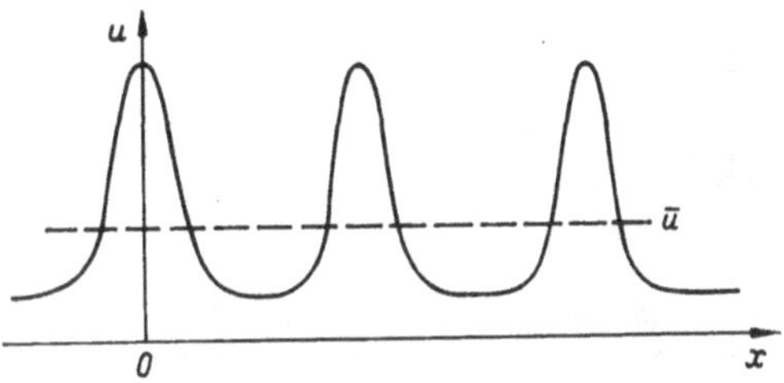

Abb. 10.2. Periodische Welle bei Werten des Parameters s nahe Eins

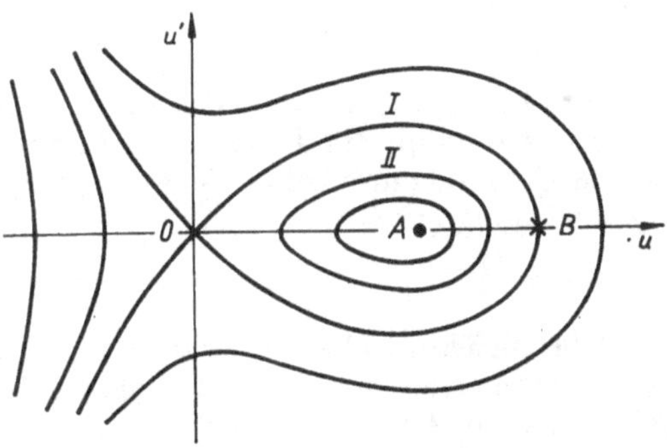

Abb. 10.3. Phasenkurven für die Gleichung (10.7.). Die Separatrix I gehört zu einem Soliton; die im Inneren der Separatrix gelegenen geschlossenen Kurven entsprechen periodischen Wellen

Die Ausbreitungsgeschwindigkeit eines Solitons ist immer größer als c_0. Für periodische Wellen kleiner Amplitude gilt $V < c_0$ (bei $\overline{u} = 0$).

Zum Schluß wollen wir zeigen, daß die Integralkurven der Gleichung (10.7) in der Phasenebene (u, u') das in der Abb. 10.3 gezeigte Aussehen haben. Der Punkt 0 ist ein Sattelpunkt, A das Zentrum. Die einem Soliton entsprechende Phasenkurve besitzt die Form I, (OB gibt die Amplitude des Solitons an). Die Kurven II gehören zu periodischen Wellen; mit kleiner werdender Amplitude nähern sich diese Kurven dem Zentrum.

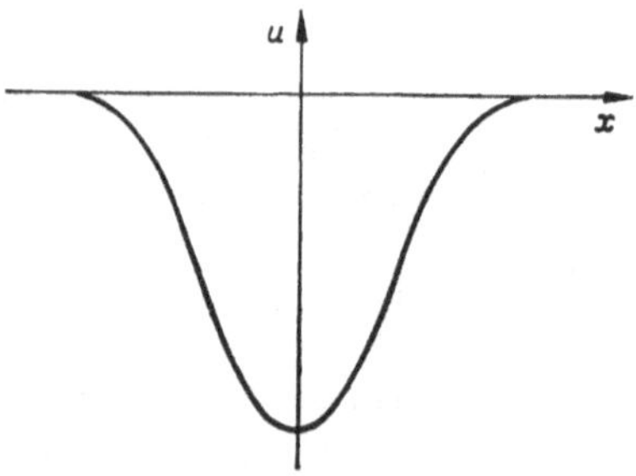

Abb. 10.4. Die Form eines Solitons im Falle $\beta < 0$

Alles oben Gesagte bezog sich auf den Fall eines positiven Dispersionsparameters β. Im Falle $\beta < 0$ besteht für eine gesonderte Untersuchung keine Notwendigkeit; setzt man in der Gleichung (10.5)

$$\xi \to -\xi, \quad u \to -u, \quad V - c_0 \to -(V - c_0), \quad (10.20)$$

so geht sie in dieselbe Gleichung über, nur hat jetzt β das entgegengesetzte Vorzeichen. Man erhält daher alle Formeln im Falle negativer β aus den oben abgeleiteten, wenn man in diesen den Übergang (10.20) vollzieht. Insbesondere hat man in diesem Falle anstelle positiver Solitonen (Abb. 10.1) negative Solitonen (Abb. 10.4). Ihre

Geschwindigkeit wird dabei kleiner als c_0, während die Geschwindigkeit periodischer Wellen $V > c_0$ ist (für $\overline{u} = 0$).

Die dargelegte Theorie bezieht sich auf stationäre Wellen mit kleiner Amplitude, wenn man sich auf nichtlineare Terme zweiter Ordnung beschränken darf. Die Untersuchung von Wellen mit großer Amplitude zeigt, daß das oben betrachtete allgemeine qualitative Bild auch in diesem Falle erhalten bleibt. Ein wichtiger neuartiger Effekt, der sich nicht ergeben kann, wenn man sich auf Terme der zweiten Ordnung beschränkt, ist in einer Reihe von Fällen das Auftreten einer kritischen Amplitude, oberhalb deren die Welle nicht stationär bleiben kann. Im folgenden Abschnitt werden wir diesen Effekt am Beispiel von Wellen im verdünnten Plasma untersuchen, die sich senkrecht zum Magnetfeld ausbreiten.

11. *Stationäre, sich senkrecht zum Magnetfeld ausbreitende Wellen im verdünnten Plasma*

Wir gehen von den Grundgleichungen des Abschnitts 7. in den LAGRANGEschen Variablen (7.36) bis (7.38) aus. Setzen wir in diesen Gleichungen $\alpha = \pi/2$, $H_y = 0$, $H_z = H(x - Vt)$, $N = N(x - Vt)$ und integrieren zweimal, so erhalten wir

$$\frac{c^2}{\omega_{0e}^2} \frac{\mathrm{d}^2 H}{\mathrm{d}x^2} - (H - H_0) + H \frac{H^2 - H_0^2}{2H_0^2 \mathrm{M}^2} = 0, \quad (11.1)$$

$$N = \frac{n_0}{n} = 1 - \frac{H^2 - H_0^2}{H_0^2 \mathrm{M}^2}. \quad (11.2)$$

Hier bezeichnet H_0 eine Integrationskonstante, die die Bedeutung eines magnetischen Feldes im ungestörten Plasma hat (in dem die Dichte n gleich ihrem ungestörten Wert

n_0 ist), M ist die magnetische MACH-Zahl

$$M = \frac{V}{c_A}, \qquad c_A = \frac{H_0}{\sqrt{4\pi n_0 m}}. \tag{11.3}$$

Die Gleichung (11.1) besitzt eine anschauliche mechanische Interpretation: Sie beschreibt die Bewegung eines Teilchens (die Größe H spielt die Rolle der Koordinate, die Variable x die der Zeit), das sich im starken Kraftfelde mit der potentiellen Energie

$$P(H) = \frac{(H - H_0)^2}{2} \left[\frac{(H_0 + H)^2}{4H_0^2 M^2} - 1\right] \tag{11.4}$$

befindet. Das „Energieintegral" der Gleichung (11.1) hat die Form

$$\frac{c^2}{2\omega_{0e}^2}\left(\frac{dH}{dx}\right)^2 + P(H) = \text{const}. \tag{11.5}$$

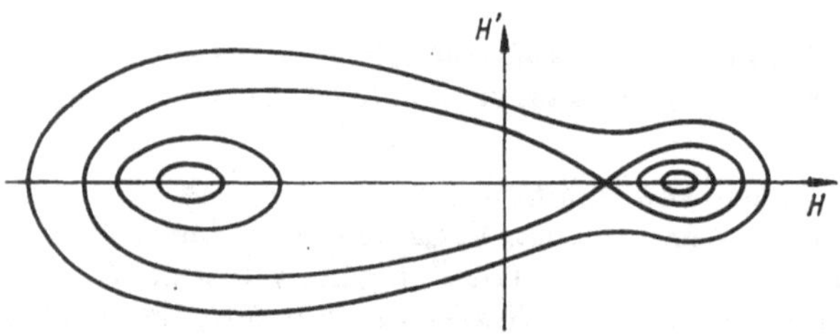

Abb. 11.1. Phasenkurven für die Gleichung (11.5) (vgl. Abb. 10.3)

Abb. 11.1 gibt die Phasenkurven dieser Gleichung wieder. Die zu den Wurzeln der Gleichung $P'(H) = 0$ gehörenden „Gleichgewichtspunkte" werden durch die Ausdrücke H_0 und

$$H_{1,2} = -H_0\left(1 \pm \sqrt{(1 + 8M^2)/2}\right)$$

bestimmt. Im Falle $M > 1$ ist der Punkt H_0 ein Sattelpunkt, während H_1, H_2 Brennpunkte sind. Dabei gilt

$H_2 < H_0 < H_1$. Im Falle $\mathrm{M} < 1$ befindet sich der Sattelpunkt im Punkte H_1, wobei $H_2 < H_1 < H_0$ ist.

Von allen in Abb. 11.1 dargestellten Bahnen werden nur diejenigen realisiert, die rechts vom Sattelpunkt liegen. Tatsächlich nimmt die Größe N in (11.2), welche ihrer Bedeutung entsprechend positiv sein muß, für die übrigen Lösungen negative Werte an (davon überzeugt man sich leicht, wenn man in (11.2) $H = H_2$ setzt). Die Separatrix stellt hier Solitonen dar, die übrigen Kurven sind die Abbilder periodischer Wellen.

Untersuchen wir diejenige Lösung der Gleichung (11.5) genauer, die das Soliton mit den Grenzwerten des magnetischen Feldes H_0 bei $x \to \pm\infty$ beschreibt (in diesem Falle ist $\mathrm{M} > 1$).

Wir bezeichnen den Maximalwert des Feldes im Soliton mit $H_{\max}$ und setzen in (11.5) const $= 0$, $H = H_{\max}$, $\mathrm{d}H/\mathrm{d}x = 0$ und erhalten die Beziehung

$$\mathrm{M} = \frac{H_0 + H_{\max}}{2H_0} \tag{11.6}$$

zwischen der Mach-Zahl M und der Amplitude des Solitons. Aus (11.2) und (11.6) folgt, daß die Größe N an der Spitze des Solitons ihren kleinsten Wert $N_{\min} = n_0/n_{\max} = 1 - 2(\mathrm{M} - 1)/\mathrm{M}$ annimmt. Die Forderung $N > 0$ liefert die folgenden Schranken für Geschwindigkeit und Amplitude des Solitons:

$$\mathrm{M} < 2, \qquad H_{\max} < 3H_0. \tag{11.7}$$

Bei $\mathrm{M} = 2$ würde die Plasmadichte am Wellenkamm unendlich werden. Solitäre Wellen im kalten Plasma, die sich senkrecht zum Magnetfeld ausbreiten, besitzen daher eine Schranke für die Mach-Zahl und dementsprechend für die Amplitude.

Die Existenz einer Schranke für die Mach-Zahl im Falle stationärer Wellen bedeutet, daß die dispersiven Effekte die nichtlineare Zunahme der Steilheit des Wellenprofils im Falle genügend großer Amplituden nicht mehr

„ausgleichen“ können. Das führt zum Überschlagen der Welle.

Für MACH-Zahlen sehr nahe Eins ergibt die Integration der allgemeinen Gleichung (11.5) einfache analytische Ausdrücke. Diese stimmen mit den Formeln für die stationären Lösungen der BOUSSINESQ-Gleichungen überein, welche im vorigen Abschnitt behandelt worden sind (wenn man berücksichtigt, daß H die Rolle der verallgemeinerten Dichte ϱ spielt). Das war zu erwarten, da, wie wir in Abschnitt 7. gesehen haben, Wellen mit genügend kleinen Amplituden, die sich senkrecht zum Magnetfeld ausbreiten, durch die BOUSSINESQ-Gleichungen mit dem adiabatischen Exponenten $\gamma = 2$ beschrieben werden.[1])

Auf analoge Weise lassen sich stationäre Wellen behandeln, die sich unter einem endlichen Winkel [38—40] und parallel [41—43] zum Magnetfeld ausbreiten. Dabei stellt sich heraus, daß die Solitonen im Falle schräger magnetoakustischer Wellen negativ werden können. Dieser Befund ist darauf zurückzuführen, daß der Dispersionsparameter β nach Formel (7.20) für solche Wellen bei $\cot^2 \alpha > m_e/m_i$ negativ wird (α ist der Winkel zwischen der Ausbreitungsrichtung der Welle und dem Magnetfeld). Wie wir in Abschnitt 10. gesehen haben, wird dadurch das Vorzeichen des Solitons (s. Abb. 10.4) geändert.

12. Andere Beispiele für stationäre Wellen. Nichtlineare Dispersionsrelationen

Im Unterschied zu monochromatischen Wellen, die als stationäre Lösungen linearisierter Gleichungen auftreten, hängt die Geschwindigkeit nichtlinearer stationärer Wellen nicht nur von der Wellenlänge, sondern sowohl von

[1]) Dementsprechend ähneln die im „physikalischen“ Teil der Phasenebene liegenden Kurven der Abb. 11.1 qualitativ den endlichen Bahnen der Abb. 10.3 und gehen für $M - 1 \ll 1$ in die letzteren über.

der Amplitude als auch von gewissen anderen Parametern wie z. B. den Mittelwerten der oszillierenden Größen ab. So enthält beispielsweise die Wellengeschwindigkeit der in Abschnitt 10. behandelten periodischen stationären Wellen im Grenzwert kleiner aber endlicher Amplituden einen zu a^2 proportionalen Term (vgl. (10.17)). Die Abhängigkeit der Frequenzen oder Geschwindigkeiten stationärer Wellen von Wellenzahl, Amplitude und anderen Parametern nennen wir *nichtlineare Dispersionsrelationen.*[1])

In Ergänzung zu den im vorangegangenen Abschnitt untersuchten Wellen behandeln wir hier noch einige typische Beispiele nichtlinearer stationärer Wellen und leiten deren Dispersionsrelationen ab.

12.1. Schwerewellen im tiefen Wasser

Die Grundgleichungen haben die Gestalt (4.1) bis (4.6); anstelle von (4.7) reicht es hier aus zu verlangen, daß Φ für alle z beschränkt bleibt.

Für stationäre Wellen darf man, mit W als Wellengeschwindigkeit,

$$z = \eta(x - Wt), \tag{12.1}$$

$$\Phi = \varphi(x - Wt, z) \tag{12.2}$$

setzen. Eintragen von (12.1) und (12.2) in (4.5) und (4.6) ergibt die folgenden Gleichungen

$$\eta_x = \varphi_z(\varphi_x - W), \tag{12.3}$$

$$[W^2\varphi_{xx} + g\varphi_z - 2W(\varphi_x\varphi_{xx} + \varphi_z\varphi_{xz}) + \varphi_x^2\varphi_{xx} + 2\varphi_x\varphi_z\varphi_{xz} + \varphi_z^2\varphi_{zz}]_{z=\eta} = 0. \tag{12.4}$$

[1]) Im Falle isolierter Wellen, den man als Grenzfall periodischer Wellen (vgl. Abschnitt 10.) auffassen kann, entartet die Dispersionsrelation zu einer Beziehung zwischen der Wellengeschwindigkeit (MACH-Zahl) und der Amplitude (vgl. z. B. die Formeln (10.10) und (11.6.)).

Darüber hinaus erfüllt $\varphi(x, z)$ noch die lineare LAPLACE-Gleichung (4.3). Man kann zeigen, daß diese beiden Gleichungen keine Lösungen von der Gestalt isolierter Wellen besitzen. Eine periodische Lösung mit der Wellenlänge λ kann in Form einer FOURIER-Reihe nach $\cos nkx$, $\sin nkx$ angesetzt werden, wo $k = 2\pi/\lambda$ und die Koeffizienten dieser Reihe als Funktionen von z aus der Gleichung (4.3) und der Beschränktheitsbedingung bei $z < 0$ bestimmt werden müssen. Auf diese Weise erhält man einen Ausdruck der Gestalt

$$\varphi(x, z) = b \sin kx \, e^{kz} + b^2(c_1 \sin 2kx + c_2 \cos 2kx) \, e^{2kz} + \cdots, \tag{12.5}$$

wo die Koeffizienten c_1 usw. sowie die Funktionen $\eta(x)$ mit Hilfe der Methode der sukzessiven Approximation aus (12.4) ermittelt werden können. In der ersten (linearen) Näherung erhalten wir für die Form der freien Wellenoberfläche den Ausdruck

$$\eta = \frac{b}{W} \cos k(x - Wt). \tag{12.6}$$

Setzt man (12.5) in (12.4) ein und berücksichtigt Terme bis einschließlich dritter Ordnung, so erhält man nach Gleichsetzen der Glieder mit gleichen Harmonischen

$$\left.\begin{aligned} &c_1 = c_2 = 0, \\ &\Omega = kW = \sqrt{gk}\left(1 + \frac{a^2k^2}{2} + \cdots\right), \end{aligned}\right\} \tag{12.7}$$

mit $a = b/W$ als Schwingungsamplitude der freien Flüssigkeitsoberfläche.

Es läßt sich zeigen, daß die Welle bei Vergrößerung der Amplitude einer ganz bestimmten Grenzform mit Zuspitzungen an den Kämmen zustrebt, wobei die Winkel an den Spitzen 120° betragen; die Teilchengeschwindigkeiten an den Kämmen werden gleich der Wellengeschwindigkeit W (Genaueres darüber siehe [44], § 250).

12.2. Elektromagnetische Wellen in nichtlinearen Dielektrika

Die anfängliche Nichtlinearität werde durch den Ausdruck (8.5) gegeben. Dieser Ausdruck ist definitionsgemäß nur auf hochfrequente Wellen anwendbar, die in der Gestalt (8.4) dargestellt werden können.

Stationäre Wellen, welche die Gleichungen (8.3), (8.5) erfüllen, hat man demzufolge, wie sich leicht nachweisen läßt, in der Gestalt

$$\tilde{\boldsymbol{E}}(\boldsymbol{r}, t) = \frac{1}{2} \boldsymbol{E}_0 e^{i(kx-\omega t)} + \text{k.k.W.},$$

$$\tilde{\boldsymbol{H}}(\boldsymbol{r}, t) = \frac{1}{2} \boldsymbol{H}_0 e^{i(kx-\omega t)} + \text{k.k.W.}$$

anzusetzen, wo die Amplituden $\boldsymbol{E}_0$ und $\boldsymbol{H}_0$ (nach einer entsprechenden Normierung der Frequenz) als konstant angenommen werden können. Derartige Lösungen haben wir bereits in Abschnitt 8 behandelt. Die für sie zuständige Dispersionsbeziehung ist von der Form (8.10).

Als Beispiel zur Illustration anderer Möglichkeiten betrachten wir das Modell eines nichtlinearen, aus anharmonischen Oszillatoren ein und derselben Eigenfrequenz bestehenden Dielektrikums.

Die Gleichung, welche die Abhängigkeit der Polarisation $\tilde{\boldsymbol{P}}$ des Materials von der Feldstärke $\tilde{\boldsymbol{E}}$ beschreibt, lautet

$$\tilde{\boldsymbol{P}}_{tt} - \omega_0^2 \tilde{\boldsymbol{P}} - \alpha \tilde{\boldsymbol{P}}_3 = \frac{\omega_p^2}{4\pi} \tilde{\boldsymbol{E}}, \tag{12.8}$$

wo ω_0, α und ω_p Konstanten sind (ein derartiges Modell ist in der Arbeit [45] behandelt worden). Die MAXWELL-Gleichungen (8.1) liefern in dem betrachteten Fall die Gleichung[1])

$$\tilde{\boldsymbol{E}}_{tt} - c^2 \Delta \tilde{\boldsymbol{E}} = -4\pi \tilde{\boldsymbol{P}}_{tt}, \tag{12.9}$$

[1]) Wir beschränken uns hier auf die Untersuchung rein transversaler Wellen.

die gemeinsam mit (12.8) ein abgeschlossenes Gleichungssystem bildet.

Wir wenden uns nun der Untersuchung der stationären Lösungen dieses Systems zu und nehmen an, $\tilde{E}$ und $\tilde{P}$ seien Funktionen von $x - Wt$ allein oder, was das gleiche ist, der Phase $\theta = kx - \omega t$ ($\omega = kW$). Wir normieren die Polarisation mit Hilfe der Bedingung

$$\tilde{P}(\theta) = \tilde{P}(\theta + 2\pi), \qquad \tilde{E}(\theta) = \tilde{E}(\theta + 2\pi). \tag{12.10}$$

Das System (12.8), (12.9) geht nach einfachen Rechnungen in die Form

$$\frac{d^2\tilde{P}}{d\theta^2} + \left(\frac{\omega_0^2}{\omega^2} + \frac{\omega_p^2}{\omega^2 - k^2c^2}\right)\tilde{P} - \frac{\alpha}{\omega^2}\tilde{P}^3 = 0, \tag{12.11}$$

$$\tilde{E} = \frac{4\pi\omega^2}{k^2c^2 - \omega^2}\tilde{P} \tag{12.12}$$

über. Vernachlässigt man in (12.11) den nichtlinearen Term, so können die Periodizitätsforderungen (12.10) nur unter der Bedingung erfüllt werden, daß der vor $\tilde{P}$ stehende Koeffizient Eins wird. Die dabei entstehende Beziehung ergibt das lineare Dispersionsgesetz

$$k^2 = \frac{\omega^2}{c^2}\,\varepsilon_0(\omega), \tag{12.13}$$

in dem

$$\varepsilon_0(\omega) = 1 - \frac{\omega_p^2}{\omega^2 - \omega_0^2} \tag{12.14}$$

die lineare Dielektrizitätskonstante des betrachteten Modells ist.

Im allgemeinen Fall können die beschränkten Lösungen der Gleichung (12.11) in der Form

$$\tilde{P}(\theta) = b\,\mathrm{sn}\,(\theta; s) \tag{12.15}$$

dargestellt werden, in der $\mathrm{sn}(z; s)$ der elliptische Sinus vom Modul s ist,

$$s^2 = \frac{\alpha b^2}{2A^2\omega^2}, \tag{12.16}$$

$$A^2 = \frac{\omega_0^2}{\omega^2} + \frac{\omega_p^2}{\omega^2 - k^2c^2} - \frac{\alpha b^2}{2\omega^2}. \tag{12.17}$$

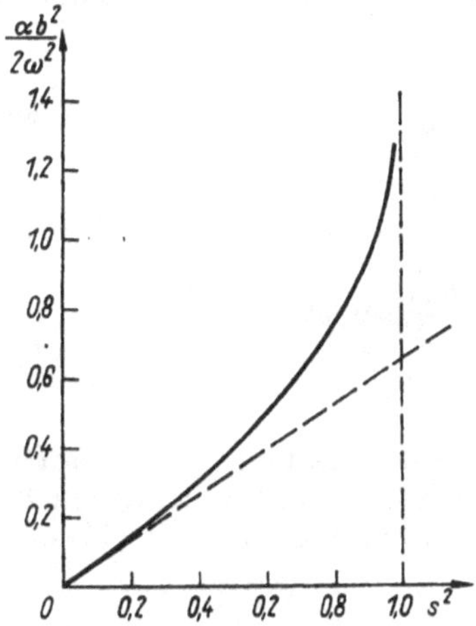

Abb. 12.1. Graphische Darstellung der Beziehung (12.19)

Da die Funktion sn(z; s) die Periode 4 K(s) besitzt (K(s) ist das vollständige elliptische Integral erster Art), schreibt sich die Periodizitätsforderung (12.10) in der Gestalt

$$A = \frac{2}{\pi}\,\mathrm{K}(s). \tag{12.18}$$

Zusammen mit (12.16) und (12.17) ergibt diese Beziehung das nichtlineare Dispersionsgesetz, das den Zusammenhang zwischen ω, k und der Schwingungsamplitude b herstellt.

Unter Verwendung von (12.6) kann die Gleichung (12.18) wie folgt geschrieben werden:

$$\frac{\alpha b^2}{2\omega^2} = \frac{4}{\pi^2} \mathrm{K}^2(s)\, s^2 . \tag{12.19}$$

Die graphische Darstellung der durch (12.19) definierten Abhängigkeit von b und s ist der Abb. 12.1 zu entnehmen.

Im Falle $s \ll 1$, d. h.

$$\frac{\alpha b^2}{2\omega^2} \ll 1 , \tag{12.20}$$

ergibt sich aus (12.15)

$$\left.\begin{aligned} \tilde{P}(\theta) &= b \sin\theta + \frac{\alpha b^3}{32\omega^2 A^2} \sin 3\theta + \cdots , \\ \theta &= kx - \omega t . \end{aligned}\right\} \tag{12.21}$$

Um die nichtlineare Dispersionsrelation für diesen Fall zu gewinnen, entwickeln wir $\mathrm{K}(s)$ in der Beziehung (12.18) in eine Potenzreihe[1]) und machen von (12.16) Gebrauch. Als Ergebnis erhalten wir

$$\frac{k^2c^2}{\omega^2} = 1 - \frac{\omega_p^2}{\omega^2 - \omega_0^2 + 3\alpha b^2/4} . \tag{12.22}$$

Im anderen Grenzfall

$$b\sqrt{\alpha/2\omega} \gg 1 \tag{12.23}$$

ist die Größe s nahe Eins (wie man z. B. aus der Abb. 12.1 entnimmt). Aus (12.16), (12.17) folgt dann mit $W = \omega/k$ als Ausbreitungsgeschwindigkeit der Welle

$$W \to c\left(1 + \frac{\omega_p^2}{\omega_0^2 - b^2\alpha}\right)^{-1/2} \quad (s \to 1) . \tag{12.24}$$

[1]) Siehe die Fußnote auf S. 60.

Um die asymptotische Gestalt der Welle in diesem Grenzfall zu ermitteln, benutzen wir die Beziehung [33]

$$\mathrm{sn}(z; s) \to \mathrm{th}\, z \; (s \to 1) .$$

Dann ergibt sich aus (12.15), (12.16) und (12.24)

$$\left.\begin{aligned} \tilde{P} &\to b\, \mathrm{th}\left[\frac{x - Wt}{\delta}\right], \\ \delta &= \sqrt{\frac{2}{\alpha}\frac{W}{b}}. \end{aligned}\right\} \qquad (12.25)$$

Die Beziehung (12.25) vermittelt eine Vorstellung von der Wellenform im Intervall $-\lambda/2 < x - Wt < \lambda/2$ (wo $\lambda = 2\pi/k$ die Wellenlänge bedeutet); die Bedingung (12.23) ist in diesem Fall der Beziehung $\lambda \gg \delta$ äquivalent.

IV. Nichtlineare Wellen in Medien mit schwacher Dispersion

13. Die Burgers-Gleichung

Dieses und die folgenden Kapitel beschäftigen sich mit dem Studium instationärer nichtlinearer Wellen. Wir beginnen mit der Untersuchung schwach dispersiver Medien. Es stellt sich heraus, daß man in diesem Falle ziemlich weit in Richtung auf die Konstruktion einer konsistenten analytischen Theorie vorstoßen kann, welche die grundlegenden qualitativen und in einer Reihe von Fällen auch die quantitativen Gesetzmäßigkeiten der Entwicklung nichtlinearer Wellen beschreibt.

Zu Beginn betrachten wir nichtlineare Wellen in Gasen, die durch die NAVIER-STOKESschen Gleichungen beschrieben werden:

$$\boldsymbol{v}_t + (\boldsymbol{v}\nabla)\,\boldsymbol{v} = -\frac{\nabla p}{\varrho} + \frac{\eta}{\varrho}\,\Delta\boldsymbol{v} + \frac{1}{\varrho}\left(\zeta + \frac{1}{3}\right)\nabla(\nabla\boldsymbol{v}),$$

$$\varrho_t + \nabla(\varrho\boldsymbol{v}) = 0,$$

$$S_t + (\boldsymbol{v}\nabla S) = \frac{\varkappa}{\varrho T}\,\Delta T \tag{13.1}$$

$$+ \frac{\eta}{2\varrho T}\left(\frac{\partial v_i}{\partial x_k} + \frac{\partial v_k}{\partial x_i} - \frac{2}{3}\,\delta_{ik}\nabla\boldsymbol{v}\right)^2 + \frac{\eta}{\varrho T}\,(\nabla\boldsymbol{v})^2,$$

$$\mathrm{d}\varrho = \left(\frac{\partial\varrho}{\partial p}\right)_S \mathrm{d}p + \left(\frac{\partial\varrho}{\partial S}\right)_p \mathrm{d}S$$

(S ist die Entropie je Masseneinheit).

Wenn im Gleichungssystem (13.1) dissipative Effekte vernachlässigt werden, geht dieses System über in die Eulerschen Gleichungen

$$\boldsymbol{v}_t + (\boldsymbol{v}\nabla)\,\boldsymbol{v} = -\frac{c^2}{\varrho}\,\nabla\varrho, \tag{13.2}$$

$$\varrho_t + \nabla(\varrho\boldsymbol{v}) = 0, \tag{13.3}$$

$$c^2(\varrho) = \frac{\partial p(\varrho, S)}{\partial\varrho}, \qquad S = \text{const}. \tag{13.4}$$

Die wichtigsten Lösungen der letzteren sind die sogenannten *einfachen* Wellen, die man als Wellen interpretieren kann, welche in einer Richtung laufen (vgl. z. B. [1]).

Alle Größen, die eine einfache Welle beschreiben, können als Funktionen einer einzigen von ihnen dargestellt werden. Man kann z. B. $\varrho = \varrho(v)$, $c = c(v)$ voraussetzen. Aus den Gleichungen (13.2), (13.3) folgt dann

$$c(v)\,\frac{\mathrm{d}\varrho}{\mathrm{d}v} = \pm\varrho(v). \tag{13.5}$$

Setzen wir das in die Gleichung (13.2) ein, so erhalten wir für eine Welle, die sich in Richtung der positiven x-Achse ausbreitet (in diesem Falle hat man in (13.5) das Pluszeichen zu nehmen),

$$\frac{\partial v}{\partial t} + [v + c(v)] \frac{\partial v}{\partial x} = 0. \tag{13.6}$$

Zur Bestimmung der Funktion $c(v)$ benutzen wir die adiabatische Zustandsgleichung

$$p = p_0 \left(\frac{\varrho}{\varrho_0}\right)^\gamma, \qquad c^2 = c_0^2 \left(\frac{\varrho}{\varrho_0}\right)^{\gamma - 1}, \tag{13.7}$$

in der ϱ_0 die ungestörte Gasdichte und $c_0 = c(\varrho_0)$ die Schallgeschwindigkeit in der linearen Näherung ist. Aus (13.5) und (13.7) folgt (für Wellen, die sich in positiver Richtung ausbreiten)

$$c(v) = c_0 + \frac{\gamma - 1}{2} v. \tag{13.8}$$

Setzen wir das in (13.6) ein, so erhalten wir die folgende Differentialgleichung für die einfache Welle:

$$\frac{\partial v}{\partial t} + \left(c_0 + \frac{\gamma + 1}{2} v\right) \frac{\partial v}{\partial x} = 0. \tag{13.9}$$

Die allgemeine Lösung der Gleichung (13.6) hat die Form

$$v = f(x - g(v)\, t), \qquad g(v) = c_0 + \frac{\gamma + 1}{2} v \tag{13.10}$$

mit $f(x)$ als beliebiger, die Wellenform zur Zeit $t = 0$ beschreibender Funktion:

$$f(x) = v(x, 0).$$

Vernachlässigt man die Abhängigkeit der Größe g von der Strömungsgeschwindigkeit v und setzt $g(v) \approx c_0$, so geht (13.10) in die Lösung $v = f(x - c_0 t)$ der linearisierten EULERschen Gleichungen über, welche die Ausbreitung der Welle ohne Formänderung beschreibt. Das Anwachsen der Schallgeschwindigkeit $c(v)$ bei Vergrößerung von v hat eine Zunahme der Steilheit des Wellenprofils in denjenigen Intervallen zur Folge, in denen die Geschwindigkeit v größer ist. Nach genügend großen Zeiten t wird die Funktion $v(x)$ mehrdeutig. Aber bereits vor diesem Augenblick wird die Lösung (13.10) ungültig, da bei sehr großer Steilheit des Profils die vernachlässigten dissipativen Glieder sogar im Falle kleiner Dissipationskoeffizienten Bedeutung erlangen.

Daher hat man zur Beschreibung der Entwicklung nichtlinearer Wellen im Gas für hinreichend große t die NAVIER-STOKESschen Gleichungen (13.1) zu verwenden. Unglücklicherweise stößt die Suche nach instationären Lösungen dieser Gleichungen im allgemeinen Fall auf große Schwierigkeiten. Auch Lösungen vom Typ der einfachen Wellen, bei denen alle Größen, welche die Störung charakterisieren, als Funktionen einer einzigen unter ihnen dargestellt werden können, erfüllen die Gleichungen (13.1) nicht. Es existieren allerdings, wie weiter unten gezeigt wird, bei genügend kleinen (aber endlichen) Amplituden und kleinen Dissipationskoeffizienten Lösungen, die man als das Analogon zu einfachen Wellen, die in einer Richtung laufen, auffassen darf. Derartige Wellen nennen wir *quasieinfach.* Die Grundgleichungen für quasieinfache Wellen erhält man aus (13.1), wenn man sich in diesen auf nichtlineare Glieder zweiter Ordnung beschränkt und dabei gleichzeitig die Dissipationskoeffizienten als klein von erster Ordnung voraussetzt. Dementsprechend werden die linearen dissipativen Terme klein von erster Ordnung sein, und man darf die nichtlinearen dissipativen Glieder vernachlässigen.

Wir setzen voraus, daß sich die Störung entlang der x-Achse ausbreitet. Die erste und die dritte der Gleichungen (13.1) erhalten dann in der angenommenen Genauigkeit die Gestalt

$$\varrho(v_t + vv_x) = -p_x + \left(\frac{4}{3}\,\eta + \zeta\right) v_{xx}, \qquad (13.11)$$

$$S_t + vS_x = \frac{\varkappa}{\varrho T}\, T_{xx}. \qquad (13.12)$$

Aus (13.12) folgern wir, daß die Entropieänderung eine Größe zweiter Ordnung ist.

Die Kontinuitätsgleichung kann vorteilhaft in anderer Form geschrieben werden, wenn man die Dichtestörungen durch die Änderungen des Druckes und der Entropie ausdrückt und von dritter Ordnung kleine Terme vernachlässigt:

$$p_t + p_x v + c^2 \varrho v_x = -\frac{c^2 \varkappa}{\varrho T} \left(\frac{\partial \varrho}{\partial S}\right)_p T_{xx}$$

$$= -\frac{c^2 \varkappa}{\varrho T} \left(\frac{\partial \varrho}{\partial S}\right)_p \left(\frac{\partial T}{\partial p}\right)_S p_{xx}. \qquad (13.13)$$

c ist die durch die Beziehung (13.4) definierte adiabatische Schallgeschwindigkeit. Unter Verwendung allgemeiner thermodynamischer Relationen (s. z. B. [46], § 16) überzeugt man sich leicht von der Gültigkeit der Beziehung

$$\frac{1}{T} \left(\frac{\partial p}{\partial \varrho}\right)_S \left(\frac{\partial p}{\partial S}\right)_p \left(\frac{\partial T}{\partial p}\right)_S = \frac{1}{c_v} - \frac{1}{c_p},$$

wo c_v und c_p die auf die Masseneinheit bezogenen spezifischen Wärmen sind. Setzen wir das in (13.13) ein und berücksichtigen (13.4), so erhalten wir

$$p_t + v p_x + c^2 \varrho v_x = \frac{\varkappa}{\varrho} \left(\frac{1}{c_v} - \frac{1}{c_p}\right) p_{xx}. \qquad (13.14)$$

Die Gleichungen (13.11), (13.12) und (13.14) bilden das vollständige Gleichungssystem für eine eindimensionale Strömung mit einer Genauigkeit bis zu Termen einschließlich zweiter Ordnung.

Um die Differentialgleichung der quasieinfachen Wellen zu erhalten, setzen wir

$$\left.\begin{aligned} p(x, t) &= p(v) + \psi(x, t), \\ \varrho(x, t) &= \varrho(v) + \varphi(x, t). \end{aligned}\right\} \qquad (13.15)$$

Die Funktionen $p(v)$ und $\varrho(v)$ werden durch dieselben Gleichungen wie für die einfache Welle, d. h., durch

$$\left.\begin{aligned} c(v)\frac{d\varrho}{dv} = \varrho(v), \qquad c(v) = c_0 + \frac{\gamma-1}{2}\,v, \\ \frac{dp}{dv} = c^2(v)\frac{d\varrho}{dv} = c(v)\,\varrho(v) \end{aligned}\right\} \tag{13.16}$$

definiert. Die Funktionen $\psi(x, t)$ und $\varphi(x, t)$ müssen dergestalt gewählt werden, daß die zugehörige Lösung so nahe wie möglich an der einfachen Welle liegt. Wir nehmen an, daß diese Funktionen von zweiter Ordnung sind. (Aus dem Endergebnis werden wir entnehmen können, daß eine solche Lösung tatsächlich existiert.)

Es ist offensichtlich, daß die Funktionen $\psi(x, t)$ und $\varphi(x, t)$ mit einer Genauigkeit bis zu Gliedern zweiter Ordnung die lineare Gleichung

$$\psi_t + c_0\psi_x = \varphi_t + c_0\varphi_x = 0 \tag{13.17}$$

erfüllen. Wir setzen (13.5) in (13.11) und (13.14) ein, machen von (13.17) Gebrauch und erhalten in der angegebenen Genauigkeit[1])

$$\begin{aligned} v_t + [v + c(v)]\,v_x &= -\frac{1}{\varrho_0}\left[\psi_x + \left(\frac{4}{3}\,\eta + \zeta\right)v_{xx}\right], \\ \psi &= \frac{1}{2}\left[\frac{4}{3}\,\eta + \zeta - \varkappa\left(\frac{1}{c_v} - \frac{1}{c_p}\right)\right]\frac{\partial v}{\partial x} \end{aligned} \tag{13.18}$$

(wo ϱ_0 die Dichte im Gleichgewichtszustand ist).

Eliminiert man ψ aus diesen Gleichungen, so gelangt man zu der folgenden Differentialgleichung für eine quasieinfache Welle:

$$\frac{\partial v}{\partial t} + \left(c_0 + \frac{\gamma+1}{2}\,v\right)\frac{\partial v}{\partial x} = \mu\frac{\partial^2 v}{\partial x^2}. \tag{13.19}$$

---

[1]) Die Funktion $\varphi(x, t)$ fällt dabei heraus, da nämlich die Dichte ϱ überall in den Gleichungen (13.11) und (13.14) mit Gliedern erster Ordnung multipliziert wird.

Hier ist

$$\mu = \frac{1}{2\varrho_0}\left[\frac{4}{3}\,\eta + \zeta + \varkappa\left(\frac{1}{c_v} - \frac{1}{c_p}\right)\right]. \qquad (13.20)$$

Die Gleichung (13.19) unterscheidet sich von der Gleichung für die einfache Welle durch den die dissipativen Effekte beschreibenden Term auf der rechten Seite.

Die linearisierte Gleichung

$$\frac{\partial v}{\partial t} + c_0\,\frac{\partial v}{\partial x} = \mu\,\frac{\partial^2 v}{\partial x^2} \qquad (13.21)$$

beschreibt die Entwicklung einer schwach gedämpften Schallwelle in linearer Näherung. Sie besitzt Lösungen von der Form

$$v = v_0 \mathrm{e}^{-\mu k^2 t} \exp\left[ik(x - c_0 t)\right], \qquad (13.22)$$

welche der Dispersionsrelation

$$\omega = c_0 k - i\mu k^2 \qquad (13.23)$$

gehorchen. Wir merken an, daß die Beziehungen (13.20) und (13.22) mit den bekannten Formeln der Akustik zusammenfallen, die das Gesetz der Schalldämpfung in linearer Näherung definieren (vgl. z. B. [1], § 77).

Die Ergebnisse des folgenden Abschnitts werden erkennen lassen, daß die Gleichung (13.19) auch nichtlineare Effekte, insbesondere die Formierung und Evolution von Stoßwellen, gut beschreibt.

Abschließend sei erwähnt, daß die Gleichung (13.19), wenn man zu einem neuen Koordinatensystem übergeht, das sich mit der Geschwindigkeit c_0 relativ zum Medium bewegt, und einen neuen Maßstab für die Störungen der Teilchengeschwindigkeit einführt, also

$$\xi = x - c_0 t, \qquad \tau = t, \qquad u = \frac{\gamma + 1}{2}\,v \qquad (13.24)$$

setzt, die einfachere Form

$$\frac{\partial u}{\partial \tau} + u \frac{\partial u}{\partial \xi} = \mu \frac{\partial^2 u}{\partial \xi^2} \tag{13.25}$$

annimmt. Diese Gleichung ist erstmals von Burgers [47] angegeben worden und trägt seinen Namen.

14. Lösung der Burgers-Gleichung

Erfreulicherweise läßt sich die allgemeine Lösung der Burgers-Gleichung in geschlossener analytischer Gestalt [48] darstellen. Tatsächlich erhält man, wenn

$$u = -2\mu \frac{\partial}{\partial \xi} \ln \varphi(\xi, \tau) \tag{14.1}$$

gesetzt wird, für φ die Wärmeleitungsgleichung $\varphi_\tau = \mu\varphi_{\xi\xi}$. Daraus folgt, daß die Lösung der Burgers-Gleichung mit der Anfangsbedingung

$$u(\xi, 0) = u_0(\xi) \tag{14.2}$$

die Gestalt (14.1) besitzt, wo

$$\varphi(\xi, \tau) = \frac{1}{\sqrt{4\pi\mu\tau}} \int_{-\infty}^{\infty} \exp\left\{-\frac{(\xi-\eta)^2}{4\mu\tau} - \frac{1}{2\mu}\int_0^\eta u_0(\eta')\,\mathrm{d}\eta'\right\}\mathrm{d}\eta. \tag{14.3}$$

Damit das Integral in (14.3) konvergiert, ist hinreichend, daß die Anfangsstörung (14.2) der Bedingung

$$\int_0^x u_0(x')\,\mathrm{d}x' \leqq \mathrm{const} \cdot x \qquad (x \to \infty) \tag{14.4}$$

genügt. Im weiteren werden wir diese Bedingung stets als erfüllt voraussetzen.

Untersuchen wir nun die Entwicklung von Anfangsstörungen, die bei $\xi \to \pm\infty$ verschwinden. Wir nehmen an, daß

$$\int_{-\infty}^{\infty} u_0(\xi)\, \mathrm{d}\xi = M < \infty\,. \tag{14.5}$$

(Das Profil der Anfangsstörungen kann im übrigen eine beliebige Form haben.) Zu Beginn sei bemerkt, daß bei beliebigem τ gilt:

$$\int_{-\infty}^{\infty} u(\xi, \tau)\, \mathrm{d}\xi = \int_{-\infty}^{\infty} u_0(\xi)\, \mathrm{d}\xi = M\,. \tag{14.6}$$

Von der Gültigkeit der Beziehung (14.6) überzeugt man sich am einfachsten, wenn man die BURGERS-Gleichung in Gestalt einer Divergenz schreibt,

$$\frac{\partial u}{\partial \tau} + \frac{\partial}{\partial \xi}\left(\frac{1}{2}\, u^2 - \mu\, \frac{\partial u}{\partial \xi}\right) = 0,$$

und beide Seiten dieser Gleichung in den Grenzen $-\infty$ bis $+\infty$ über ξ integriert. Die von der Funktion $u(\xi, \tau)$ begrenzte Fläche (die wir im folgenden das erste Moment nennen) ändert sich daher mit der Zeit nicht, d. h., sie ist ein Integral der Bewegung.

Die Lösung der BURGERS-Gleichung besitzt unter der Bedingung (14.5) bei $\tau \to \infty$ die sehr einfache asymptotische Form

$$u(\xi, \tau) \approx -2\mu\, \frac{\mathrm{d}}{\mathrm{d}\xi} \ln F\left(\frac{\xi}{\sqrt{4\mu\tau}}\right), \tag{14.7}$$

mit

$$F(x) = \frac{1}{\sqrt{\pi}}\left[\mathrm{e}^{-\frac{M}{4\mu}} \int_{-\infty}^{x} \mathrm{e}^{-\eta^2}\, \mathrm{d}\eta + \mathrm{e}^{\frac{M}{4\mu}} \int_{x}^{\infty} \mathrm{e}^{-\eta^2}\, \mathrm{d}\eta\right]. \tag{14.8}$$

Dieses Ergebnis wird interessant, weil aus ihm die Universalität der asymptotischen Gestalt des Geschwindigkeitsprofils $u(\xi, \tau)$ bei sehr großen τ folgt. Die einzige von der Anfangsbedingung abhängende Größe in (14.7) und (14.8) ist das erste Moment M; das detaillierte Aussehen der Anfangsbedingung erweist sich als unwesentlich.

Wenn der dissipative Parameter μ verschwindet, ergibt sich aus (14.7) und (14.8) (im Falle $M > 0$)

$$\lim u(\xi, \tau) = \begin{cases} \xi/\tau, & 0 < \xi < \sqrt{2M\tau}, \\ 0, & \xi < 0, \xi > \sqrt{2M\tau}. \end{cases} \tag{14.9}$$

Im Falle $M < 0$ findet man den Grenzwert aus (14.9) mit Hilfe der Transformation $u \to -u$, $\xi \to -\xi$, $\tau \to \tau$.

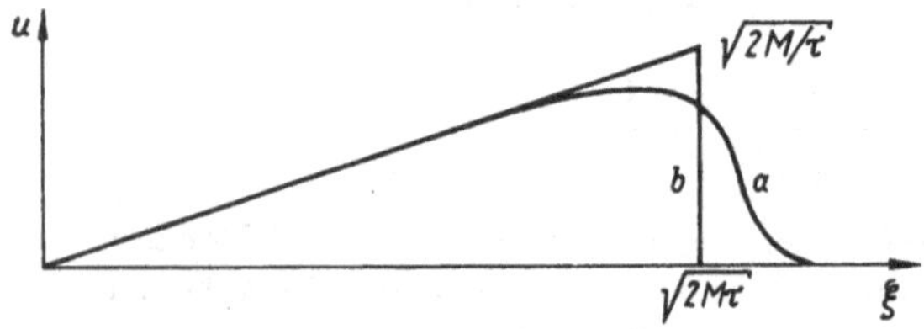

Abb. 14.1. Die asymptotische Gestalt der Lösungen der BURGERS-Gleichung bei der Anfangsbedingung (14.5) und großen t. Die Kurve a stellt die Lösung im Falle endlichen μ, die Kurve b im Falle $\mu \to 0$ dar

Die asymptotische Gestalt des Profils nach großen τ ist in Abb. 14.1 dargestellt. Bei $\mu \to 0$ hat es die Form eines Dreiecks mit einer Stoßwelle am vorderen oder hinteren Teil des Profils (in Abhängigkeit vom Vorzeichen von M). Die Größe des Sprunges in der Stoßwelle beträgt $(2M/\tau)^{1/2}$ und nimmt daher proportional zur Quadratwurzel aus der Zeit ab; umgekehrt wächst die Basis des Profils wie $\tau^{1/2}$, so daß sich seine Gesamtfläche nicht ändert und gleich M bleibt. Diese Ergebnisse stimmen gut mit der allgemeinen Theorie instationärer Stoßwellen überein. (Vgl. [1], § 95.)

Schließlich wollen wir erwähnen, daß die BURGERS-Gleichung auch eine stationäre Lösung besitzt, welche eine Welle beschreibt, die sich ohne Deformation mit der konstanten Geschwindigkeit W verschiebt:

$$u = f(\xi - W\tau). \tag{14.10}$$

Setzt man (14.10) in (13.25) ein und interessiert sich nur für die beschränkten Lösungen der entstehenden gewöhnlichen Differentialgleichung, so erhält man

$$f(\xi) = u_0 + \frac{\Delta u}{1 + \exp(\Delta u \xi / 2\mu)} \tag{14.11}$$

$$W = u_0 + \Delta u / 2, \tag{14.12}$$

wo u_0 und Δu Integrationskonstanten sind.

Die Lösung (14.11) stellt eine Stoßwelle vom Sprung Δu und der Breite der Übergangsregion

$$\delta = \frac{2\mu}{\Delta u}, \tag{14.13}$$

dar. Letztere wird bei $\mu \to 0$ Null.

Unter Verwendung der allgemeinen instationären Lösung (14.1) bis (14.3) kann man zeigen, daß jede beliebige Störung, die bei $\tau = 0$ den Bedingungen

$$\left.\begin{aligned} u_0(\xi) &\to u_0 + \Delta u \qquad (\xi \to -\infty) \\ u_0(\xi) &\to u_0 \qquad (\xi \to +\infty) \end{aligned}\right\} \tag{14.14}$$

genügt ($\Delta u > 0$), bei hinreichend großen τ die durch die Formeln (14.10) bis (14.12) definierte stationäre asymptotische Gestalt besitzt.[1])

15. *Die Korteweg-de Vries-Gleichung*

Wir behandeln jetzt Medien, in denen die Dissipation vernachlässigbar ist, die aber stattdessen eine reelle

---

[1]) Zur Verallgemeinerung der BURGERS-Gleichung auf sphärische Wellen siehe [49].

(genügend schwache) Dispersion besitzen, so daß die Dispersionsrelation in der linearen Näherung die Form

$$\omega = c_0 k - \beta k^3 \tag{15.1}$$

erhält. In diesem Falle läßt sich gleichfalls eine Gleichung für eine quasieinfache Welle gewinnen, die sich ebenso wie auch die BURGERS-Gleichung von (13.9) durch einen Term höherer Ableitung unterscheidet.

Wir nehmen z. B. an, die nichtlinearen Wellen würden durch die verallgemeinerten BOUSSINESQ-Gleichungen (10.1) beschrieben:

$$\frac{\partial \boldsymbol{v}}{\partial t} + (\boldsymbol{v}\nabla)\,\boldsymbol{v} + \frac{c^2(\varrho)}{\varrho}\,\nabla\varrho + \frac{2c_0\beta}{\varrho_0}\,\nabla\Delta\varrho = 0, \tag{15.2}$$

$$\frac{\partial \varrho}{\partial t} + \nabla(\varrho \boldsymbol{v}) = 0, \tag{15.3}$$

$$c^2(\varrho) = c_0(\varrho/\varrho_0)^{\gamma-1}. \tag{15.4}$$

Wir setzen voraus, daß die Größen

$$v/c_0, \ (\varrho - \varrho_0)/\varrho_0, \ \delta/\lambda$$

($\delta = (|\beta|/c_0)^{1/2}$ ist die Dispersionslänge, λ eine charakteristische Wellenlänge) klein von erster Ordnung sind.

In gleicher Weise wie in Abschnitt 13. werden wir die Lösung der Gleichungen (15.2) bis (15.4) in der Form

$$\varrho(x, t) = \varrho(v) + \varphi(x, t) \tag{15.5}$$

suchen, wo $\varrho(v)$ mit der entsprechenden Funktion bei der einfachen Welle zusammenfällt, d. h., durch die Beziehungen (13.5) und (13.8) bestimmt wird, und $\varphi(x, t)$ eine Größe zweiter Ordnung ist. Mit Rücksicht auf eine Welle, die sich in positiver Richtung ausbreitet, können wir unter Vernachlässigung von Termen höherer als zweiter Ordnung erwarten, daß $\varphi(x, t)$ die Gleichung

$$\varphi_t + c_0 \varphi_x = 0 \tag{15.6a}$$

erfüllt (vgl. mit (13.17)). Setzen wir (15.5) in (15.2) bis (15.4) ein und machen wir von (13.5) und (13.8) Gebrauch, so erhalten wir mit der angenommenen Genauigkeit

$$\varphi_t - c_0 \varphi_x = \frac{2\beta \varrho_0}{c_0} v_{xxx}, \tag{15.6b}$$

$$v_t + v_x \left(c_0 + \frac{\gamma + 1}{2} v \right) + 2\beta v_{xxx} + \frac{c_0^2}{\varrho_0} \varphi_x = 0. \tag{15.6c}$$

Durch Elimination von φ aus den Gleichungen (15.6) gelangen wir zu der Gleichung

$$\frac{\partial v}{\partial t} + \left(c_0 + \frac{\gamma + 1}{2} v \right) \frac{\partial v}{\partial x} + \beta \frac{\partial^3 v}{\partial x^3} = 0, \tag{15.7}$$

welche die quasieinfache Welle in Anwesenheit von Dispersion beschreibt. Im Falle $\beta = 0$ geht sie in die Gleichung für die einfache Welle über; in der linearen Näherung liefert sie das Dispersionsgesetz (15.1).

Wenn wir zu den neuen Variablen

$$x' = x - c_0 t, \quad t' = t, \quad u = \frac{\gamma + 1}{2} v \tag{15.8}$$

übergehen, erhalten wir die Gleichung (15.7) in der Gestalt

$$\frac{\partial u}{\partial t} + u \frac{\partial u}{\partial x} + \beta \frac{\partial^3 u}{\partial x^3} = 0 \tag{15.9}$$

(hier und im folgenden lassen wir die Striche an den unabhängigen Veränderlichen fort).

Die Gleichung (15.9) wurde zum erstenmal von Korteweg und de Vries [50] für Wellen an der Oberfläche von flachem Wasser (die Dispersionsbeziehung hat in diesem Falle die Gestalt (5.30)) und in jüngster Zeit in einer Reihe anderer Fälle (Wellen im Plasma, anharmonische Gitterschwingungen usw.) abgeleitet [20, 21, 51—59]. Dem oben Gesagten zufolge ist klar, daß die Korteweg-

DE VRIES-Gleichung (KDV-Gleichung) universellen Charakter besitzt: Sie gilt in all den Fällen, in denen das Dispersionsgesetz die Form (15.1) annimmt. Im Falle $\beta = 0$ liefert sie einfache Wellen.

Betrachten wir z. B. die durch die Gleichung (7.43) beschriebenen Plasmawellen, die sich unter einem Winkel zum Magnetfeld ausbreiten. Bei $\beta = 0$ hat diese Gleichung eine Lösung vom Typ einfacher Wellen, die entstehen, wenn man annimmt, daß die Ableitungen h_t und h_x Funktionen von h allein sind. Im Falle $\beta \neq 0$ erhalten wir, wenn wir in gleicher Weise wie oben verfahren, die folgende Gleichung für eine quasieinfache Welle [21, 51]:

$$h_t + c_A h_x + \frac{3c_A \sin\alpha}{2H_0} h h_x + \beta h_{xxx} = 0. \qquad (15.10)$$

Diese Gleichung hat die Form (15.7).

Die KDV-Gleichung in der Form (15.9) eignet sich für Aufgaben mit Anfangsbedingungen. In diesem Falle wird die Lösung $u(x, t)$ eindeutig durch die Anfangsstörung $u(x, 0)$ festgelegt. Um eine analoge Gleichung für Aufgaben mit Grenzbedingungen zu gewinnen, erinnern wir daran, daß man in der Gleichung (15.7) für die quasieinfache Welle mit einer Genauigkeit bis zu kleinen Gliedern zweiter Ordnung einschließlich setzen kann

$$\frac{\partial^3 v}{\partial x^3} \approx -\frac{1}{c_0^3}\frac{\partial^3 v}{\partial t^3}, \quad v\frac{\partial v}{\partial x} \approx -\frac{1}{c_0} v \frac{\partial v}{\partial t}.$$

Trägt man das in (15.7) ein und geht zu den neuen Variablen

$$\xi = -x, \quad \tau = t - \frac{x}{c_0}, \quad f = \frac{\gamma + 1}{2c_0^2} v \qquad (15.11)$$

über, so erhält man die KDV-Gleichung

$$\frac{\partial f}{\partial \xi} + f\frac{\partial f}{\partial \tau} + \frac{\beta}{c_0^4}\frac{\partial^3 f}{\partial \tau^3} = 0. \qquad (15.12)$$

Die Lösung $f(\xi, \tau)$ dieser Gleichung wird durch die Grenzbedingung $f(0, \tau) \equiv f(0, t)$ eindeutig festgelegt.

Zum Abschluß merken wir an, daß das Dispersionsgesetz, wenn die Dissipation nicht vernachlässigt werden darf, die Gestalt

$$\omega = c_0 k - \beta k^3 - i\mu k^2 \tag{15.13}$$

hat, so daß an die Stelle von (15.9) die Gleichung

$$u_t + u u_x - \mu u_{xx} + \beta u_{xxx} = 0 \tag{15.14}$$

tritt, die wir Korteweg-de Vries-Burgers-Gleichung nennen (man leitet sie z. B. aus den Gleichungen (9.12), (9.13) nach der oben dargelegten Methode ab).

In gleicher Art kann man auch bei anderen Dispersionsgesetzen verfahren. Beispielsweise führt die Berücksichtigung von Landau-Dämpfung für die in Abschnitt 6. behandelten Ionen-Schall-Wellen im Plasma im Falle kleiner k auf die Dispersionsgleichung (s. z. B. [60])

$$\omega = c_0 k - \beta k^3 - i\alpha |k|,$$

in der

$$\alpha = \sqrt{\frac{\pi}{8}} \left(\frac{m_e}{m_i}\right)^{1/2} c_0$$

und c_0 und β durch (6.9) definiert sind. Dementsprechend erhalten wir anstelle von (15.14)

$$u_t + u u_x + \hat{L}[u] + \beta u_{xxx} = 0, \tag{15.14a}$$

wo $\hat{L}[u]$ der durch den Ausdruck

$$\hat{L}[u] = \alpha \int_{-\infty}^{\infty} \frac{\mathrm{d}k}{2\pi} |k| \int_{-\infty}^{\infty} u(x') \, \mathrm{e}^{ik(x-x')} \, \mathrm{d}x'$$

definierte lineare Operator ist. Benutzt man die Beziehung

$$\frac{i\pi |k|}{k} = \mathrm{P} \int_{-\infty}^{\infty} \frac{\mathrm{d}z}{z} \, \mathrm{e}^{ikz}$$

mit P als Symbol für den Hauptwert, so überzeugt man

sich leicht davon, daß [61]

$$\hat{L}[u] = \frac{\alpha}{\pi} \, \mathrm{P} \int_{-\infty}^{\infty} \frac{\mathrm{d}x'}{x - x'} \, \frac{\partial u(x')}{\partial x'}. \qquad (15.14\mathrm{b})$$

Der Dispersionsparameter β in den Gleichungen (15.9) und (15.14) kann (im Unterschied zu den Dämpfungskoeffizienten, die stets positiv sind) zwei Vorzeichen haben. Da diese Gleichungen bezüglich der Substitutionen

$$u \to -u, \quad x \to -x, \quad t \to t, \quad \beta \to -\beta \qquad (15.15)$$

invariant sind, kann man die Lösungen der Gleichungen (15.9) und (15.14) bei $\beta < 0$ aus den entsprechenden Lösungen bei $\beta > 0$ durch Ausführung der Transformationen (15.15) gewinnen. Ohne die Allgemeinheit einzuschränken, können wir daher den Parameter β positiv voraussetzen, was wir im weiteren auch tun werden.

Wenden wir uns nun der Frage nach der Existenz stationärer, durch die KDV-Gleichung beschriebener Wellen zu (für die Gleichungen (15.14) wird diese Frage in Abschnitt 23. behandelt). Wir setzen in (15.9) $u = u(x - Wt)$ ein und erhalten die Gleichung $\beta u''' + uu' - Wu' = 0$, welche der Form nach mit der die stationären Lösungen der Boussinesq-Gleichungen beschreibenden Gleichung (10.5) übereinstimmt. Die in Abschnitt 10. eingehend behandelten Solitonen und periodischen Wellen sind daher stationäre Lösungen der KDV-Gleichung.[1])

16. Erhaltungssätze für die Korteweg-de Vries-Gleichung

Die KDV-Gleichung kann in Form einer Divergenz geschrieben werden:

$$\frac{\partial u}{\partial t} + \frac{\partial}{\partial x}\left(\frac{u^2}{2} + \beta u_{xx}\right) = 0, \qquad (16.1)$$

[1]) Zur Dämpfung von Solitonen infolge dissipativer Terme in den Gleichungen (15.14) und (15.14a) siehe [61, 62].

die die Gestalt eines Erhaltungssatzes für den „Impuls" $\int_{-\infty}^{\infty} u(x, t)\,\mathrm{d}x$ besitzt. Multipliziert man beide Teile der KDV-Gleichung mit u und u^2, so kann man nach einigen unkomplizierten Umformungen zwei weitere Erhaltungssätze gewinnen:

$$\frac{\partial}{\partial t}\left(\frac{u^2}{2}\right) + \frac{\partial}{\partial x}\left[\frac{u^3}{3} + \beta\left(uu_{xx} - \frac{u_x^2}{2}\right)\right] = 0, \qquad (16.2)$$

$$\frac{\partial}{\partial t}\left(\frac{u^3}{3} - \beta u_{xx}\right) + \frac{\partial}{\partial x}\left[\frac{u^4}{4} + \beta(u^2u_{xx} + 2u_tu_x) + \beta^2u_{xx}^2\right] = 0. \qquad (16.3)$$

Die Beziehung (16.2) kann als Energieerhaltungssatz interpretiert werden. Die Gleichung (16.3) besitzt hingegen offenbar keine derartig einfache physikalische Deutung (WHITHAM [15] hat erstmals auf dieses Gesetz hingewiesen). Eine Reihe weiterer unabhängiger Erhaltungssätze ist von KRUSKAL, ZABUSKY und MIURA [55] gewonnen worden. Im Anschluß daran wurde in den Arbeiten [63, 64] gezeigt, daß zu der KDV-Gleichung unendlich viele Erhaltungsgrößen (Invarianten)

$$I_m = \int_{-\infty}^{\infty} Q_m(x, t)\,\mathrm{d}x \qquad (16.4)$$

gehören, deren Dichten $Q_m(x, t)$ Beziehungen von der Art

$$\frac{\partial Q_m(x, t)}{\partial t} + \frac{\partial P_m(x, t)}{\partial x} = 0, \quad m = 1, 2, 3, \ldots \qquad (16.5)$$

befriedigen und (gemeinsam mit den Flüssen $P_m(x, t)$) Polynome von β, u und den räumlichen Ableitungen u_x, u_{xx}, u_{xxx}[1]) sind.

---

[1]) Die Zeitableitungen können mit Hilfe der KDV-Gleichung eliminiert werden. Wir erwähnen außerdem, daß die Größen $Q_m(x, t)$ bis auf Polynome in den Ableitungen nach x genau bestimmt sind.

Werfen wir einen flüchtigen Blick auf die allgemeine Struktur der Dichten $Q_m[u]$. Wir entwickeln die in $Q_m[u]$ enthaltenen Terme nach wachsenden Potenzen des Dispersionsparameter β. Der von β unabhängige Term ist dann stets proportional zu u^m. Wenn man die Tatsache ausnutzt, daß die Größen $Q_m[u]$ nur bis auf konstante Faktoren genau definiert sind, schreibt man diesen Term vorteilhaft in der Form u^m/m. Ferner enthält die Größe $Q_m[u]$ zu β^k $(k = 1, 2, \ldots)$ proportionale Terme, wobei die vor β^k stehenden Koeffizienten gewisse Polynome von $u, u_x, u_{xx}, \ldots$ sind, deren allgemeine Struktur man mit Hilfe von Dimensionsbetrachtungen erschließen kann. Jeder dieser Terme muß die Dimension u^m haben; wenn daher das allgemeine Glied eines solchen Polynoms die Form $u^l u_x^{l_1} u_{xx}^{l_2}$ besitzt, müssen die Exponenten den Bedingungen

$$l_1 + 2l_2 + 3l_3 + \cdots = 2k, \; l = m - l_1 - l_2 - \cdots - k \tag{16.6}$$

mit

$$k = 1, 2, \ldots, m - 2$$

genügen. (Speziell enthalten die Größen $Q_1[u]$ und $Q_2[u]$ die Größe β nicht.)

Zur Illustration schreiben wir hier die ersten sechs Dichten der Erhaltungsgröße auf [55, 63, 64][1]):

$$\left.\begin{aligned}
&Q_1[u] = u, \quad Q_2[u] = \frac{u^2}{2}, \quad Q_3[u] = \frac{u^3}{3} - \beta u_x^2,\\
&Q_4[u] = \frac{u^4}{4} - 3\beta u u_x^2 + \frac{2}{5}\beta^2 u_{xx}^2,\\
&Q_5[u] = \frac{u^5}{5} - 6\beta u^2 u_x^2 + \frac{36}{5}\beta^2 u u_{xx}^2 - \frac{108}{35}\beta^3 u_{xxx}^2,\\
&Q_6[u] = \frac{u^6}{6} - 10\beta u^3 u_x^2 + \beta^2(-5u_x^4 + 18u^2 u_{xx}^2)\\
&+ \beta^3\left(-\frac{108}{7} u u_{xxx}^2 + \frac{120}{7} u_{xx}^3\right) + \frac{36}{7}\beta^4 u_{xxxx}.
\end{aligned}\right\} \tag{16.7}$$

[1]) Die zugehörigen Flußdichten $P_m[u]$ kann man aus den gegebenen $Q_m[u]$ mit Hilfe der Beziehung (16.5) und der KDV-Gleichung gewinnen.

Den in den Arbeiten [63, 64] abgeleiteten allgemeinen Algorithmus zur Berechnung der numerischen Koeffizienten der einzelnen Terme in $Q_m[u]$ werden wir hier nicht behandeln. Wir geben lediglich an, daß der vor dem β in der ersten Potenz enthaltenden Term in $Q_m[u]$ stehende Koeffizient die sehr einfache Gestalt

$$Q_m[u] = \frac{u^m}{m} - \beta \frac{(m-1)(m-2)}{2} u_x^2 u^{m-3} + O(\beta^2) \quad (16.8)$$

besitzt. Diese Formel kann zur Berechnung von $Q_m[u]$ benutzt werden, wenn die Größe β ein kleiner Parameter ist.

Wir geben auch noch eine allgemeine Beziehung, nämlich den Wert der Invarianten beliebiger Ordnung $I_m[u] = \int\limits_{-\infty}^{\infty} Q_m[u]\, dx$ für ein durch die KDV-Gleichung beschriebenes Soliton an. In diesem Falle gilt

$$u = u_s(x, t) = a \operatorname{sech}^2 \sqrt{\frac{a}{12\beta}} \left(x - \frac{a}{3} t\right) \quad (16.9)$$

(vgl. die Formeln (10.9), (10.10), in denen $b_3 = 0$ gesetzt worden ist). In [65] ist gezeigt worden, daß

$$I_m^{(s)} \equiv \int\limits_{-\infty}^{\infty} Q_m[u_s]\, dx = \sqrt{12\beta} \frac{2^m[(m-1)!]^2}{(2m-1)!} a^{(2m-1)/2}, \quad (16.10)$$

wo $I_m^{(s)}$ der Wert der Invarianten I_m für das Soliton ist.

17. Das allgemeine Bild der Entwicklung von Anfangsstörungen in schwach dispersiven Medien

Nehmen wir an, in einem schwach dispersiven Medium, von dem wir voraussetzen, es werde, sagen wir, durch die Boussinesq-Gleichungen (10.1) beschrieben, entstehe irgendeine eindimensionale Anfangsstörung mit der Geschwindigkeitsamplitude v_0 und einer Breite von der Größenordnung l. Wenn $v_0 \ll c_0$ ist, darf man die Störung als schwach nichtlinear ansehen, und sie zerfällt bei nicht zu großem l in zwei quasieinfache Wellen, die mit Geschwindigkeiten nahe $\pm c_0$ in entgegengesetzte Richtungen laufen. Die Entwicklung jeder dieser Wellen läßt sich mit Hilfe der KDV-Gleichung (15.7) beschreiben oder — in einem Bezugssystem, das sich mit der Geschwindigkeit c_0 relativ zum Medium bewegt — mit Hilfe der Gleichung (15.9).

Wir betrachten jetzt die Lösung der KDV-Gleichung (15.9) unter der Anfangsbedingung

$$u(x, 0) = u_0 \varphi(x/l), \tag{17.1}$$

wo $\varphi(\xi)$ eine das ursprüngliche Profil der quasieinfachen Welle beschreibende dimensionslose Funktion ist.

Wenn wir zu den dimensionslosen Variablen

$$\eta = \frac{u}{u_0}, \quad \xi = \frac{x}{l}, \quad \tau = \frac{tu_0}{l} \tag{17.2}$$

übergehen, erhalten wir die KDV-Gleichung sowie die Anfangsbedingung (17.1) in der Form

$$\eta_\tau + \eta\eta_\xi + \frac{1}{\sigma^2}\,\eta_{\xi\xi\xi} = 0, \tag{17.3}$$

$$\eta(\xi, 0) = \varphi(\xi), \tag{17.4}$$

wobei σ ein durch die Formel

$$\sigma = l\left(\frac{u_0}{\beta}\right)^{1/2} \tag{17.5}$$

definierter dimensionsloser Parameter ist. Aus (17.3) und (17.4) folgt, daß die zu den Anfangsbedingungen mit gleichen σ und $\varphi(\xi)$ gehörenden Lösungen der KDV-Gleichung einander ähnlich sein müssen [67].

Insbesondere hat der Parameter σ für alle der KDV-Gleichung genügenden Solitonen (siehe Formel (16.9)) ein und denselben Wert, den wir mit σ_s bezeichnen wollen. Nehmen wir an, für das Soliton gälte $l = \sqrt{12\beta/a}$, so ist

$$\sigma_s = \sqrt{12}. \tag{17.6}$$

Wir erinnern daran, daß die Größe σ^2 den Wert des Verhältnisses des nichtlinearen Terms in der KORTEWEG-DE VRIES-Gleichung zum dispersiven Term (im anfänglichen Entwicklungsstadium) angibt. Bei kleinen Werten von σ^2 treten daher die dispersiven Effekte bedeutend früher in Erscheinung als die nichtlinearen, während sich diese Aussage bei großen σ^2 umkehrt. Da sich gleichzeitig bei Solitonen die dispersiven und die nichtlinearen Effekte das Gleichgewicht halten, wird die Störung für

$$\sigma^2 \ll \sigma_s^2 \tag{17.7}$$

schwach nichtlinear, für

$$\sigma^2 \gg \sigma_s^2 \tag{17.8}$$

hingegen stark nichtlinear sein. Dementsprechend kann die Störung im Falle (17.7) (und für nicht zu große Werte von t) näherungsweise durch die Lösung der linearisierten KDV-Gleichung beschrieben werden, die wir in Abschnitt 3. behandelt haben. Sie hat die Form des in der Abb. 3.1 dargestellten Wellenpakets.[1])

Im Falle (17.8) verhält sich die Störung von Anfang an wie eine einfache Welle ohne Dispersion, d. h., die Steilheit des Profils nimmt dort zu, wo die Störung größer ist. Bei genügend großer Steilheit wird die Dispersion spürbar, und im Ergebnis zerfällt die Störung in einzelne Wellengruppen. Wie die in den Arbeiten [66, 67, 55] gewonnenen numerischen Lösungen der KDV-Gleichung und die bald danach entwickelte analytische Theorie [6] gezeigt haben,

---

[1]) Bei sehr großen t kann jedoch unter bestimmten Bedingungen aus dem Kopfteil des Wellenpakets ein Soliton entstehen (siehe den folgenden Abschnitt).

wandeln sich diese Gruppen letzten Endes entweder in Solitonen oder in ein fast lineares Wellenpaket um, das im Laufe der Zeit auseinanderfließt.

Da die Geschwindigkeiten W der Solitonen hierbei ihren Amplituden proportional sind: $W = a/3$ (siehe (16.9)), richten sich die Solitonen dem Grade ihres Amplitudenwachstums entsprechend nacheinander aus, d. h., das größte Soliton mit der höchsten Geschwindigkeit befindet sich am Anfang. Das rasch oszillierende Wellenpaket (oder der „Schwanz“, wie wir im weiteren sagen werden) bleibt zurück, da seine Gruppengeschwindigkeit dem Dispersionsgesetz der linearen Theorie $\omega = -\beta k^3$ zufolge[1]) negativ ist.

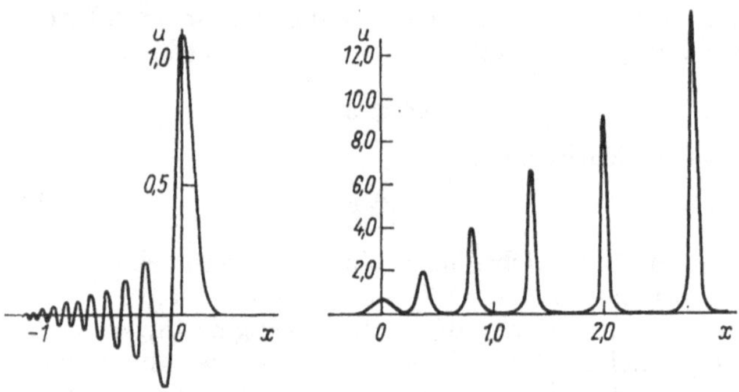

Abb. 17.1. Die Form der Lösungen $u(x, t)$ der KDV-Gleichung bei großem t für zwei Werte des Ähnlichkeitsparameters: $\sigma = 1{,}9$ (links) und $\sigma = 16{,}5$ (rechts)

Zur Illustration des Gesagten betrachten wir die Abb. 17.1, wo die in der Arbeit [67] gewonnenen numerischen Lösungen der KDV-Gleichung für einen Anfangsimpuls von der Form $\varphi(\xi) = e^{-\xi^2}$ und die Parameterwerte $\sigma = 1{,}9$ und $\sigma = 16{,}5$ dargestellt sind. Im ersten Falle

---

[1]) Alle diese Aussagen beziehen sich natürlich auf ein relativ zum Medium mit der Geschwindigkeit c_0 bewegtes Bezugssystem.

zerfällt die Störung in ein Soliton und ein Wellenpaket. Im zweiten Falle zerfällt sie in sechs Solitonen; das Wellenpaket hat hier eine so kleine Amplitude, daß es in der Abbildung nicht sichtbar wird. Man erkennt deutlich, daß die Spitzen der Solitonen ungefähr auf einer Geraden liegen. Das hängt damit zusammen, daß die Geschwindigkeit eines Solitons seiner Amplitude proportional ist; die von den Solitonen durchlaufenen Entfernungen sind daher ihren Amplituden proportional.

In der Arbeit [55] wurde der „Zusammenstoß" zweier Solitonen behandelt: Ein Soliton großer Amplitude, das sich zu Anfang hinten befand, hat ein Soliton kleinerer Amplitude eingeholt. Die nach ihrer Überlagerung aufgetretene Störung ist bereits wieder in zwei Solitonen zerfallen, die genau mit den ursprünglichen identisch sind, aber jetzt in der umgekehrten Reihenfolge liegen: Das größere Soliton befindet sich vorn und das kleinere hinten. Seiner Natur nach ist dieses Ergebnis der experimentelle Beweis für die Stabilität von Solitonen: Ihre Charakteristika bleiben nach der Wechselwirkung erhalten.[1]) Analoge Resultate — Entstehung von Solitonen und ihre Erhaltung nach einer Wechselwirkung — wurden in der Arbeit [66] für die Anfangsbedingung

$$\varphi(\xi) = \sin \xi \tag{17.9}$$

gefunden.

18. *Zur analytischen Lösung der Korteweg-de Vries-Gleichung*

Tiefgreifende analytische Ergebnisse, die eine Reihe allgemeiner Gesetzmäßigkeiten der Entwicklung von Störungen, die durch die KDV-Gleichung beschrieben

[1]) Die Untersuchung der Stabilität von Solitonen in bezug auf transversale (d. h. von y abhängige) Störungen hat ergeben, daß Solitonen im Falle $\beta > 0$ stabil, im Falle $\beta < 0$ aber instabil sind [82]. Diese Instabilität hat den Charakter einer Selbstfokussierung, die weiter unten in Kapitel V behandelt wird (siehe Abschnitt 25.).

werden, zu verstehen erlauben, sind in der Arbeit [6] (siehe auch [68]) gewonnen worden. Es stellte sich heraus, daß die sich aus der (für $x \to \pm\infty$ genügend rasch abklingenden) Anfangsstörung (17.1) entwickelnden Amplituden von Solitonen durch die Eigenwerte einer bestimmten STURM-LIOUVILLEschen Randwertaufgabe (oder in der Sprache der Quantenmechanik durch die Energieniveaus in einem bestimmten Potentialtrog) definiert werden. Um das und gleichzeitig eine Reihe anderer wichtiger Ergebnisse zu zeigen, betrachten wir die SCHRÖDINGER-Gleichung

$$\frac{\partial^2 \psi(x, t)}{\partial x^2} + \frac{1}{6} [\lambda(t) - v(x, t)] \psi(x, t) = 0, \qquad (18.1)$$

wo die potentielle Energie $v(x, t)$, der Eigenwert $\lambda(t)$ und die Wellenfunktion $\psi(x, t)$ von der Zeit t als Parameter abhängen und diese funktionale Abhängigkeit durch die Forderung festgelegt wird, daß $v(x, t)$ die KDV-Gleichung in der Form

$$v_t - v v_x + v_{xxx} = 0, \qquad (18.2)$$

$$v(x, 0) \to 0 \qquad (x \to \pm\infty) \qquad (18.3)$$

erfüllen muß. Wird v aus der Gleichung (18.1) ermittelt und in (18.2) eingesetzt, so erhält man

$$-\lambda_t \psi^2 = 6 \frac{\partial}{\partial x} \left[\left(\psi \frac{\partial}{\partial x} - \psi_x \right) \left(\psi_t - \frac{3 \psi_x \psi_{xx}}{\psi} + \psi_{xxx} - \lambda \psi_x \right) \right]$$

$$\equiv 6 \frac{\partial}{\partial x} \left\{ \left(\psi \frac{\partial}{\partial x} - \psi_x \right) \left[\psi_t - \frac{1}{2} \psi_x (v + \lambda) + \psi_{xxx} \right] \right\}. \qquad (18.4)$$

Gehört λ dem diskreten Spektrum an, so konvergiert $\int_{-\infty}^{\infty} \psi^2 \, dx$. Durch Integration beider Seiten der Beziehung (18.4) über x erhalten wir

$$\lambda_t = 0, \qquad (18.5)$$

d. h., die Eigenwerte des diskreten Spektrums hängen nicht von der Zeit ab. Im Hinblick auf das kontinuierliche Spektrum kann man voraussetzen, daß die Beziehung (18.5) automatisch erfüllt ist. Integrieren wir die Gleichung (18.4) zweimal und berücksichtigen (18.5), so erhalten wir

$$\psi_t - \frac{1}{2}\,\psi_x(v + \lambda) + \psi_{xxx} = A\psi + B\psi \int \psi^2\,\mathrm{d}x, \qquad (18.6)$$

wo $A(t)$ und $B(t)$ Integrationskonstanten sind. Wenn $\psi(x)$ eine Eigenfunktion des diskreten Spektrums ist, so ist $B = 0$ (da ψ für $|x| \to \infty$ exponentiell abklingt). Auf Grund der Normierungsbedingung $\int\limits_{-\infty}^{\infty} |\psi|^2\,\mathrm{d}x = 1$ wird klar, daß die Konstante A gleichfalls Null sein muß. Daher wird die Abhängigkeit der Eigenfunktionen des diskreten Spektrums von der Zeit durch die Gleichung

$$\psi_t - \frac{1}{2}\,\psi_x[v(x, t) + \lambda] + \psi_{xxx} = 0 \qquad (18.7)$$

beschrieben.

Untersuchen wir nun das asymptotische Verhalten von ψ bei $|x| \to \infty$. Für die Eigenfunktion ψ_n des n-ten Niveaus erhalten wir ($\lambda_n < 0$)

$$\left.\begin{aligned} \psi_n(x, t) &\sim c_n(t) \exp(-k_n x) \qquad (x \to +\infty), \\ \psi_n(x, t) &\sim d_n(t) \exp(k_n x) \qquad (x \to -\infty), \end{aligned}\right\} \qquad (18.8)$$

mit

$$k_n = \sqrt{-\lambda_n/6} > 0. \qquad (18.9)$$

Einsetzen von (18.8) in (18.7) liefert

$$\left.\begin{aligned} c_n(t) &= c_n(0) \exp(4k_n^3 t), \\ d_n(t) &= d_n(0) \exp(-4k_n^3 t). \end{aligned}\right\} \qquad (18.10)$$

Gehört ψ zum kontinuierlichen Spektrum, d. h. $\lambda > 0$, so wählen wir die zugehörige Eigenfunktion derart, daß sie eine aus dem Gebiet $x = +\infty$ einfallende Welle beschreibt. ψ besitzt dann die asymptotische Form

$$\left.\begin{aligned} \psi &\sim \exp(-ikx) + b(k,t)\exp(ikx) \quad (x \to +\infty), \\ \psi &\sim a(k,t)\exp(-ikx) \qquad (x \to -\infty). \end{aligned}\right\} \tag{18.11}$$

Setzen wir das in (18.6) ein, so finden wir $B = 0$, $A = 4ik^3$ und

$$\left.\begin{aligned} a(k,t) &= a(k,0), \\ b(k,t) &= b(k,0)\exp(8ik^3t). \end{aligned}\right\} \tag{18.12}$$

In der Sprache der Streutheorie haben die Größen $a(k, t)$ und $b(k, t)$ die Bedeutung von Transmissions- bzw. Reflexionskoeffizienten. Sie müssen daher die Beziehung

$$|a|^2 + |b|^2 = 1 \tag{18.13}$$

erfüllen.

Da die Eigenwerte des diskreten Spektrums λ_n nicht von der Zeit abhängen, kann man im Prinzip sowohl λ_n als auch c_n, d_n und die Reflexions- und Transmissionskoeffizienten $a(k)$ und $b(k)$ bestimmen, wenn man die SCHRÖDINGER-Gleichung (18.1) bei $t = 0$, das heißt mit einem Potential, das gleich der Anfangsbedingung für die KDV-Gleichung (18.2) ist, löst. Andererseits ist aus der allgemeinen Streutheorie bekannt, daß die Größen λ_n, c_n und b das Potential in der SCHRÖDINGER-Gleichung eindeutig definieren (inverses Problem der Streutheorie — IPST). Um das Potential v aus diesen Größen zu ermitteln, muß man die Integralgleichung des IPST für den eindimensionalen Fall aufstellen [69—71]:

$$K(x, y) + B(x + y) + \int_x^\infty K(x, z)\, B(y + z)\, \mathrm{d}z = 0, \tag{18.14}$$

mit

$$\begin{gathered} B(x) = \frac{1}{2\pi}\int_{-\infty}^{\infty} b(k,t)\exp(ikx)\,\mathrm{d}k + \sum c_n^2(t)\exp(-k_n x); \\ k_n = (-\lambda_n/6)^{1/2}, \qquad k = (\lambda/6)^{1/2}, \end{gathered} \tag{18.15}$$

und diese Gleichung bezüglich $K(x, y)$ mit $y \geqq x$ lösen. Das Potential wird dann aus der Beziehung

$$v(x, t) = -12 \frac{\mathrm{d}}{\mathrm{d}x} K(x, x; t) \tag{18.16}$$

ermittelt.

Diese Prozedur erlaubt im Prinzip die Konstruktion der Lösung der KDV-Gleichung (18.2) aus der Anfangsbedingung $v(x, 0)$. In Sonderheit kann man aus (18.14) bis (18.16) eine Information über Solitonen erhalten, die aus einer Anfangsstörung $v(x, 0)$ entstehen. Betrachten wir zu diesem Zweck die asymptotische Darstellung der Lösung bei $t \to \infty$ und $x \sim 8k_2^1 t$, wo k_1 die größte der Zahlen k_n ist. Aus den Beziehungen (18.9) bis (18.12) folgt, daß man in diesem Falle das Integral auf der rechten Seite von (18.15) vernachlässigen kann und in der Summe nur den Führungsterm mit $n = 1$ mitzunehmen braucht. Das heißt, man kann setzen

$$B(x, t) = c_1^2(0) \exp (8k_1^3 t - k_1 x). \tag{18.17}$$

Die asymptotische Lösung der Gleichung (18.14) nimmt dann die folgende Gestalt an [71]:

$$K(x, y; t) = -c_1^2(0) \exp [-k_1(x + y) + 8k_1^3 t] \\ \times \left\{1 + \frac{c_1^2(0)}{2k_1} \exp [-2k_1 x + 8k_1^3 t]\right\}^{-1}.$$

Setzt man das in (18.16) ein, so erhält man

$$v(x, t) = -12k_1^2 \operatorname{sech}^2 [k_1(x - x_0) - 4k_1^2 t], \tag{18.18}$$

mit

$$c_1^2(0) = 2k_1 \exp (2k_1 x_0). \tag{18.19}$$

Der Ausdruck (18.18) beschreibt ein Soliton mit der Amplitude $a = 12k_1^2$ und der Geschwindigkeit $W = a/3$, d. h., er stellt eine stationäre Lösung der KDV-Gleichung dar (vgl. mit Formel (16.9)).

Auf ganz analoge Weise läßt sich die asymptotische Form der Lösung im Gebiet $t \to \infty$, $x \sim 8k_n^2 t$ finden. In diesem Falle darf man offenbar für $B(x, t)$ den Ausdruck (18.17) verwenden, wo c_n, k_n anstelle von c_1, k_1 eingesetzt werden. Dementsprechend hat die Lösung der Gleichung (18.2) wieder die Form eines Solitons, dessen Parameter durch die Zahlen k_n, c_n definiert werden. Im Falle $t \to \infty$ und für genügend große positive x besteht daher die Lösung aus einer Gesamtheit von Solitonen, die sich mit zu ihren Amplituden proportionalen Geschwindigkeiten

$$v(x, t) = -\sum_n 2\,|\lambda_n|\,\mathrm{sech}^2 \left\{\sqrt{\frac{|\lambda_n|}{6}}\,(x - x_0 - W_n t)\right\},$$

$$W_n = \frac{2}{3}\,|\lambda_n| \tag{18.20}$$

in positiver Richtung bewegen. Hier sind die λ_n die Eigenwerte des diskreten Spektrums der SCHRÖDINGER-Gleichung (18.1) im Falle $t = 0$.

Kehren wir jetzt zur KDV-Gleichung in der Gestalt (15.9) zurück und schreiben die Anfangsbedingungen in der Form (17.1), so hängen die Amplituden der entstehenden Solitonen a_n mit den Eigenwerten der SCHRÖDINGER-Gleichung

$$\psi''(\xi) + \frac{\sigma^2}{6}\,[\varphi(\xi) + E_n]\,\psi(\xi) = 0 \tag{18.21}$$

über die Beziehungen

$$a_n = -2u_0\,E_n \tag{18.22}$$

zusammen. Dabei ist σ der Ähnlichkeitsparameter (17.5) und u_0 die Amplitude der Anfangsstörung (17.1).

Hieraus folgt ganz speziell, daß im Falle $\varphi(\xi) < 0$ keine Solitonen entstehen können, welchen Wert σ auch annehmen mag. Wenn $\varphi(\xi)$ die Bedingung $\int_{-\infty}^{\infty} \varphi(\xi)\,d\xi = 0$ erfüllt, können Solitonen nur für genügend große σ auftreten. Dieser Fall wird in Abschnitt 21. behandelt.

Schließlich besitzt die SCHRÖDINGER-Gleichung im Falle

$$\int_{-\infty}^{\infty} \varphi(\xi)\, \mathrm{d}\xi > 0 \tag{18.23}$$

immer ein diskretes Spektrum; bei kleinen σ besteht es überhaupt nur aus einem einzigen Eigenwert, den man mit Hilfe der Störungstheorie auffinden kann (siehe [72], § 45):

$$E = -\frac{\sigma^2}{24}\left[\int_{-\infty}^{\infty} \varphi(\xi)\, \mathrm{d}\xi\right]^2 .$$

Demzufolge entsteht unter der Bedingung (18.23) stets wenigstens ein Soliton, dessen Amplitude bei kleinen Werten von σ näherungsweise gleich

$$a = \frac{u_0\sigma^2}{12}\left[\int_{-\infty}^{\infty} \varphi(\xi)\, \mathrm{d}\xi\right]^2 \tag{18.24}$$

ist. Die Bedingung für die Anwendbarkeit der Störungstheorie hat dabei das folgende Aussehen

$$\sigma^2 \ll 12 = \sigma_s^2, \tag{18.25}$$

mit σ_s als dem Wert des Ähnlichkeitsparameters für das Soliton (siehe (17.6)).

Auch im anderen Grenzfall großer σ lassen sich ziemlich einfache Ausdrücke für die Amplituden der Solitonen gewinnen. Wir werden diese Frage in Abschnitt 19. behandeln.

Wenden wir uns jetzt dem Gebiet kleiner und negativer x-Werte zu. Die asymptotische Gestalt der Lösung wird in diesem Gebiet für genügend große t durch das erste Glied der rechten Seite in Formel (18.15) gegeben. Aus der allgemeinen Form dieses Gliedes und dem Charakter der Abhängigkeit der Koeffizienten b von der Zeit ersieht man, daß dieser Term den oszillierenden „Schwanz“ beschreibt, der das Aussehen des am Anfang dieses Abschnitts besprochenen Wellenpaketes hat. Seine detaillierte Untersuchung mit Hilfe der oben abgeleiteten Formeln ist äußerst schwierig.

Obgleich dieses Paket ebenfalls auseinanderfließt, bleiben seine Beiträge zu den Invarianten, speziell zur „Energie“ I_2 sowie zum „Impuls“ I_1, konstant, so daß sich die Frage nach der relativen Größe dieser Beiträge erhebt. Zur Untersuchung dieser Frage werden wir von den Erhaltungssätzen $I_m(t) = I_m(0)$ ausgehen.

Die Anfangsstörung sei in N Solitonen mit den Amplituden a_r $(r = 1, 2, \ldots, N)$ und ein Wellenpaket zerfallen. Nachdem sich die Solitonen voneinander getrennt und in sehr große Entfernungen vom Wellenpaket verlagert haben, wird man annehmen dürfen, daß der Wert der Invarianten $I_m(0)$ gleich der Summe der entsprechenden Invarianten für die einzelnen Solitonen und das Wellenpaket ist.

Wir bezeichnen den Wert der Invarianten I_m für das Wellenpaket mit I'_m und machen von der Formel (16.10) Gebrauch. Dann erhalten wir die Erhaltungssätze in der Form

$$\sqrt{12\beta}\cdot 2^m \frac{[(m-1)!]^2}{(2m-1)!}\sum_{r=1}^{N} a_r^{(2m-1)/2} + I'_m = I_m(0)\,, \tag{18.26}$$

wo

$$I_m(0) = \int_{-\infty}^{\infty} Q_m[u(x,0)]\,\mathrm{d}x \equiv u_0^{m-1/2}\beta^{1/2}\sigma \int_{-\infty}^{\infty} \tilde{Q}_m[\varphi(\xi)]\,\mathrm{d}\xi. \tag{18.27}$$

Die hier eingeführte Größe $\tilde{Q}_m[\varphi(\xi)]$ ist die Dichte der Invarianten m-ter Ordnung, in der $\varphi(\xi)$ anstelle von u und $1/\sigma^2$ an die Stelle von β gesetzt worden ist:

$$\tilde{Q}_m[\varphi(\xi)] = Q_m[u]|_{u=\varphi(\xi)}\,; \qquad \beta = 1/\sigma^2.$$

Insbesondere ergibt sich aus der Formel (16.8) die

Beziehung [73]

$$\tilde{Q}_m[\varphi(\xi)] = \frac{\varphi^m(\xi)}{m} - \frac{1}{\sigma^2}\,\frac{(m-1)\,(m-2)}{2}\,\varphi_\xi^2\varphi^{m-3} + O(\sigma^{-4}), \tag{18.28}$$

die den asymptotischen Ausdruck für $\tilde{Q}_m(\xi)$ bei großen σ (aber nicht unbedingt kleinen β) darstellt.[1])

Ohne auf die Fälle einzugehen, in denen $\int\limits_{-\infty}^{\infty} \varphi(\xi)\,\mathrm{d}\xi = 0$ und wo offensichtlich klar ist, daß der Beitrag der Wellenpakete zu I_m größer oder gleich dem Beitrag der Solitonen ist, setzen wir voraus, daß die Bedingung (18.23) erfüllt ist. Ist außerdem $\sigma^2/12$ entsprechend klein, so entsteht insgesamt nur ein einziges Soliton, dessen Amplitude durch (18.24) gegeben wird. Setzt man diese in die Gleichung (18.26) mit $m = 2$ ein, so findet man, daß die Energie des Solitons bezüglich σ^2/σ_s^2 eine Größe zweiter Ordnung ist, so daß der Hauptteil der Energie der Anfangsstörung im „Schwanz" konzentriert bleibt. In bezug auf den Impuls (oder die Fläche der Kontur) überzeugt man sich leicht von der Tatsache, daß der Impuls des Solitons zweimal größer als der Impuls der Anfangsstörung ist, so daß die Fläche unter der Kontur des „Schwanzes" negativ und gleich der Fläche des Profils der Anfangsstörung sein muß.

Andererseits, wenn die Anfangsstörung die Bedingung

$$\varphi(\xi) \geqq 0, \qquad \varphi(\pm\infty) = 0 \tag{18.29}$$

erfüllt und der Ähnlichkeitsparameter σ genügend groß ist, kann man, wie die in den Arbeiten [73, 74] vorgenommenen Untersuchungen gezeigt haben, den Beitrag des Wellenpakets zur Invarianten I_m unterdrücken.

Betrachten wir zum Beispiel eine Anfangsstörung mit dem Profil

$$\varphi(\xi) = \operatorname{sech}^2 \xi\,. \tag{18.30}$$

---

[1]) Die Formel (18.28) erweist sich im Falle $m = 2, 3$ als exakt gültig.

In diesem Falle besitzt die SCHRÖDINGER-Gleichung eine einfache analytische Lösung (siehe z. B. [72], §§ 23, 25), und wir erhalten für die Amplituden der Solitonen den Ausdruck

$$\frac{a_r}{u_0} = \frac{3}{\sigma^2}\left[1 + \sqrt{1 + 2\sigma^2/3} - 2r\right]^2;$$
$$r = 1, 2, \ldots, N < \frac{1}{2}\left(1 + \sqrt{1 + 2\sigma^2/3}\right). \tag{18.31}$$

Die Größen, die die relativen Beiträge des Wellenpakets zu den Invarianten der verschiedenen Ordnungen angeben, $I'_m/I_m(0)$, können wir durch Einsetzen von (18.30) und (18.31) in die Formeln (18.26), (18.27) ermitteln. Die Ergebnisse werden durch die folgende Tabelle veranschaulicht, in der die Größen $I'_m/I_m(0)$ (in Prozenten) für die ersten fünf Invarianten und für verschiedene Parameterwerte σ angegeben sind. N bezeichnet hier die Anzahl der bei gegebenem σ entstehenden Solitonen.

		$I'_m/I_m(0)$ (in %)				
σ^2	N	$m = 1$	$m = 2$	$m = 3$	$m = 4$	$m = 5$
15	2	$-5{,}33$	0,28	$-0{,}09$	0,07	$-0{,}09$
20	2	$-7{,}16$	0,51	$-0{,}13$	0,07	$-0{,}07$
25	2	$-5{,}75$	0,33	$-0{,}07$	0,03	$-0{,}02$
30	2	$-3{,}30$	0,11	$-0{,}02$	$5 \cdot 10^{-3}$	$-3 \cdot 10^{-3}$
50	3	$-2{,}94$	0,09	$-8 \cdot 10^{-3}$	$1 \cdot 10^{-3}$	$-5 \cdot 10^{-4}$
60	3	$-2{,}09$	0,04	$-3 \cdot 10^{-3}$	$5 \cdot 10^{-4}$	$-1 \cdot 10^{-4}$
90	4	$-1{,}61$	0,03	$-1 \cdot 10^{-3}$	$1 \cdot 10^{-4}$	$-2 \cdot 10^{-5}$
105	4	$-1{,}17$	0,01	$-6 \cdot 10^{-4}$	$5 \cdot 10^{-5}$	$-7 \cdot 10^{-6}$
140	5	$-0{,}98$	0,01	$-3 \cdot 10^{-4}$	$2 \cdot 10^{-5}$	$-2 \cdot 10^{-6}$
160	5	$-0{,}80$	$2 \cdot 10^{-3}$	$-2 \cdot 10^{-4}$	$1 \cdot 10^{-5}$	$-8 \cdot 10^{-7}$

Die angegebenen Zahlen lassen erkennen, daß die Werte der Invarianten mit zunehmenden σ und m abnehmen; der Beitrag des Wellenpakets ist dabei sogar im Falle $N = 2$

gering. Diese Schlußfolgerungen bleiben auch für andere Typen von Anfangsstörungen, beispielsweise für $\varphi(\xi) = \exp(-\xi^2)$, gültig.

19. *Asymptotische Ausdrücke für die Amplituden von Solitonen und „Schwänzen" im Falle großer σ*

Bei großen Werten des Parameters σ wird die Zahl der entstehenden Solitonen im allgemeinen ebenfalls groß, so daß man sie durch eine Verteilungsfunktion $F(a)$ charakterisieren kann, welche die Anzahl der Solitonen $\mathrm{d}N$ mit im Intervall $(a, a + \mathrm{d}a)$ gelegenen Amplituden angibt [65]:

$$\mathrm{d}N = F(a)\,\mathrm{d}a. \tag{19.1}$$

Andererseits wird die Dichte der Niveauzahl der SCHRÖDINGER-Gleichung (18.21) bei großen σ gegeben durch die quasiklassische Formel (siehe z. B. [72], § 48)

$$\frac{\mathrm{d}N}{\mathrm{d}E} = \left(\frac{\sigma^2}{6}\right)^{1/2} (2\pi)^{-1} \int [\varphi(\xi) - E]^{-1/2}\,\mathrm{d}\xi; \quad \varphi(\xi) > E. \tag{19.2}$$

Berücksichtigt man (18.22), so findet man für die Solitonenzahldichte bei großen σ den folgenden Ausdruck[1]:

$$F(a) = \frac{\sigma}{4\pi} \left(\frac{1}{3u_0}\right)^{1/2} \int\limits_M \frac{\mathrm{d}\xi}{\sqrt{2u_0\varphi(\xi) - a}}, \tag{19.3}$$

wo der Integrationsbereich M durch die Bedingung

$$2u_0\varphi(\xi) > a \tag{19.4}$$

festgelegt wird.

---

[1]) Die Formel (19.3) wurde erstmals in [65] mit Hilfe einer anderen Methode und in etwas anderer Form angegeben (wenn man in (19.3) die neue Integrationsvariable $z = \varphi(\xi)$ einführt, gelangt man zum Ausdruck (6) in der Arbeit [65]).

Aus (19.3) folgt insbesondere, daß die Amplituden der Solitonen den doppelten Wert des Maximums der Anfangsstörung (17.1) nicht überschreiten:

$$F(a) = 0 \qquad \text{bei} \qquad a > 2u_0 \max \varphi(\xi)\,. \tag{19.5}$$

Integriert man (19.3), so erhält man einen asymptotischen Ausdruck für die Gesamtzahl der Solitonen [65, 75]:

$$N = \int_0^\infty F(a)\,\mathrm{d}a = \left(\frac{\sigma}{\pi\sqrt{6}}\right) \int_{\varphi(\xi)>0} \mathrm{d}\xi\, \sqrt{\varphi(\xi)}\,. \tag{19.6}$$

Daher wird die Solitonenzahl im Falle großer σ allein durch den Beitrag derjenigen Gebiete bestimmt, in denen die Anfangsstörung positiv ist: $\varphi(\xi) > 0$.

Schätzen wir nun die Größe des „Schwanzes" (Wellenpakets) ab, die durch den Wert der Invarianten I'_m definiert wird. Bei großen σ nehmen die die Erhaltungssätze darstellenden Gleichungen (18.26) und (18.27) das folgende Aussehen an:

$$(12\beta)^{1/2}\, \frac{2^m[(m-1)!]^2}{(2m-1)!} \int_0^\infty a^{(2m-1)/2}\, F(a)\,\mathrm{d}a + I'_m$$

$$= l\, \frac{u_0^m}{m} \int_{-\infty}^{\infty} \varphi^m(\xi)\,\mathrm{d}\xi \equiv \frac{1}{m} \int_{-\infty}^{\infty} u^m(x, 0)\,\mathrm{d}x\,. \tag{19.7}$$

Setzen wir hier (19.3) ein, so erhalten wir [75]

$$I'_m = \frac{1}{m} \int_{u(x,0)<0} \mathrm{d}x\, u^m(x, 0)\,, \qquad m = 1, 2, \ldots. \tag{19.8}$$

Die Größe I'_m enthält daher bei großen σ lediglich Beiträge aus den Gebieten, in denen die Anfangsstörung negativ ist. Falls $u(x, 0) \geqq 0$ für alle x, folgt aus (19.8)

$I'_m = 0$, so daß man in diesem Falle (mit asymptotischer Genauigkeit) sagen kann, daß die Störung vollständig in Solitonen zerfällt. Die Ergebnisse der im vorangehenden Abschnitt durchgeführten numerischen Berechnungen zeigen, daß sowohl dieses Ergebnis als auch die Formel (19.6) auch bei relativ kleinen σ eine gute Genauigkeit besitzen (siehe z. B. die Tabelle auf S. 104).

Zum Schluß verweilen wir noch bei einem Aspekt der in diesem Paragraphen dargelegten Resultate [73]. Da aus der Definition der Zahl σ (17.5) folgt, daß der Grenzfall $\sigma \gg 1$ bei endlichen Werten u_0, l und $\beta \to 0$ realisiert werden kann, liefern die oben gewonnenen Formeln die asymptotische Lösung der KDV-Gleichung bei kleinen Werten des Parameters β.

Untersuchen wir diese Lösung unter der Bedingung $\varphi(\xi) \geqq 0$ und vergleichen wir dieselbe mit der Lösung der Gleichung für die einfache Welle in der Hydrodynamik (siehe Abschnitt 13.)

$$u_t + uu_x = 0 \tag{19.9}$$

bei den gleichen Anfangsbedingungen sowie mit der asymptotischen Lösung der Burgers-Gleichung (13.25) im Falle $\mu \to 0$ (diese Lösung wird durch die Formeln (14.9) beschrieben und besitzt ein Dreiecksprofil mit einer Stoßwelle an seiner Front).

Die Lösung der Gleichung (19.9) bei hinreichend großen t wird durch die Kurve $ABDEF$ in der Abb. 19.1

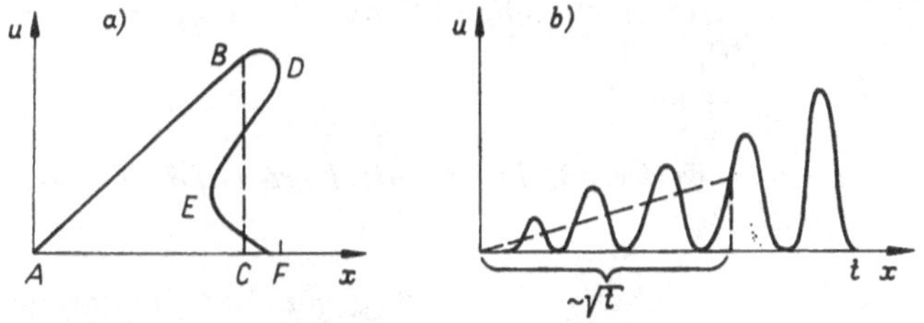

Abb. 19.1. Vergleich der asymptotischen Lösungen der Gleichungen $u_t + uu_x = 0$ (Kurve $ABDEF$ a)), $u_t + uu_x = \mu u_{xx}$ ($\mu \to 0$) (Kurve ABC in a)), $u_t + uu_x + \beta u_{xxx} = 0$ ($\beta \to 0$) (ausgezogene Kurve in b))

wiedergegeben; die Lösung der BURGERS-Gleichung ist die Kurve ABC. Bei gleichen Anfangsbedingungen sind die Flächen dieser Kurven gleich groß, da aus den Gleichungen (19.9) und (13.25) die Erhaltung des Impulses $I_1 = \int_{-\infty}^{\infty} u(x, t)\, dx$ folgt.

Die Lösung der KDV-Gleichung im Falle $\beta \to 0$ und $\varphi(\xi) \geqq 0$ besteht nach dem oben Gesagten aus einer Folge von Solitonen, deren Zahl wie $\beta^{-1/2}$ zunimmt und deren Breiten wie $\beta^{1/2}$ kleiner werden. Diese Lösung ist in der Abb. 19.1b dargestellt.

Wir bemerken ferner, daß die Invarianten der KDV-Gleichung nach (16.8) bei $\beta \to 0$ die Gestalt

$$I_m = \frac{1}{m} \int_{-\infty}^{\infty} u^m(x, t)\, dx \tag{19.10}$$

annehmen und demzufolge mit den Invarianten der Gleichung (19.9) übereinstimmen, welche eine unendlich große Zahl von Erhaltungssätzen der Art

$$\frac{\partial}{\partial t}\left(\frac{u^m}{m}\right) + \frac{\partial}{\partial x}\left(\frac{u^{m+1}}{m+1}\right) = 0 \tag{19.11}$$

besitzt. Bei ein und denselben Anfangsbedingungen haben daher das Profil $ABDEF$ und das in der Abb. 19.1b dargestellte Profil im Grenzfall $\beta \to 0$ nicht nur gleich große Flächen, sondern auch andere identische Invarianten von der Art (19.10).

20. *Selbstmodulierende Lösung der Korteweg-de Vries-Gleichung*

Die KDV-Gleichung (15.9) ist gegenüber der Transformation

$$t \to \gamma t, \quad x \to \gamma^{1/3} x \quad \text{und} \quad u \to \gamma^{-2/3} u \tag{20.1}$$

invariant. Sie besitzt daher die folgende selbstmodulierende Lösung [20, 21]:

$$u(x, t) = \beta(3\beta t)^{-2/3}\psi((3\beta t)^{-1/3}x). \qquad (20.2)$$

Setzt man (20.2) in die KDV-Gleichung ein, so erhält man eine gewöhnliche Differentialgleichung für die Funktion $\psi(z)$:

$$\psi''' - z\psi' + \psi\psi' - 2\psi = 0. \qquad (20.3)$$

Wir beschränken uns hier auf die Untersuchung derjenigen Lösungen dieser Gleichung, die bei $z \to \infty$ exponentiell abklingen [21]. Im Falle $z \to \infty$ dürfen wir deshalb in (20.3) den nichtlinearen Term vernachlässigen. Setzen wir

$$\psi(z) = f'(z), \qquad (20.4)$$

so erhalten wir für $f(z)$ die Airy-Gleichung

$$f''(z) - zf(z) = 0, \qquad (20.5)$$

deren bei $z \to \infty$ exponentiell gedämpfte Lösung das Aussehen (3.4) hat.

Die asymptotische Form der betrachteten Lösungen der Gleichung (20.3) wird daher durch den folgenden Ausdruck gegeben:

$$\psi(z) \approx c\,\frac{\mathrm{d\,Ai}(z)}{\mathrm{d}z} \approx -\frac{c}{2}\,z^{1/4}\exp\left(-\frac{2}{3}\,z^{3/2}\right) \quad (z \to +\infty). \qquad (20.6)$$

Das Verhalten dieser Lösungen bei kleinen und negativen Werten von z läßt sich mit Hilfe einer numerischen Integration verdeutlichen. Die Resultate dieser Berechnung sind in Abb. 20.1 dargestellt. Wenn die Konstante c in (20.6) dem Betrage nach kleiner als ein bestimmter kritischer Wert

$$c_{\text{krit}}^{(-)} < c < c_{\text{krit}}^{(+)}, \quad c_{\text{krit}}^{(+)} \sim 3, \quad c_{\text{krit}}^{(-)} \sim -3 \qquad (20.7)$$

ist, oszillieren die Funktionen $\psi(z)$ bei negativen z mit langsam anwachsender Amplitude. Im Falle $c > c_{\text{krit}}^{\pm}$

besitzen die Lösungen $\psi(z)$ eine Singularität; es läßt sich zeigen, daß diese Singularität ein Pol vom Typ $(z - a)^2$ ist, wo a eine gegebene negative Zahl ist. Solche Funktionen werden wir ebenfalls nicht behandeln.

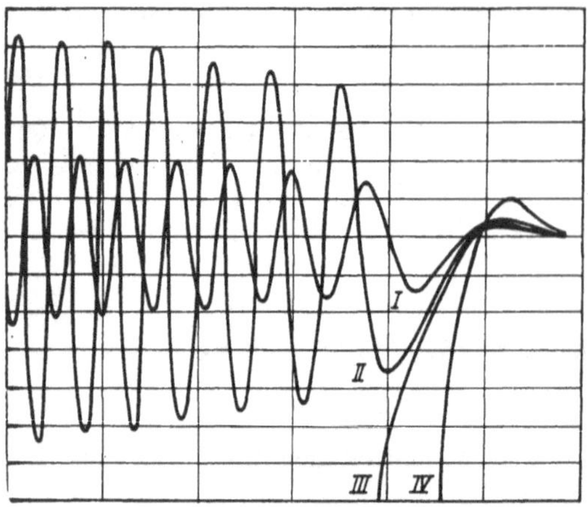

Abb. 20.1. Die Gestalt der in der selbstmodulierenden Lösung (20.2) der KDV-Gleichung erscheinenden Funktionen $\psi_0(z)$ bei verschiedenen Werten der Konstanten c: $0 < c_{\mathrm{I}} < c_{\mathrm{II}} < c_{\mathrm{krit}}^{(+)} < c_{\mathrm{III}} < c_{\mathrm{IV}}$

Weitere Eigenschaften der Lösungen bei $z \to -\infty$ kann man auf die folgende Weise erschließen. Nehmen wir an, die Konstante c in (20.6) sei ziemlich klein. Die Lösung der Gleichung (20.3) wird sich dann auch bei negativen z nur wenig von der Ableitung der Airyschen Funktion unterscheiden. Davon ausgehend, werden wir die asymptotische Darstellung von $\psi(z)$ bei $z \to -\infty$ in der folgenden Gestalt suchen:

$$\left.\begin{aligned}\psi(z) \approx c_1(z) \cos\left(\frac{2}{3}\,|z|^{3/2} + \frac{\pi}{4}\right)& \\ + c_2(z) \sin\left(\frac{2}{3}\,|z|^{3/2} + \frac{\pi}{4}\right)&\ (z \to -\infty).\end{aligned}\right\} \tag{20.8}$$

$c_1(z)$, $c_2(z)$ sind hier langsam veränderliche Funktionen. Einsetzen des Ausdrucks (20.8) in die Gleichung (20.3) ergibt das folgende Resultat:

$$\left.\begin{aligned}\psi(z) \approx z^{1/4}\left[\alpha \cos\left(\frac{2}{3}|z|^{3/2}+\frac{\pi}{4}\right)\right.\\ \left.+\beta \sin\left(\frac{2}{3}|z|^{3/2}+\frac{\pi}{4}\right)\right]+O(z^{-1/2}),\\ (z\to-\infty),\end{aligned}\right\} \tag{20.9}$$

wo α und β gewisse Konstanten sind. Diese Beziehung stimmt sehr gut mit den numerischen Lösungen überein.

Demzufolge klingen die von uns betrachteten selbstmodulierenden Lösungen der KDV-Gleichung mit $z \to \infty$ exponentiell ab und oszillieren bei $z \to -\infty$ entweder mit langsam anwachsender Amplitude oder besitzen bei $|c| > |c_{\text{krit}}|$ einen Pol. Ihrem qualitativen Verhalten nach kommt die Lösung im Falle $|c| < |c_{\text{krit}}|$ den zugehörigen selbstmodulierenden Lösungen der linearisierten KDV-Gleichung sehr nahe.

21. *Quasilineare Lösungen der Korteweg-de Vries-Gleichung*

Die oben behandelten selbstmodulierenden Lösungen stellen lediglich ein Beispiel für Lösungen dar, die qualitativ den Lösungen der linearisierten KDV-Gleichung ähnlich sind. In diesem Abschnitt behandeln wir eine allgemeinere Klasse solcher Lösungen [57].

Verweilen wir zu Beginn bei der Frage nach den nichtlinearen Korrekturen an den Lösungen der linearisierten KDV-Gleichung (3.2). Letztere sind Wellenpakete, deren allgemeine Gestalt z. B. in Abb. 3.1 dargestellt ist. Im kurzwelligen Teil dieser Pakete kann man die Schwingungen als quasistationäre sinusoidale Wellen mit langsam veränderlicher Wellenzahl k und Amplitude a auffassen (siehe die Formeln (3.11) und (3.13)).

Bei Berücksichtigung des nichtlinearen Terms in der KDV-Gleichung werden die entsprechenden nichtlinearen Korrekturen in erster Näherung durch die Glieder von der Größenordnung s^2 in der Formel (10.15) beschrieben, wo s^2 aus der Gleichung (10.16) entnommen wird. Hieraus folgt, daß die Forderung nach Kleinheit der nichtlinearen Terme in der Form

$$s^2 \approx 2a/3\beta k^2 \ll 1 \tag{21.1}$$

geschrieben werden kann. Setzt man die Ausdrücke für a und k aus (3.11) und (3.13) in (21.1) ein, so erhält man

$$s^2 \sim |\beta^{-1} x^{-5} t^3|^{1/4} \chi(|x/3\beta t|^{1/2}), \tag{21.2}$$

wo $\chi(k)$ die Fourier-Transformierte der Anfangsstörung ist (siehe Formel (3.10)). Wir betrachten jetzt die Bewegung von Punkten mit konstanter Schwingungsphase, beispielsweise der Wellenkämme im Paket. Die Bewegungsgleichungen eines solchen Punktes haben nach (3.11) die folgende Gestalt:

$$z = (3\beta t)^{-1/3} x = \text{const}.$$

Setzt man das hieraus bestimmte x in (21.2) ein, so gewinnt man die Abhängigkeit der Größe s^2 von der Zeit für Punkte mit fixierter Phase

$$s^2(t) \sim \beta^{-1}(\beta t)^{1/3} |\chi(k)|, \qquad k = \text{const} \cdot (\beta t)^{-1/3}.$$

Berücksichtigen wir (3.10), so erhalten wir für große t

$$s^2(t) \sim p_r \beta^{-1}(\beta t)^{(1-r)/3}, \tag{21.3}$$

wo p_r das erste von Null verschiedene Moment der Anfangsstörung ist:

$$p_n = \int_{-\infty}^{\infty} x^n u(x, 0)\, \mathrm{d}x, \tag{21.4}$$

$p_n = 0$ bei $n < r$, $p_r \neq 0$. Insbesondere findet man im Falle

$$p_0 = \int_{-\infty}^{\infty} u(x, 0)\, dx \neq 0 \tag{21.5}$$

$s \to \infty$ für $t \to \infty$, d. h., bei genügend großen t gewinnen die nichtlinearen Effekte, unabhängig von der Kleinheit der Anfangsstörung, Bedeutung.

Wenn $p_0 = 0$, aber $p_1 \neq 0$, ergibt sich aus (21.3) $s^2 \sim \beta^{-1} p_1 = \text{const}$ für $t \to \infty$. Daher werden in diesem Falle die Größe s^2 und mit ihr zusammen auch die nichtlinearen Effekte für alle t klein sein, wenn sie für kleine t klein waren.

Von dieser Überlegung ausgehend, kann man die Lösung der KDV-Gleichung im Falle

$$p_0 = \int_{-\infty}^{\infty} u(x, 0)\, dx = 0 \tag{21.6}$$

in der zu (3.7) analogen Gestalt

$$u(x, t) = \beta(3\beta t)^{-2/3} \sum_{k=0}^{\infty} (3\beta t)^{-k/3}\, \psi_k(z) \tag{21.7}$$

ansetzen, wo

$$z = (3\beta t)^{-1/3}\, x \tag{21.8}$$

und $\psi_k(z)$ gewisse Funktionen sind, von denen wir in Analogie zu (3.7) voraussetzen, daß sie bei $z \to \infty$ verschwinden:

$$\psi_k(\infty) = 0. \tag{21.9}$$

Durch Einsetzen von (21.7) in die KDV-Gleichung erhalten wir für die Funktionen $\psi_k(z)$ das rekursive Gleichungssystem

$$\psi_k''' - z\psi_k' - (k + 2)\, \psi_k + \sum_{p=1}^{k} \psi_p \psi_{k-p}' = 0, \tag{21.10}$$

das eine beliebige der Funktionen $\psi_k(z)$ durch die ersten $k - 1$ Funktionen ausdrückt. Im Falle $k = 0$ erhält man aus (21.10) die Gleichung (20.3); der erste Term der Entwicklung (21.7) stellt demzufolge die selbstmodulierende Lösung der KDV-Gleichung dar.

Wir untersuchen jetzt das asymptotische Verhalten der Lösungen des Systems (21.10). Wegen der Bedingungen (21.9) kann man bei $z \to \infty$ die nichtlinearen Terme im Gleichungssystem (21.10) vernachlässigen, das System kann, mit anderen Worten, durch die linearen Gleichungen

$$\psi_k''' - z\psi_k' - (k + 2)\,\psi_k = 0, \qquad k = 0, 1, 2, \ldots$$

ersetzt werden. Die allgemeinen Lösungen dieser Gleichungen sind von der Form

$$\psi_k = \frac{\mathrm{d}^{k+1} f}{\mathrm{d}z^{k+1}},$$

wo $f(z)$ die Gleichung

$$f''(z) - zf(z) = \text{const}$$

erfüllt. Wenn wir uns wie in Abschnitt 20. auf die bei $z \to \infty$ exponentiell gedämpften Lösungen beschränken, haben wir const $= 0$ zu setzen, so daß die asymptotische Darstellung der Funktionen $\psi_k(z)$ bei $z \to +\infty$ die Gestalt

$$\left.\begin{aligned} \psi_k(z) &\approx c_k \frac{\mathrm{d}^{k+1}\,\mathrm{Ai}(z)}{\mathrm{d}z^{k+1}} \\ &\approx -\frac{(-1)_k}{2}\, c_k z^{k/2+1/4} \exp\left(-\frac{2}{3}\, z^{3/2}\right) \\ &\qquad\qquad (z \to \infty) \end{aligned}\right\} \tag{21.11}$$

besitzt, in der die c_k willkürliche Konstanten sind. Für $k = 0$ wird die Beziehung (20.6) reproduziert. Schließen wir in der gleichen Weise weiter wie im vorangegangenen Abschnitt, so können wir folgern, daß die asymptotische

Darstellung der Funktionen $\psi_k(z)$ bei $z \to -\infty$ die Form

$$\psi_k(z) \approx |z|^{k/2+1/4}\left[\alpha_k \cos\left(\frac{2}{3}|z|^{3/2}+\frac{\pi}{4}\right) + \beta_k \sin\left(\frac{2}{3}|z|^{3/2}+\frac{\pi}{4}\right)\right] + |z|^{(k-1)/2} \times \left[a_k \sin\left(\frac{4}{3}|z|^{3/2}\right) + b_k \cos\left(\frac{4}{3}|z|^{3/2}\right) + d_k\right] \quad (z \to -\infty) \tag{21.12}$$

hat, wo wir außer den Führungstermen auch die Glieder der nächsthöheren Ordnung in z aufgeschrieben haben. Die Koeffizienten α_k und β_k in (21.12) werden durch die Anfangsbedingungen festgelegt; aus Gründen der Bequemlichkeit sind in den Phasen konstante Terme hinzugefügt worden. Die Größen a_k, b_k und d_k lassen sich auf die folgende Weise durch α_k, β_k ausdrücken:

$$\left.\begin{aligned} a_k &= -\frac{1}{16}\sum_{p=0}^{k}(\alpha_{k-p}\alpha_p - \beta_{k-p}\beta_p); \\ b_k &= \frac{1}{8}\sum_{p=0}^{k}\alpha_{k-p}\beta_p; \\ d_k &= -\frac{1}{12}\sum_{p=0}^{k}(\alpha_{k-p}\alpha_p + \beta_{k-p}\beta_p). \end{aligned}\right\} \tag{21.13}$$

Im Falle $k = 0$ ergeben die Formeln natürlicherweise den Ausdruck (20.9).

Aus den zu Beginn dieses Abschnitts dargelegten Überlegungen folgt, daß die Reihenentwicklung (2.17) unter der Bedingung (21.6) für $\sigma \to 0$ in (3.7) übergehen muß. Dieser Umstand erlaubt es, für kleine σ gültige Näherungsdarstellungen der Koeffizienten c_k, α_k, β_k durch die Momente der Anfangsstörung anzugeben:

$$\left.\begin{aligned} c_k &= \frac{(-1)^k}{\beta\sqrt{\pi}}\,\frac{p_{k+1}}{(k+1)!} + O(\sigma^2) \\ &(k = 0, 1, 2, \ldots), \\ \alpha_{2m} &= \frac{(-1)^m}{\beta\sqrt{\pi}}\,\frac{p_{2m+1}}{(2m+1)!} + O(\sigma^2); \\ \alpha_{2m+1} &= O(\sigma^2); \end{aligned}\right\} \tag{21.14}$$

$$\left.\begin{aligned} \beta_{2m} &= O(\sigma^2); \\ \beta_{2m+1} &= \frac{(-1)^m}{\beta\sqrt{\pi}}\,\frac{p_{2m+2}}{(2m+2)!} + O(\sigma^2) \\ &(m = 0, 1, 2, \ldots). \end{aligned}\right\} \tag{21.15}$$

Die allgemeine Entwicklung (21.7) und die asymptotischen Ausdrücke für $\psi_k(z)$ bleiben auch für $\sigma \approx 1$ gültig. Obwohl man ganz allgemein die Koeffizienten c_k, α_k, β_k in diesem Falle nicht definieren darf, kann man aus den Formeln (21.7), (21.11), (21.12) wertvolle Information über die allgemeine Form der asymptotischen Darstellung der Lösung bei großen x gewinnen.

Setzt man beispielsweise die Beziehungen (21.12) in (21.7) ein, so erhält man den folgenden asymptotischen Ausdruck für die Lösung bei großen negativen z:

$$u = \left(\frac{k}{3\beta t}\right)^{1/2} \left\{\Psi_1(k) \cos\left(\frac{2}{3}\,|z|^{3/2} + \frac{\pi}{4}\right) + \Psi_2(k) \sin\left(\frac{2}{3}\,|z|^{3/2} + \frac{\pi}{4}\right)\right\}$$

$$+ \frac{1}{12\beta^2 kt} \left\{ \frac{1}{2} \Psi_1(k) \Psi_2(k) \cos \left(\frac{4}{3} |z|^{3/2} \right) \right.$$

$$- \frac{1}{4} [\Psi_1^2(k) - \Psi_2^2(k)] \sin \left(\frac{4}{3} |z|^{3/2} \right)$$

$$\left. - \frac{1}{3} [\Psi_1^2(k) + \Psi_2^2(k)] \right\}, \tag{21.16}$$

mit

$$k = |x/3\beta t|^{1/2}, \qquad z = (3\beta t)^{-1/3} x; \tag{21.17}$$

$$\Psi_1(k) = \beta \sum_{n=0}^{\infty} \alpha_n k^n, \qquad \Psi_2(k) = \beta \sum_{n=0}^{\infty} \beta_n k^n. \tag{21.18}$$

Im Grenzfall $\sigma \ll 1$, für den die Beziehungen (21.14), (21.15) Gültigkeit haben, nehmen die Ausdrücke (2.18) in Übereinstimmung mit (3.10), (3.11) die Gestalt

$$\Psi_1 \approx \left(k \sqrt{\pi}\right)^{-1} \operatorname{Im} \chi(k), \quad \Psi_2 \approx \left(k \sqrt{\pi}\right)^{-1} \operatorname{Re} \chi(k) \tag{21.19}$$

an, wo $\chi(k)$ die Fourier-Transformierte der Anfangsstörung $u(x, 0)$ ist. Im Falle $\sigma \approx 1$ gelten die Beziehungen (21.19) jedoch nicht mehr. Nichtsdestoweniger bleibt die Formel (21.16) auch in diesem Falle sinnvoll, da sie wichtige Informationen über den allgemeinen Charakter der Lösung enthält. Aus ihr ergibt sich, daß die Lösung bei $x < 0$, $|z| \gg 1$ durch sinusoidale Wellen dargestellt wird, deren Phase von x, t wie $|z|^{3/2}$ abhängt und deren Amplitudenkoeffizienten bei der Grundharmonischen in Ψ_1 und Ψ_2 von x und t nur über die lokale Wellenzahl k abhängen, die durch die Formel (21.17) definiert wird.[1]) Die allgemeine Abhängigkeit der Amplituden und Phasen der Grundharmonischen von x und t ist die gleiche wie im Falle der Lösung der linearisierten KDV-Gleichung. Aus

---

[1]) Die Phase wird in gleicher Weise wie bei der ebenen Welle über das Dispersionsgesetz $\omega = -\beta k^3$ durch die lokale Wellenzahl ausgedrückt:

$$2/3|z|^{3/2} = kx - \omega t.$$

diesem Grunde werden wir die Lösungen (21.7) als *quasilineare* Lösungen bezeichnen.[1])

Es stellt sich heraus, daß quasilineare Lösungen nur für $\sigma < \sigma_0$ existieren, wo σ_0 ein gewisser kritischer Wert von σ ist. Das folgt aus der Überlegung, daß alle Funktionen $\psi_k(z)$ mit Hilfe der Gleichungen (21.10) durch die Funktion $\psi_0(z)$ bestimmt werden, welche in die selbstmodulierende Lösung eingeht. Die letztere ist, wie aus den Ergebnissen des Abschnitts 20. folgt, nur unter der Bedingung (20.7) regulär. Wenn wir für eine grobe Abschätzung die Formel (21.14) bei $k = 0$ verwenden, so finden wir, daß aus (20.7) und (21.14) $p_1/\beta < 7$ folgt. Wegen $p_1 = \text{const} \cdot l^2 u_0$ (u_0 und l sind eine charakteristische Amplitude bzw. Länge der Anfangsstörung) haben wir

$$\sigma_0 \leqslant (7/\text{const})^{1/2}, \tag{21.20}$$

wo const ≈ 1.

Numerische Rechnungen zeigen, daß für σ-Werte oberhalb des kritischen Werts σ_0 im Kopfteil der Lösung ein Soliton entsteht (was man natürlich vom Gesichtspunkt der Ergebnisse des Abschnitts 18. erwarten mußte[2])). Solche Lösungen können selbstverständlich nicht mehr die Form (21.7) besitzen.

Zur Veranschaulichung teilen wir die Ergebnisse einer numerischen Lösung der KDV-Gleichung bei der der Bedingung (21.6) genügenden Anfangsbedingung

$$u(x, 0) = -\frac{\partial}{\partial x} \frac{u_0}{\sqrt{\pi}} \mathrm{e}^{-x^2/l^2} \tag{21.21}$$

mit (diese Ergebnisse wurden in [76] gewonnen). Der Ähnlichkeitsparameter σ wird hier durch $(u_0/\beta)^{1/2} l$ definiert. Die entsprechenden numerischen Lösungen

---

[1]) Die asymptotischen Ausdrücke (21.16) bis (21.18) beschreiben ebenso wie im Falle der linearen Näherung bei $\beta t \gg 1$ einen ziemlich großen Bereich des Wellenpakets.

[2]) Es ist interessant zu bemerken, daß die formal nur bei großen σ gültige Formel (19.6) eine ungefähr mit (21.20) identische Abschätzung für σ_0 liefert.

sind in den Abb. 21.1 bis 21.3 dargestellt. Die ersten beiden Zeichnungen zeigen die Lösungen bei $\sigma = 2$ und $\sigma = 6$ für die drei Zeitpunkte $\tau_1 = 0$, τ_2, $\tau_3(\tau_3 > \tau_2 > 0)$. Man erkennt, daß das ganz rechts gelegene Maximum im Falle $\sigma = 2$ (Abb. 21.1) unbeweglich bleibt, während sich die übrigen nach links verschieben. Mit zunehmendem τ verringern sich gleichzeitig die Amplituden aller Maxima. Aus Abb. 21.2 ist ersichtlich ($\sigma = 6$), daß sich die Kopfwelle nach rechts bewegt und bei $\tau \to \infty$ vom „Schwanz“,

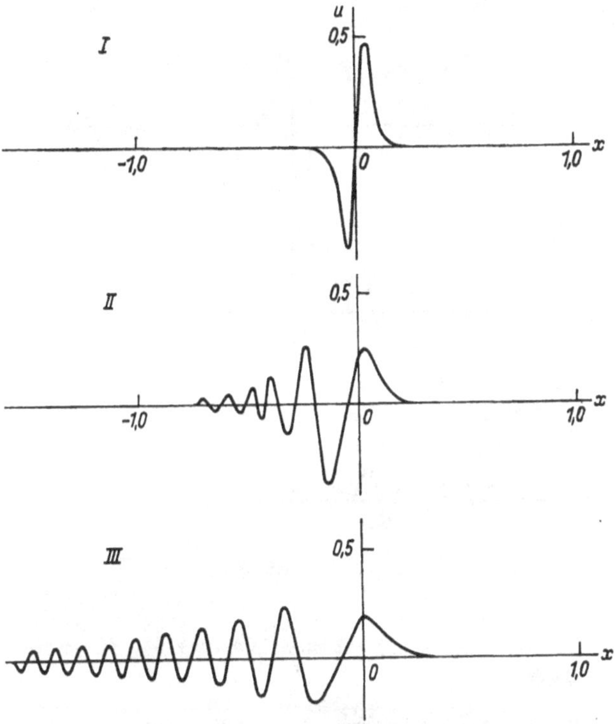

Abb. 21.1. Entwicklung einer durch die KDV-Gleichung unter der Anfangsbedingung (21.21) beschriebenen Störung bei $\sigma = 2$. Die Kurven I, II, III entsprechen den Zeitpunkten $\tau_1 = 0$, $\tau_2 > 0$ und $\tau_3 > \tau_2$

der nach links hin zerfließt, abgetrennt wird. Bei großen τ hört die Amplitude dieser Welle auf, sich zu ändern. Die experimentell ermittelte Bewegungsgeschwindigkeit dieses Maximums nähert sich der Geschwindigkeit eines Solitons von gleicher Amplitude, und das Profil der Welle fällt ziemlich genau mit dem Profil des Solitons zusammen.

In Abb. 21.3 ist das Profil der numerischen Lösung im Falle $\sigma = 40$ wiedergegeben. Wie man aus dieser Darstellung entnimmt, entstehen hier wenigstens zwei Solitonen.

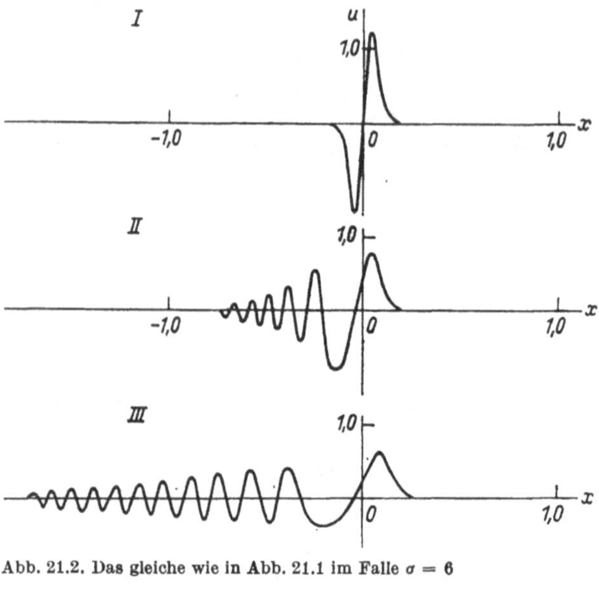

Abb. 21.2. Das gleiche wie in Abb. 21.1 im Falle $\sigma = 6$

22. *Umströmung eines dünnen Körpers im dispersiven Medium*

Die Ergebnisse des vorigen Abschnitts erweisen sich für die Untersuchung der Umströmung von Körpern in schwach dispersiven Medien als nützlich, wenn die Strömung mit Hilfe der quasihydrodynamischen BOUSSINESQ-Gleichungen (10.1) beschrieben werden kann [57]. Der Einfachheit halber beschränken wir uns auf den Fall einer ebenen Parallelströmung, d. h., wir nehmen an, daß der umströmte Körper die Form eines Zylinders mit dem in Abb. 22.1 dargestellten Querschnitt besitzt, dessen

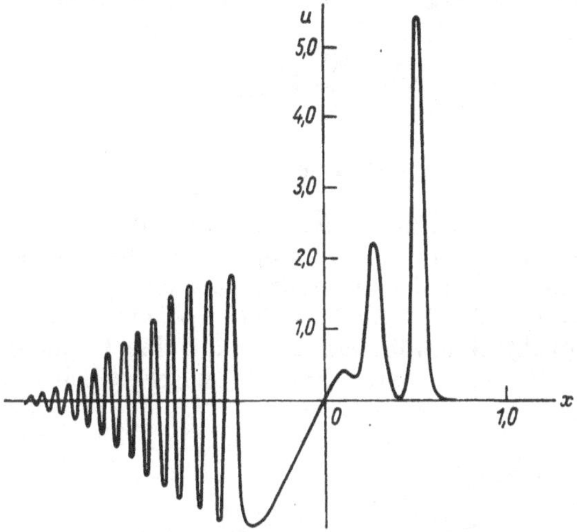

Abb. 21.3. Lösung der KDV-Gleichung unter der Anfangsbedingung (21.21) mit $\sigma = 40$

Erzeugende parallel zur z-Achse liegen. In diesem Falle haben wir $v_z \equiv 0$. Außerdem nehmen wir an, die Bewegung sei stationär und der Körper sei in unserem Bezugssystem bewegungslos. Dann kann man schreiben

$$\boldsymbol{v} = \boldsymbol{V}_0 + \nabla\varphi(x, y), \tag{22.1}$$

wo φ das Geschwindigkeitspotential ist und $\boldsymbol{V}_0$ die Strömungsgeschwindigkeit in großer Entfernung vom Körper angibt, von der wir annehmen, sie sei parallel zur x-Achse. Für genügend dünne Körper kann man die Größe φ klein voraussetzen.

Wenn wir uns auf nichtlineare Terme zweiter Ordnung beschränken und wie in Abschnitt 10 voraussetzen, daß das dispersive Glied klein ist, erhalten wir die folgende Gleichung für das Potential:

$$\varphi_{yy} - (M^2 - 1)\,\varphi_{xx} - \frac{M}{c_0}\{[2 + M^2(\gamma - 1)]\,\varphi_x\varphi_{xx} + 2\varphi_y\varphi_{xy}\} + \frac{2M^4}{c_0}\,\beta\varphi_{xxxx} = 0, \qquad (22.2)$$

wo

$$M = V_0/c_0$$

die MACH-Zahl, c_0 die Phasengeschwindigkeit der Welle in der linearen Näherung bei $k \to 0$, β der Dispersionsparameter und γ der der Hydrodynamik entsprechende (siehe Abschnitte 5—7) „adiabatische Exponent" ist. Die Gleichung (22.2) stimmt im Falle $\beta = 0$ mit einer Genauigkeit bis zu Gliedern zweiter Ordnung einschließlich mit

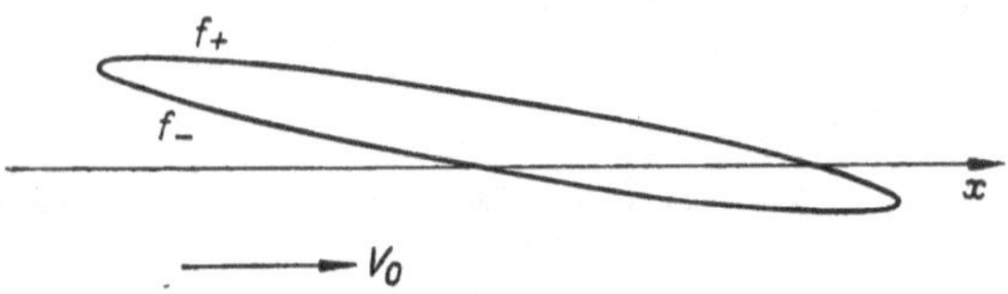

Abb. 22.1. Querschnitt durch einen unter einem endlichen Anströmwinkel umflossenen Körper

der Gleichung für das Geschwindigkeitspotential einer zweidimensionalen stationären Umströmung überein (siehe [1] Gleichung (106.3)). Wir werden hier nur Überschallströmungen mit $M > 1$ behandeln. Um die Vernachlässigung von Gliedern dritter und höherer Ordnung möglich zu machen, muß man unbedingt verlangen, daß der umströmte Körper genügend dünn ist, so daß die Bedingung

$$l/b \gg M \qquad (22.3)$$

erfüllt wird. Hier ist b die effektive Dicke, l die Körperlänge. Darüber hinaus muß außerdem die Dispersionslänge $\delta = (\beta/c_0)^{1/2}$ klein im Vergleich mit l sein. Ebenso muß der Anströmwinkel α klein sein.

Im weiteren werden wir die Gleichung (22.2) unter der Randbedingung untersuchen, daß die Normalkomponenten der Geschwindigkeit an der Oberfläche des umströmten Körpers Null werden, d. h.

$$[(\varphi_x + V_0)\,(b/l)\,f'_\pm(x/l) - \varphi_y]_{y=bf_\pm(x/l)} = 0, \qquad (22.4)$$

mit $y = bf_\pm(x/l)$ als Gleichungen der oberen und unteren Linienprofile des Körpers (Abb. 22.1).

Gäbe es keine Dispersion, das heißt $\beta = 0$, so hätten die Strömungen in den Gebieten $y > 0$ und $y < 0$ für einen hinreichend dünnen Körper die Gestalt einfacher Wellen (mit einer Genauigkeit bis zu Termen dritter Ordnung in φ [1]), das heißt, es gälte $\varphi_y = F_\pm(u)$ mit

$$u = \varphi_x \qquad (22.5)$$

und $F_\pm(u)$ als beliebigen, in der oberen und unteren Halbebene verschiedenen Funktionen. Diese Funktionen genügen ein und demselben Gleichungssystem

$$[(\mathrm{M}^2 - 1) + au]\,\frac{\partial u}{\partial x} - \left[F'(u) - 2\,\frac{\mathrm{M}}{c_0}\,F(u)\right]\frac{\partial u}{\partial y} = 0,$$

$$a = \frac{\mathrm{M}}{c_0}\,[2 + \mathrm{M}^2(\gamma - 1)]; \qquad (22.6\mathrm{a})$$

$$F'(u)\,\frac{\partial u}{\partial x} - \frac{\partial u}{\partial y} = 0. \qquad (22.6\mathrm{b})$$

Die erste dieser Gleichungen folgt aus der Beziehung $\varphi_{yy} = F'(u)\,\dfrac{\partial u}{\partial y}$ und der Gleichung (22.2), wo $\beta = 0$ gesetzt worden ist, die zweite erhält man aus $\varphi_{xy} = \varphi_{yx}$ und (22.5). Damit dieses System für $\partial u/\partial x$ und $\partial u/\partial y$ nichttriviale Lösungen besitzt, muß seine Determinante gleich Null sein. Hieraus erhält man die folgende Gleichung für $F(u)$:

$$F'^2 - 2(\mathrm{M}/c_0)\, F'F - (au + \mathrm{M}^2 - 1) = 0.$$

Die Lösung dieser Gleichung mit einer Genauigkeit bis zu Gliedern einschließlich zweiter Ordnung in u hat die Form

$$F_\pm(u) = \pm \sqrt{\mathrm{M}^2 - 1}\, u \pm \frac{\mathrm{M}^3(\gamma + 1)}{4\sqrt{\mathrm{M}^2 - 1}\, c_0}\, u^2, \tag{22.7}$$

wo das obere Vorzeichen für die Halbebene $y > 0$, das untere für $y < 0$ genommen werden muß. Setzt man (22.7) in (22.6b) ein, so kommt man zu der Gleichung

$$u_y \pm \sqrt{\mathrm{M}^2 - 1}\, u_x \pm \frac{\mathrm{M}^3(\gamma + 1)}{2\sqrt{\mathrm{M}^2 - 1}\, c_0}\, u u_x = 0, \tag{22.8}$$

deren Lösungen die obengenannten einfachen Wellen sind.

Nun sei $\beta \neq 0$. Die Strömungen in der oberen und unteren Halbebene werden dann den Charakter quasi-einfacher Wellen haben (unter der Bedingung (22.3) und selbstverständlich bei kleinen β). Bei der Ableitung der zugehörigen Gleichungen kann man den in den Abschnitten 13. und 15. beschriebenen Weg einschlagen.

Wir suchen die Lösung in der Gestalt

$$\varphi_y = F(u) + \varepsilon g(x, y), \tag{22.9}$$

mit $\varepsilon = \beta / c_0 b^2 \ll 1$ und $g(x, y)$ als beliebiger Funktion von der Größenordnung Eins. Nach wie vor wird $F(u)$ durch die Formel (22.7) gegeben. Wie auch in den analogen Fällen der Abschnitte 13. und 15. können wir annehmen, daß $g(x, y)$ die Gleichung

$$\pm \sqrt{\mathrm{M}^2 - 1}\, g_x + g_y = 0 \tag{22.10}$$

erfüllt (vgl. mit den Beziehungen (13.17) und (15.6a)).

Man kann eine weitere Gleichung für $g(x, y)$ gewinnen, wenn man (22.9) in (22.2) einträgt und von den Beziehungen $\varphi_{yx} = u_y$ und (22.7) Gebrauch macht. Nach elementaren Rechnungen findet man

$$\varepsilon\left(\pm\sqrt{M^2-1}\,g_x - g_y\right) = \frac{2M^4}{c_0}\,\beta u_{xxx}, \qquad (22.11)$$

$$F'_{\pm}(u)\,u_x - u_y = -\varepsilon g_x. \qquad (22.12)$$

Eliminieren wir g_x und g_y aus (22.10) bis (22.12), so erhalten wir mit einer Genauigkeit bis zu Gliedern zweiter Ordnung in u und erster Ordnung in ε einschließlich

$$u_y \pm \sqrt{M^2-1}\,u_x \pm \frac{(\gamma+1)\,M^3}{2\sqrt{M^2-1}}\,uu_x$$

$$\mp \frac{\beta M^4}{c_0\sqrt{M^2-1}}\,u_{xxx} = 0. \qquad (22.13)$$

Das Vorzeichen vor der Wurzel wird hier durch dasjenige von y festgelegt. Als Grenzbedingungen für diese Gleichung hat man (22.4) zu verwenden, wo anstelle von φ_y (22.9) gesetzt worden ist und $F(u)$ sowie g sich aus den Ausdrücken (22.7) bzw. (22.12) errechnen:

$$\left[\frac{b}{l}\,(u+V_0)\,f'_{\pm}\left(\frac{x}{l}\right) \pm \sqrt{M^2-1}\,u \pm \frac{M^3(\gamma+1)}{4c_0\sqrt{M^2-1}}\,u^2\right.$$

$$\left.\mp \frac{2M^4\beta}{c_0\sqrt{M^2-1}}\,u_{xx}\right]_{y=f_{\pm}(x/l)} = 0. \qquad (22.14)$$

Da wir uns im folgenden allein für die durch die nichtlinearen Terme in den Gleichungen erzeugten Effekte interessieren werden, ersetzen wir (22.14) durch die angenäherte Grenzbedingung

$$u \to \mp \frac{V_0 b/l}{\sqrt{M^2-1}}\,f'_{\pm}\left(\frac{x}{l}\right) \qquad (y \to \pm 0). \qquad (22.15)$$

Letztere entsteht durch Fortlassen der Terme zweiter und höherer Ordnung bezüglich der für einen genügend dünnen Körper kleinen Größe $f'_\pm(\xi)$ in (22.14).[1])

Wir gehen nun zu neuen (dimensionslosen) Variablen über:

$$\xi = \pm \frac{\sqrt{M^2 - 1}\, y - x}{l},$$

$$\tau = \frac{y(\gamma + 1)\, M^4 b}{2(M^2 - 1)\, l^2}, \quad \eta = \mp \frac{u \sqrt{M^2 - 1}\, l}{b M c_0}. \tag{22.16}$$

Die Gleichung (22.13) nimmt dann die Form der KDV-Gleichung

$$\eta_\tau + \eta\eta_\xi + B\eta_{\xi\xi\xi} = 0 \tag{22.17}$$

an, wo

$$B = \pm \frac{2\beta \sqrt{M^2 - 1}}{c_0 b l(\gamma + 1)}. \tag{22.18}$$

Die Gleichung (22.17) muß unter den Bedingungen

$$\eta(\tau = 0, \xi) = f'_\pm(-\xi), \tag{22.19}$$

$$\eta(\tau, \xi = \infty) = 0 \tag{22.20}$$

gelöst werden. Gleichzeitig haben wir das folgende Ähnlichkeitsgesetz gewonnen: Alle bei der Umströmung ähnlicher (d. h. durch dieselben dimensionslosen Funktionen $f_\pm(\xi)$ bestimmter) Konturen auftretenden Strömungen sind für gleiche Zahlen B ähnlich. Die Zahl B spielt eine zu

$$1/\sigma^2 \tag{22.21}$$

äquivalente Rolle, wo σ der in Abschnitt 16 definierte

[1]) Korrekturen an (22.15) kann man durch Lösung von (22.14) mit Hilfe sukzessiver Approximation und Verwendung von (22.15) als erster Näherung gewinnen. Dabei reicht es aus, wenn man den durch die zweite Näherung in den Grenzbedingungen erzeugten Beitrag zur Lösung in linearer Näherung berechnet.

Ähnlichkeitsparameter ist. Je kleiner daher die Größe B ist, desto größer ist der Grad der Nichtlinearität.

Zur Bestimmung des allgemeinen qualitativen Charakters der Strömung hinter dem Körper ist die Kenntnis der ersten Momente der Anfangsbedingung (22.19) erforderlich:

$$p_n = \int \xi^n f'_\pm(-\xi)\,\mathrm{d}\xi \qquad (n = 0, 1)\,.$$

Insbesondere verifiziert man leicht, daß $p_0 \neq 0$, wenn der Anströmwinkel von Null verschieden ist.

Wir behandeln den etwas einfacheren Fall eingehender, in dem der Anströmwinkel Null ist. In diesem Falle haben wir

$$p_0 = 0\,, \quad p_1 = \int_{-\infty}^{\infty} \xi f'_\pm(-\xi)\,\mathrm{d}\xi = \int_{A_1}^{A_2} f_\pm(\xi)\,\mathrm{d}\xi \neq 0\,, \tag{22.22}$$

wo A_1, A_2 die Endpunkte des Körpers sind. Aus diesem Grunde wird die bei der Umströmung eines Körpers unter verschwindendem Anströmwinkel entstehende Strömung durch die im vorigen Abschnitt betrachteten Lösungen der KDV-Gleichung gegeben (siehe die Formeln (21.7) und folgende, wobei man $x \to \xi$, $t \to \tau$, $\beta \to B$, $B \to \sigma^{-2}$ auszutauschen hat). Aus diesen Ergebnissen folgt, daß die Struktur der Strömung bei kleinen und großen $z = (3B\tau)^{-1/3}\,\xi$ verschieden sein wird.

Betrachten wir diese beiden Gebiete genauer. Wir werden dabei $B > 0$ voraussetzen (der Übergang zu negativen B ist gleichbedeutend mit dem Übergang von $\eta \to -\eta$, $\xi \to -\xi$, $\tau \to \tau$).

a) $z < 0$, $|z| \gg 1$. Nach den Formeln (22.16) ist dies das innerhalb des Mach-Kegels befindliche und nicht sehr nahe an den Mach-Linien (in Abb. 22.2 mit Ziffer I bezeichnet) gelegene Gebiet. Wenn $B > B_0 = \sigma_0^2$, wo die Größe σ_0 durch die Formel (21.20) definiert ist, wird die Lösung durch die quasilineare Lösung der Korteweg-de Vries-Gleichung beschrieben. Im betrachteten Gebiet wird diese Lösung durch die Formeln (21.16) bis (21.18) dargestellt. Vernachlässigen wir die multiplen Harmonischen, so werden die Linien gleicher Phase durch die Gleichung $z = \text{const}$ oder in Koordinaten x, y durch

$$x = \pm \sqrt{M^2 - 1}\, y \pm c \left(\frac{3\delta^2 M^4}{\sqrt{M^2 - 1}} \right)^{1/3} y^{1/3} \qquad (22.23)$$

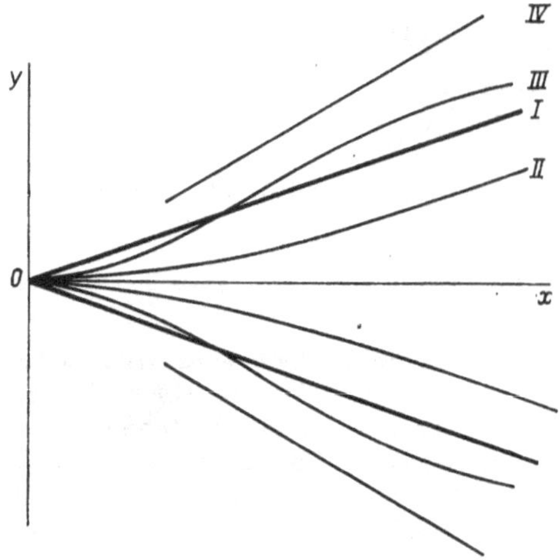

Abb. 22.2. Linien gleicher Phase z = const bei der Umströmung eines dünnen Körpers und verschwindendem Anströmwinkel. I – MACHsche Linie ($z = 0$), II – $z > 0$, III – $z < 0$, IV – Solitonen

definiert, wo $c = -z$ (die Vorzeichen $\pm$ gelten für die obere und untere Halbebene). In Abb. 22.2 sind die Kurven dieser Familie mit der Ziffer II bezeichnet. Der Winkelkoeffizient der Tangenten an die Linien (22.23) nähert sich bei $y \to \infty$ an $(M^2 - 1)^{1/2}$ an; der Wert des Parameters c nimmt in der Richtung von der MACHschen Linie $z = 0$ zur x-Achse ($z = \infty$) hin zu.

Die Gleichung der Linie konstanter Wellenzahl $k = \text{const}$ hat in den Koordinaten x, y die Form $y = \text{const} \times x$, wobei k von der MACHschen Linie zur x-Achse hin zunimmt (dort ist $k = \infty$). Das kurzwellige Gebiet befindet sich deshalb weit entfernt von der MACHschen

Linie, während vom umströmten Körper in Nähe derselben ausgehende Wellen langwellig sind.

b) Gehen wir jetzt zum Gebiet langer Wellen über. Eine qualitative Vorstellung von diesem Gebiet kann man gewinnen, wenn man die Punkte mit festgehaltenem $z \leqq 1$ und genügend großen τ untersucht: $(3\beta\tau)^{1/3} \gg 1$. In der Formel (21.7) kann man sich dann mit dem ersten Glied begnügen, das die selbstmodulierende Lösung (20.2) darstellt. Die Gestalt der Funktion $\psi_0(z)$ ist aus Abb. 20.1 zu ersehen.

Wir bezeichnen denjenigen Wert von z, bei dem $\psi_0(z)$ das äußerste rechte Maximum annimmt (im weiteren werden wir dieses als erstes Maximum bezeichnen), mit z_0. Aus Abb. 20.1 erkennt man, daß $z_0 > 0$. Verkleinert man den Ähnlichkeitsparameter σ (hier gilt $\sigma^{-2} = B$), so strebt die Funktion $\psi_0(z)$ gegen die entsprechende Lösung der linearisierten Gleichung, das heißt gegen $\mathrm{dAi}(z)/\mathrm{d}z$; die letztere hat bei $z = 0$ ihr erstes Extremum. Daher geht $z_0 \to 0$, wenn σ abnimmt. Wie die numerischen Rechnungen zeigen (siehe Abb. 20.1), ist z_0 sogar bei $\sigma \to \sigma_0 \approx 3$, wenn die quasilinearen Strömungen zu existieren aufhören, noch immer sehr klein. Die Gleichung der Linie des ersten Maximums $(3B\tau)^{-1/2}\,\xi \equiv z = c$ hat in den Koordinaten x, y die Gestalt (22.23), wo c eine negative Konstante ist, deren Betrag klein ist. Diese Kurve ist in Abb. 22.2 unter der Nummer III dargestellt; sie tritt aus dem Machschen Kegel aus, doch nimmt ihre Steigung mit $y \to \infty$ ab und nähert sich dem Anstieg der Machschen Linie.

c) Bei $\sigma > \sigma_0$ (d. h. $B < \sigma_0^{-2}$) treten in den Lösungsprofilen $\eta(\xi, \tau)$ Solitonen auf. Die Kämme der letzteren „bewegen" sich entlang der Linien $\xi = \eta_0\tau/3 + \text{const}$, wo η_0 die Amplitude des Solitons ist. In den Koordinaten x, y haben die Gleichungen dieser Linien die Gestalt

$$x = \pm y\sqrt{\mathrm{M}^2 - 1}\left[1 \mp \frac{\eta_0(\gamma + 1)\,\mathrm{M}^4 b}{6(\mathrm{M}^2 - 1)^{3/2}\,l}\right] + \text{const}, \tag{22.24}$$

d. h., sie stellen außerhalb des MACHschen Winkels liegende Geraden dar (die Kurven IV der Abb. 22.2). Ihr Winkelkoeffizient nimmt mit der Amplitude η_0 zu; diese Amplituden dürfen sich, nachdem das Soliton entstanden ist, nicht mehr ändern.

Wir wollen zum Schluß den Gültigkeitsbereich aller unserer asymptotischen Ausdrücke festlegen.

Die dementsprechende Bedingung läßt sich am einfachsten aus der Gleichung (22.23) gewinnen, wenn man verlangt, daß der zweite Term der rechten Seite viel kleiner als der erste ist. Berücksichtigt man $c = -z$, so ergibt sich dann

$$\left|x - \sqrt{M^2 - 1}\, y\right| \ll \sqrt{M^2 - 1}\, |y|. \qquad (22.25)$$

Außerdem bedeutet die Bedingung $B\tau \gg 1$ (vgl. die Anmerkung 1 auf Seite 118)

$$y/l \gg (l/\delta)^2\, M^{-4}(M^2 - 1)^{1/2}, \qquad (22.26)$$

wo

$$\delta = (\beta/c_0)^{1/2}$$

die Dispersionslänge ist.

23. *Stoßwellen in dispersiven Medien*

Wie wir in Abschnitt 14. gesehen haben, können Stoßwellen von geringer Intensität in der Gasdynamik mit Hilfe der BURGERS-Gleichung beschrieben werden. Um den Einfluß der Dispersion auf die Stoßwellenstruktur zu erklären, kann man die KORTEWEG-DE VRIES-BURGERS-Gleichung zum Ausgangspunkt nehmen (15.14).

Betrachten wir die stationären Lösungen dieser Gleichung. Wenn wir in (15.14)

$$u = u(x - Wt) \qquad (23.1)$$

setzen, erhalten wir für die Funktion $u(x)$ die gewöhnliche Differentialgleichung[1])

$$\beta u''' - \mu u'' + u'(u - W) = 0. \qquad (23.2)$$

Wenn wir die Gleichung (23.2) unter der Bedingung[2])

$$u = u' = u'' = 0 \qquad \text{bei } x \to \infty \qquad (23.3)$$

integrieren, erhalten wir

$$\beta u'' - \mu u' + \frac{1}{2} u^2 - W u = 0. \qquad (23.4)$$

Bei der Untersuchung dieser Gleichung kann man eine einfache mechanische Analogie ausnutzen, die darauf beruht, daß die Gleichung das Aussehen der Bewegungsgleichung eines Teilchens der Masse β[3]), dem Potential

$$P(u) = \frac{u^3}{6} - \frac{W u^2}{2} \qquad (23.5)$$

und einer Reibungskraft mit dem Koeffizienten μ hat, wobei $-x$ die Rolle der Zeit τ spielt. Der Verlauf von $P(u)$ ist in Abb. 23.1 dargestellt. Nimmt man an, daß sich unser „Teilchen“ bei $\tau = -\infty$ (d. h. $x = \infty$) im Koordinatenursprung befand ($u = 0$), so befindet es sich bei $\tau = \infty$ ($x = -\infty$) im zu der minimalen Energie gehörenden Punkte $A(u(-\infty) = 2W)$.

Die Lösung der Gleichung (23.4) beschreibt daher eine Stoßwelle, deren Geschwindigkeit (im betrachteten Bezugssystem) über die Beziehung

$$W = \frac{u_1}{2} = \frac{\Delta u}{2}, \qquad \Delta u = u(-\infty) - u(\infty) \quad (23.6)$$

---

[1]) Wir machen darauf aufmerksam, daß die Gleichung (23.2) ebenso wie (15.14) in einem mit der Geschwindigkeit c_0 relativ zum Medium bewegten Bezugssystem aufgeschrieben ist.

[2]) Die Bedingung $u(\infty) = 0$ schränkt die Allgemeinheit nicht ein. Im Einklang mit der Invarianz der Gleichung (23.2) gegenüber der Transformation (10.6) bedeutet sie eine Festlegung des Bezugssystems.

[3]) Wir setzen vorläufig $\beta > 0$ voraus.

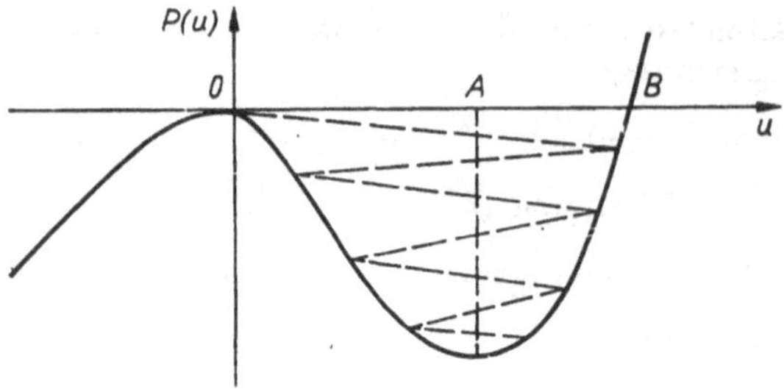

Abb. 23.1. Graphische Darstellung des effektiven Potentials (23.2): $OA = 2W$, $B = 3W$

mit den Grenzwerten $u(\infty) = 0$ und $u(-\infty) = u_1$ zusammenhängt. In demjenigen Bezugssystem, in dem das Medium ruht, ist die Geschwindigkeit der Stoßwelle gleich $\Delta u/2 + c_0$ und die MACH-Zahl dementsprechend

$$\mathrm{M} = 1 + \Delta u/2c_0. \tag{23.7}$$

Dieser Ausdruck hängt nicht von der Dispersion ab und stimmt mit der bekannten Beziehung zwischen der MACH-Zahl und der Größe des Sprunges für schwache Stoßwellen überein.

Der Charakter der Stoßwellenstruktur wird durch die Beziehung zwischen dem Dispersionsparameter β und dem Dissipationskoeffizienten μ festgelegt. Wenn μ einen genügend kleinen Wert hat, wird das „Teilchen" auf den Boden der „Potentialgrube" fallen und zwischen ihren Wänden Schwingungen vollführen. In diesem Falle erhalten wir eine Welle mit oszillierender Struktur (Abb. 23.2) [77, 78]. Bei sehr kleinen Werten von μ wird die Energie des Teilchens ziemlich langsam abnehmen, die ersten paar Schwingungen in der Front der Welle werden Solitonen ähneln, die sich mit der Geschwindigkeit W fortpflanzen:

$$u \approx 3W \operatorname{sech}^2 \left[\sqrt{\frac{W}{4\beta}} \, (x - x_0 - Wt) \right] \tag{23.8}$$

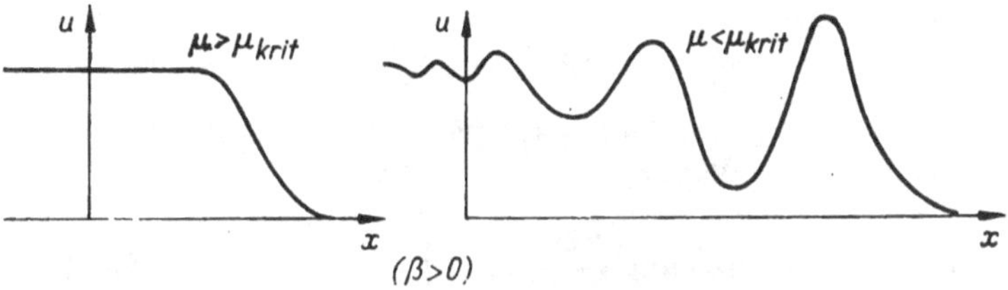

Abb. 23.2. Stoßwellenstruktur im dispersiven Medium im Falle $\beta > 0$

(es läßt sich zeigen, daß die Abstände zwischen diesen Solitonen mit $\mu \to 0$ logarithmisch zunehmen [77]). Wenn der Wert des „Reibungskoeffizienten" μ größer ist als ein gewisser kritischer Wert μ_{krit}, wird die Bewegung des „Teilchens" aperiodisch, und wir erhalten wie in der gewöhnlichen Gasdynamik eine Stoßwelle mit monotoner Struktur.

Zur Bestimmung desjenigen Dissipationskoeffizienten μ, der zu den monotonen oszillierenden Stoßwellenprofilen gehört, untersuchen wir das asymptotische Verhalten der Lösungen der Gleichung (23.4) bei $x \to \infty$. Setzen wir in dieser Gleichung

$$u(x) = u_1 + f(x) \equiv \Delta u + f(x), \tag{23.9}$$

wo $f(x)$ eine kleine Größe ist, und linearisieren die entstehende Gleichung bezüglich $f(x)$, so finden wir für die Funktion $f(x)$ die Gleichung

$$\beta f''' - \mu f' + W f = 0. \tag{23.10}$$

Die Lösungen dieser Gleichung sind proportional zu $\exp(px)$, wobei

$$p = \frac{\mu}{2\beta} \pm \left(\frac{\mu^2}{4\beta^2} - \frac{W}{\beta}\right)^{1/2}. \tag{23.11}$$

Hieraus ergibt sich, daß die Stoßwelle im Falle $\mu > \mu_{\text{krit}}$ ein monotones, im Falle $\mu < \mu_{\text{krit}}$ ein oszillierendes Profil besitzt, wo

$$\mu_{\text{krit}} = \sqrt{4\beta W} = \sqrt{2\beta\Delta u}\,. \tag{23.12}$$

Falls $\mu \ll \mu_{\text{krit}}$, hat die asymptotische Form der Lösung bei $x \to -\infty$ das folgende Aussehen:

$$u = u_1 + \text{const} \cdot \exp\left(\frac{\mu x}{2\beta}\right) \cos\left(\sqrt{\frac{\Delta u}{2\beta}}\, x\right). \tag{23.13}$$

Oben haben wir $\beta > 0$ vorausgesetzt. Im Falle $\beta < 0$ sind Solitonen, wie wir wissen, „negativ" und befinden sich stets hinter dem „Schwanz". In diesem Falle überzeugt man sich unschwer davon, daß die oszillierende Stoßwellenfront das in Abb. 23.3 dargestellte Aussehen

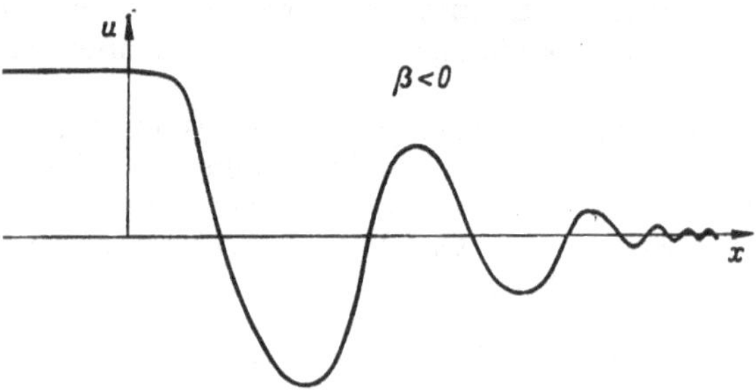

Abb. 23.3. Oszillierende Stoßwellenstruktur im Falle $\beta < 0$

hat. Eine derartige Struktur besitzen beispielsweise „schräge" Stoßwellen im magnetisierten Plasma, wo der Dispersionsparameter β durch die Formel (7.20) definiert ist (unter der Bedingung $\operatorname{ctg}^2 \alpha > m_e/m_i$) [38, 40][1]).

---

[1]) Beide Typen von oszillierenden Stoßwellen sind sowohl im Plasma (vgl. z. B. [79]) als auch auf nichtlinearen Übertragungsstrecken (elektromagnetische Stoßwellen) experimentell nachgewiesen worden [5].

V. „Enveloppen"-Wellen

24. *Nichtlineare geometrische Optik*

Die in dem vorangegangenen Kapitel erläuterten Methoden zur Untersuchung nichtlinearer Wellen gründen auf der Annahme einer schwachen Dispersion und eindimensionaler Schwankungen. In dem vorliegenden Kapitel werden die Grundlagen einer anderen Methode behandelt, die ebenfalls einer Reihe von Einschränkungen unterliegt, trotzdem aber von hinreichender Allgemeinheit ist und die bereits behandelte Theorie in entscheidendem Maße ergänzt. Die Grundidee einer solchen Methode (sie wurde in sehr allgemeiner Form in den Arbeiten von WHITHAM formuliert [15, 16][1])) besteht in einer Übertragung der Methoden der geometrischen Optik auf die nichtlineare Theorie.

Auch jetzt setzen wir, wie im vorangegangenen Kapitel, voraus, daß die die Welle charakterisierenden Parameter (Amplitude, Frequenz, Wellenzahl usw.) sich hinreichend langsam über Entfernungen von der Größenordnung der Wellenlänge und über Zeitskalen von der Größenordnung der Schwankungsperiode ändern. Anders ausgedrückt, nehmen wir also an, daß sich die Wellen wenig von den nichtlinearen stationären Wellen unterscheiden, die im dritten Kapitel behandelt wurden. Die allgemeine Methode von WHITHAM, mit der Gleichungen für die sich langsam ändernden Parameter derartiger Wellen in der ersten (adiabatischen) Näherung erhalten werden können, wird im Anhang A erläutert. Hier beschränken wir uns auf eine speziellere, dadurch aber einfachere Methode, die

---

[1]) Siehe auch die Überblicksarbeiten [8, 9] und die in diesen Arbeiten enthaltene Bibliographie.

für Wellen mit hinreichend kleiner Amplitude verwendbar ist, wenn die nichtlinearen Glieder in der ersten nicht verschwindenden Näherung berücksichtigt werden können.

In diesem Falle unterscheiden sich die stationären periodischen Wellen wenig von den sinusoidalen, d. h., sie können unter Vernachlässigung der höheren Harmonischen in der Gestalt

$$\Phi = a \cos \theta \tag{24.1}$$

dargestellt werden, wobei θ die Phase der Schwingungen ist. Letztere nimmt im Falle einer stationären Welle die Form

$$\theta = kx - \omega t \tag{24.2}$$

an.

In der nichtlinearen Theorie hängt die Frequenz einer stationären Welle nicht nur von k, sondern auch von der Amplitude ab, ganz allgemein gesagt aber auch von anderen Parametern, die in der linearen Näherung vernachlässigt werden. In Abschnitt 12. haben wir vereinbart, einen solchen Zusammenhang als *nichtlineare Dispersionsgleichung* zu bezeichnen. Der Einfachheit halber betrachten wir den Fall, für den die Frequenz neben der Wellenzahl nur von der Amplitude a abhängt, so daß die nichtlineare Dispersionsgleichung die Form[1])

$$\omega = \omega(k^2, a^2) \tag{24.3}$$

erhält (das Medium wird als isotrop angesehen). Nehmen wir an, die Wellenamplitude sei hinreichend klein, so können wir die Gleichung (24.3) auf die Form

$$\omega = \omega^{(0)}(k^2) + \left(\frac{\partial \omega}{\partial (a^2)}\right)_0 a^2, \quad \left(\frac{\partial \omega}{\partial (a^2)}\right)_0 = \left(\frac{\partial \omega}{\partial (a^2)}\right)_{a=0} \tag{24.4}$$

bringen, in der die Funktion $\omega^{(0)}(k^2)$ das Dispersionsgesetz in linearer Näherung definiert.

---

[1]) Den allgemeineren Fall siehe im Anhang A.

Die Welle möge sich jetzt geringfügig von einer stationären unterscheiden, d. h., sie kann in der Gestalt (24.1) dargestellt werden, mit $a = a(\boldsymbol{r}, t)$ und

$$\theta(\boldsymbol{r}, t) = k_0 x - \omega_0 t + \varphi(\boldsymbol{r}, t), \tag{24.5}$$

$$\omega_0 = \omega^{(0)}(k_0^2). \tag{24.6}$$

Hier ist $\varphi(\boldsymbol{r}, t)$ ein kleiner Beitrag zur Wellenphase, der durch die Nichtlinearität und Nichtstationarität der Phase bedingt wird, und alle Größen ändern sich nur wenig über Entfernungen von der Größenordnung $2\pi/k_0$.

Wir nehmen jetzt, wie in der geometrischen Optik,

$$\omega(\boldsymbol{r}, t) = -\frac{\partial\theta}{\partial t} \equiv \omega_0 - \varphi_t, \tag{24.7}$$

$$\boldsymbol{k}(\boldsymbol{r}, t) = \nabla\theta(\boldsymbol{r}, t) \equiv \boldsymbol{k}_0 + \nabla\varphi(\boldsymbol{r}, t) \tag{24.8}$$

an. Setzen wir dies in Gleichung (24.4) ein und beschränken uns auf Glieder bis zur zweiten Ordnung in a, $\nabla\varphi/k_0$, so erhalten wir

$$\varphi_t + u_0\varphi_x + \frac{1}{2} u_0'\varphi_x^2 + \frac{u_0}{2k_0} (\nabla_\perp\varphi)^2 + \left(\frac{\partial\omega}{\partial(a^2)}\right)_0 a^2 = 0, \tag{24.9}$$

mit

$$\left.\begin{aligned} u_0 &= \left(\frac{\partial\omega}{\partial k}\right)_{k=k_0,\quad a=0}, \\ u_0' &= \left(\frac{\partial^2\omega}{\partial k^2}\right)_{k=k_0,\quad a=0}. \end{aligned}\right\} \tag{24.10}$$

Als zweite Gleichung benutzen wir die Energietransportgleichung, die in der Form

$$\frac{\partial(a^2)}{\partial t} + \operatorname{div}(\boldsymbol{u}_g a^2) = 0$$

geschrieben werden kann. In unserer Näherung kann für

die Geschwindigkeit des Energietransportes $\boldsymbol{u}_E$

$$\boldsymbol{u}_E(\boldsymbol{k}, a^2) = \boldsymbol{u}_E(\boldsymbol{k}, 0) = u_0 \frac{\boldsymbol{k}}{k}$$

angenommen werden, d. h., man kann $\boldsymbol{u}_E$ gleich der Gruppengeschwindigkeit in der linearen Näherung setzen. Hierbei muß berücksichtigt werden, daß $\boldsymbol{k}$ durch den Ausdruck (24.8) definiert wird. Im Ergebnis erhalten wir mit dem angenommenen Genauigkeitsgrad

$$\begin{aligned} u_{E\parallel} &= u_0 + u_0' \varphi_x, \\ \boldsymbol{u}_{E\perp} &= \frac{u_0}{k} \nabla_\perp \varphi, \end{aligned} \tag{24.11}$$

$$\frac{\partial(a^2)}{\partial t} + u_0 \frac{\partial(a^2)}{\partial x} + u_0' \frac{\partial(a^2\varphi_x)}{\partial x} + \frac{u_0}{k_0} \nabla_\perp (a^2 \nabla_\perp \varphi) = 0. \tag{24.12}$$

u_0 und u_0' sind in (24.10) definiert worden.

Das Gleichungssystem (24.9) und (24.12) beschreibt die Evolution der Enveloppe einer Welle vollständig, die durch die Größen $a(\boldsymbol{r}, t)$ und $\varphi(\boldsymbol{r}, t)$ charakterisiert wird. Sie ergibt sich natürlich ebenso auch als Grenzfall einer Welle mit kleiner, jedoch endlicher Amplitude (s. Anhang A) aus der allgemeinen Whithamschen Theorie.

25. *Instabilitätskriterium für stationäre Wellen*

Wenden wir die Gleichungen (24.9) und (24.12) auf die Untersuchung der Stabilität nichtlinearer stationärer Wellen an. Hierbei ist es von Vorteil, den nichtlinearen Anteil in der Phase etwas umzuformen, indem

$$\varphi(\boldsymbol{r}, t) \to \varphi(\boldsymbol{r}, t) - \left(\frac{\partial \omega}{\partial(a^2)}\right)_0 a_0^2 t \tag{25.1}$$

gesetzt wird. a_0 bedeutet hier die Amplitude der stationären Welle. Anstelle von Gleichung (24.9) erhalten wir dann

$$\varphi_t + u_0\varphi_x + \frac{1}{2}\,u_0'\varphi_x^2 + \frac{u_0}{2k_0}\,(\nabla_\perp\varphi)^2 + \left(\frac{\partial\omega}{\partial(a^2)}\right)_0 (a^2 - a_0^2) = 0. \tag{25.2}$$

Der Übergang in (25.1) erklärt sich daraus, daß sich die einem vorgegebenen Wert von k entsprechende Frequenz in der nichtlinearen stationären Welle von der entsprechenden Frequenz in der linearen Näherung um die Größe $\left(\frac{\partial\omega}{\partial(a^2)}\right)_0 a_0^2$ (s. (24.4)) unterscheidet.

Diejenige Lösung der Gleichungen (24.12) und (25.2), die eine stationäre Welle beschreibt, hat die Gestalt

$$\varphi = 0, \qquad a = a_0. \tag{25.3}$$

Wir wollen jetzt die Gleichungen (24.12) und (25.2) genauer für den eindimensionalen Fall untersuchen. Alle Größen hängen dann nur von x und t ab; es ist daher günstig, zu neuen Veränderlichen

$$\xi = x - u_0 t, \qquad \tau = u_0' t \tag{25.4}$$

überzugehen (ξ ist die Koordinate im Bezugssystem, das sich mit der Gruppengeschwindigkeit der linearen Näherung u_0 bewegt). Die Gleichungen (25.2) und (24.12) nehmen jetzt die Form

$$\varphi_\tau + \frac{1}{2}\,\varphi_\xi^2 + \frac{1}{u_0'}\left(\frac{\partial\omega}{\partial(a^2)}\right)_0 (a^2 - a_0^2) = 0, \tag{25.5}$$

$$(a^2)_\tau + (a^2\varphi_\xi)_\xi = 0 \tag{25.6}$$

an und stimmen dem Aussehen nach mit den Gleichungen der Hydrodynamik mit einem adiabatischen Exponenten $\gamma = 2$ überein. Dabei spielt $\varphi(\xi, \tau)$ die Rolle des Geschwindigkeitspotentials, a^2 die Rolle der Dichte. Dementsprechend ist das Geschwindigkeitsquadrat des

„Schalls" gleich

$$c_0^2 = \frac{a_0^2}{u_0'} \left(\frac{\partial \omega}{\partial (a^2)}\right)_0. \tag{25.7}$$

Hieraus ergibt sich, daß im Falle $c_0^2 < 0$, d. h.

$$\frac{1}{u_0'} \left(\frac{\partial \omega}{\partial (a^2)}\right)_0 < 0, \tag{25.8}$$

die betrachtete stationäre Welle instabil sein wird. Dieses Ergebnis wurde zum ersten Male von LIGHTHILL [80] gefunden.

Die Bedingung (25.8) definiert das Instabilitätskriterium in bezug auf Störungen, die sich entlang der Bewegungsrichtung der Welle ausbreiten. Instabilität gegenüber Transversalstörungen tritt im Falle

$$\left(\frac{\partial \omega}{\partial (a^2)}\right)_0 < 0 \tag{25.9}$$

auf, wovon man sich leicht überzeugen kann, wenn man die Lösungen der bezüglich φ und $\delta a = a - a_0$ linearisierten Gleichungen (24.12) und (25.2) betrachtet.

Es ist bemerkenswert, daß es für die Anwendung dieser Kriterien ausreicht, lediglich die nichtlineare Dispersionsgleichung zu kennen.

Im folgenden werden wir einige Beispiele betrachten, von denen bereits in Abschnitt 12. die Rede war.

25.1. Schwerewellen im tiefen Wasser

Die nichtlineare Dispersionsgleichung hat in diesem Falle die Form (12.7). Aus ihr ergibt sich

$$\left(\frac{\partial \omega}{\partial (a^2)}\right)_0 > 0, \qquad u_0' = \left(\frac{\partial^2 \omega}{\partial k^2}\right)_0 < 0,$$

d. h., solche Wellen sind hinsichtlich Longitudinalstörungen [80] instabil und stabil gegenüber Transversalstörungen.

25.2. *Elektromagnetische Wellen in einem nichtlinearen Dielektrikum*

Wird der nichtlineare Anteil des Vektors der Polarisation durch den Ausdruck (8.5) definiert, so erhält die Dispersionsgleichung die Gestalt (8.10). Der Brechungsindex $n = kc/\omega$ kann in diesem Falle in der Form

$$n^2(\omega, a^2) = n_0^2(\omega)\,(1 + \alpha a^2) \tag{25.10}$$

geschrieben werden, in der $a^2 = |E|^2$, $\alpha = A + B$ und $n_0(\omega)$ der Brechungsindex in der linearen Näherung ist. Benutzt man die Beziehungen

$$\left(\frac{\partial\omega}{\partial(a^2)}\right)_k = -\frac{u_0}{2k}\left(\frac{\partial(k^2)}{\partial(a^2)}\right)_\omega = -\frac{u_0\omega^2}{2kc^2}\left(\frac{\partial(n^2)}{\partial(a^2)}\right)_\omega, \tag{25.11}$$

$$u_0' = -\frac{u_0^3}{c}\,\frac{\mathrm{d}^2[\omega n_0(\omega)]}{\mathrm{d}\omega^2}, \tag{25.12}$$

so ergibt sich, daß die stationären Wellen instabil gegenüber Transversalstörungen sind, wenn $\alpha > 0$, und instabil gegenüber longitudinalen Störungen, wenn $\alpha\,\frac{\mathrm{d}^2(\omega n_0)}{\mathrm{d}\omega^2} < 0$. Daher besitzt die Stabilitätsbedingung die Form

$$\alpha < 0, \qquad \frac{\mathrm{d}^2}{\mathrm{d}\omega^2}\,[\omega n_0(\omega)] < 0. \tag{25.13}$$

Geht man von der Gleichung (12.22) aus, so kann man auf die gleiche Weise die Bedingungen für die Instabilität von Wellen im Modell eines nichtlinearen Dielektrikums, in dem der Zusammenhang zwischen dem Feld und der Polarisation durch die Beziehung (12.8) definiert ist, gewinnen.

Wir wollen uns kurz mit dem physikalischen Hintergrund der untersuchten Instabilitäten beschäftigen. Nach der Bedingung (25.9) nimmt die Phasengeschwindigkeit der Wellen bei Anwachsen der Amplitude ab. Das führt dazu, daß eine geringe Zunahme der Intensität in irgendeinem Gebiet der Wellenfront eine Krümmung der Wellenfront erzeugt derart, daß die Front eine konkave Form annimmt. Daher führt die betrachtete Störung zur *Selbstfokussierung* der Welle. Dieser Effekt wurde für elektromagnetische Wellen von Askaryan [81] vorhergesagt und wird gegenwärtig experimentell beim Durchgang von Laserstrahlenbündeln durch eine Reihe von Medien beobachtet (s. z. B. die Überblicksarbeiten [8, 9]).

Die Instabilität gegenüber Longitudinalstörungen kann als *Selbstmodulation* der Welle interpretiert werden. Im Prinzip entspricht sie einer Selbstfokussierung im (x, t)-Raum.

Es bleibt noch anzumerken, daß die Effekte der Selbstfokussierung nicht nur bei nahezu periodischen Wellen auftreten können, sondern beispielsweise auch im Falle von Solitonen [82]. Ein Soliton möge sich entlang der x-Achse bewegen, während sich seine Amplitude in der y-Richtung ändere. Ist der Dispersionsparameter β negativ, so bewegt sich der Abschnitt mit der größeren Amplitude langsamer, und das Soliton nimmt eine konkave Form an. Dabei vergrößert sich seine Amplitude im Gebiet der maximalen Krümmung noch mehr, und wir erhalten eine Instabilität. Umgekehrt bewegt sich dagegen im Falle $\beta > 0$ der Abschnitt mit der größeren Amplitude schneller, die Amplitude beginnt in diesem Abschnitt abzunehmen, so daß wir in diesem Falle an Stelle der aperiodischen Verzerrung der Form des Solitons kleine harmonische Schwingungen derselben erhalten. Das Soliton ist demnach bei $\beta > 0$ gegenüber Transversalstörungen stabil.

26. Entwicklung von Enveloppen-Wellen in der hydrodynamischen Näherung

Die im vorangegangenen Abschnitt dargelegten Ergebnisse beschreiben lediglich das Anfangsstadium der Entwicklung sehr kleiner Störungen einer ebenen Welle. Im allgemeinen Falle, bei dem wir es mit Wellen beliebiger Form zu tun haben, müssen wir von den vollständigen Gleichungen (24.9) und (24.12) ausgehen.

Es stellt sich heraus, daß diese Gleichungen im eindimensionalen Falle (sie reduzieren sich dann auf (25.5) und (25.6)) im Prinzip analytisch gelöst werden können [80, 83]. Hier betrachten wir diese Lösungen und die sich aus ihnen ergebenden Effekte.

Zunächst setzen wir voraus, daß die Welle gegenüber Selbstmodulation stabil sei, d. h.

$$\frac{1}{u_0'}\left(\frac{\partial\omega}{\partial(a^2)}\right)_0 > 0, \tag{26.1}$$

die „Schall"geschwindigkeit (25.7) ist demzufolge eine reelle Größe. Die einfachsten exakten Lösungen des Systems (25.5) und (25.6) sind in diesem Falle einfache Enveloppen-Wellen, bei denen die Verstimmung der Wellenzahl

$$\varkappa \equiv k - k_0 \equiv \varphi_\xi \tag{26.2}$$

eine definierte Funktion $\varkappa = f(a)$ der Amplitude ist. Setzen wir diesen Ausdruck in die Gleichungen (25.5) und (25.6) ein (nachdem wir zuvor die erste der Gleichungen nach ξ differenziert haben), so erhalten wir nach einfacher Rechnung

$$f'(a) = \pm 2\,\frac{c_0}{a_0}.$$

Hieraus ergibt sich

$$\varkappa = \pm 2c_0\left(\frac{a}{a_0} - 1\right), \tag{26.3}$$

$$\frac{\partial a}{\partial \tau} \pm c_0\left(1 + 3\,\frac{a - a_0}{a_0}\right)\frac{\partial a}{\partial \xi} = 0. \tag{26.4}$$

Die Größe c_0 wird durch die Formel (25.7) definiert. Die Vorzeichen $\pm$ entsprechen zwei Typen von einfachen

Wellen, die sich in entgegengesetzten Richtungen ausbreiten. Die allgemeine Lösung der Gleichung (26.4) hat das Aussehen

$$a = F\left(\xi \mp c_0\left(1 + 3\frac{a - a_0}{a_0}\right)\tau\right). \tag{26.5}$$

$F(x)$ wird durch das Profil der Enveloppen-Welle im Anfangsmoment $\tau = 0$ bestimmt.

Ebenso wie in der Gasdynamik ist eine Störung, die sich in einem ungestörten (und in einem daran angrenzenden) Gebiet ausbreitet, stets eine einfache Welle (vgl. beispielsweise [1]). Wenn sich daher z. B. an der Grenze eines den Halbraum erfüllenden Mediums eine Quelle für eine monochromatische Welle mit der Amplitude a_0 befindet und wenn sich zu irgendeinem bestimmten Zeitpunkt die Amplitude an der Grenze geändert hat, so wird sich die Welle in dem Medium als einfache Welle ausbreiten. Wie man aus (26.5) entnimmt, deformiert sich das Profil der letzteren in solcher Weise, daß sich derjenige Punkt, in dem die Amplitude einen vorgegebenen Wert a besitzt, mit der Geschwindigkeit

$$\left(\frac{\mathrm{d}x}{\mathrm{d}t}\right)_a = u_0 + u_0' c_0\left(1 + 3\,\frac{a - a_0}{a_0}\right) \tag{26.6}$$

verschiebt. (Wir sind hier zu einem System übergegangen, in dem das Medium ruht, vgl. Formel (25.4), und haben das Pluszeichen vor c_0 verwendet; das entspricht einer Welle, die sich in positiver Richtung ausbreitet.) Aus (26.6) ist ersichtlich, daß die Geschwindigkeit des Punktes des Profils, der einem Amplitudenwert a entspricht, desto größer ist, je größer der Wert a ist. Im Ergebnis wird das Profil der Störung so lange steiler werden, bis ein Sprung in der Amplitude und demzufolge in der Wellenzahl entsteht. Es versteht sich, daß hier die Näherung der nichtlinearen geometrischen Optik außer Kraft tritt, weil die Gradienten der Amplitude und der Wellenzahl in der

Nähe des Umkippunktes groß werden. Aus diesem Grunde kann die weitere Untersuchung der Entwicklung der Störung nur auf der Grundlage einer genaueren Theorie erfolgen, die über die Grenzen der geometrischen Optik hinausgeht. Diese Fragen werden in den folgenden Abschnitten behandelt.

Um eine allgemeinere Lösung der Gleichungen (25.5) und (25.6) zu finden, die nicht nur eine Störung auf dem Hintergrund einer ebenen Welle, sondern auch die Entwicklung der Enveloppe eines Wellenpakets beschreibt, transformieren wir diese Gleichungen mit Hilfe einer Operation, die analog ist zur Hodographentransformation in der Hydrodynamik, in lineare Gleichungen.

Zu diesem Zwecke nehmen wir an, daß die Größen a, $\varkappa \equiv \varphi_\xi$ unabhängige Veränderliche seien; die Aufgabe reduziert sich daher auf die Bestimmung der Funktionen

$$\xi = \xi(a, \varkappa), \qquad \tau = \tau(a, \varkappa) \tag{26.7}$$

aus den auf die neuen Variablen transformierten Ausgangsgleichungen (25.5) und (25.6).

Es empfiehlt sich, das „Potential"

$$\Phi = \xi\varphi_\xi + \tau\varphi_\tau - \varphi(\xi, \tau) + \frac{1}{u_0'}\left(\frac{\partial\omega}{\partial(a^2)}\right)_0 a_0^2 \tag{26.8}$$

einzuführen. Wir nehmen an, daß uns die Lösung bekannt und daß das Potential Φ mit Hilfe von (26.7) durch a und x ausgedrückt worden ist. Man überzeugt sich leicht davon, daß

$$\left(\frac{\partial\Phi}{\partial\varkappa}\right)_a = \xi - \varkappa\tau, \qquad \left(\frac{\partial\Phi}{\partial a}\right)_\varkappa = -2\alpha a\tau, \tag{26.9}$$

wo

$$\alpha = \frac{1}{u_0'}\left(\frac{\partial\omega}{\partial(a^2)}\right)_{a=0}. \tag{26.10}$$

Aus (26.9) erhalten wir

$$\tau = -\frac{1}{2\alpha a}\left(\frac{\partial \Phi}{\partial a}\right)_{\varkappa}, \tag{26.11}$$

$$\xi = \left(\frac{\partial \Phi}{\partial \varkappa}\right)_{a} - \frac{\varkappa}{2\alpha a}\,\frac{\partial \Phi}{\partial a}. \tag{26.12}$$

Diese Beziehungen definieren die Abhängigkeiten $\tau = \tau(a, \varkappa)$, $\xi = \xi(a, \varkappa)$, wenn die Funktion $\Phi(\varkappa, a)$ bekannt ist. Um eine Gleichung für $\Phi(\varkappa, a)$ zu gewinnen, machen wir von der Kontinuitätsgleichung (25.6) Gebrauch. Wenn wir die Formeln

$$\left.\begin{aligned}
\left(\frac{\partial}{\partial \tau}\right)_{\xi} &= \left(\frac{\partial \varkappa}{\partial \tau}\right)_{\xi}\left(\frac{\partial}{\partial \varkappa}\right)_{a} + \left(\frac{\partial a}{\partial \tau}\right)_{\xi}\left(\frac{\partial}{\partial a}\right)_{\varkappa},\\
\left(\frac{\partial}{\partial \xi}\right)_{\tau} &= \left(\frac{\partial \varkappa}{\partial \xi}\right)_{\tau}\left(\frac{\partial}{\partial \varkappa}\right)_{a} + \left(\frac{\partial a}{\partial \xi}\right)_{\tau}\left(\frac{\partial}{\partial a}\right)_{\varkappa},\\
\left(\frac{\partial \varkappa}{\partial \tau}\right)_{\xi} &= D\left(\frac{\partial \xi}{\partial a}\right)_{\varkappa}, \quad \left(\frac{\partial a}{\partial \tau}\right)_{\xi} = -D\left(\frac{\partial \xi}{\partial \varkappa}\right)_{a},\\
\left(\frac{\partial a}{\partial \xi}\right)_{\tau} &= D\left(\frac{\partial \tau}{\partial \varkappa}\right)_{a}, \quad \left(\frac{\partial \varkappa}{\partial \xi}\right)_{\tau} = -D\left(\frac{\partial \tau}{\partial a}\right)_{\varkappa}
\end{aligned}\right\} \tag{26.13}$$

benutzen, wo

$$D = \frac{\partial(\varkappa, a)}{\partial(t, \xi)}$$

die Jacobische Funktionaldeterminante ist, erhalten wir aus (25.6) eine lineare Differentialgleichung für die Funktion $\Phi(\varkappa, a)$:

$$\frac{\partial^2 \Phi}{\partial a^2} + \frac{1}{a}\,\frac{\partial \Phi}{\partial (a^2)} - 4\alpha\,\frac{\partial^2 \Phi}{\partial \varkappa^2} = 0, \tag{26.14}$$

die gemeinsam mit den Beziehungen (26.11) und (26.12) und den Anfangsbedingungen die Lösung bestimmt.

Im Falle $\alpha > 0$ (d. h. für stabile Wellen) hat die Gleichung (26.14) die Form einer Wellengleichung in zylindrischen Koordinaten mit radialer Symmetrie. Setzen wir

$$r = 2\sqrt{\alpha}\, a, \tag{26.15}$$

so bringen wir sie in die Form

$$\frac{\partial^2 \Phi}{\partial r^2} + \frac{1}{r}\frac{\partial \Phi}{\partial r} - \frac{\partial^2 \Phi}{\partial \varkappa^2} = 0. \tag{26.16}$$

Bei $\tau = 0$ möge ein Amplitudenprofil vorgegeben sein, und die Verstimmung der Wellenzahl sei gleich Null, d. h.

$$r = f(\xi) \equiv f(x), \qquad \varkappa = 0 \qquad (t = \tau = 0) \tag{26.17}$$

(wir erinnern daran, daß die Veränderlichen ξ und τ mit der Koordinate x des Laborsystems und der Zeit t durch die Beziehung (25.4) verknüpft sind). Aus (26.11) und (26.12) folgt dann, daß die Gleichung (26.16) unter den folgenden Anfangsbedingungen gelöst werden muß:

$$\left(\frac{\partial \Phi}{\partial \varkappa}\right)_{\varkappa=0} = \xi(r), \qquad \left(\frac{\partial \Phi}{\partial r}\right)_{\varkappa=0} = 0. \tag{26.18}$$

Hier ist $\xi(r)$ die Umkehrfunktion zu $f(\xi)$ in (26.17). Die zugehörige Lösung kann man z. B. mit Hilfe der allgemeinen Riemannschen Methode finden (s. z. B. [85], § 3.4). Sie hat die Gestalt

$$\Phi(\varkappa, r) = \frac{1}{2}\int\limits_{r-\varkappa}^{r+\varkappa} \left(\frac{\varrho}{r}\right)^{1/2} F\left(\frac{1}{2}, \frac{1}{2}, 1; \frac{\varkappa^2 - (\varrho - r)^2}{4\varrho r}\right) \xi(\varrho)\, d\varrho, \tag{26.19}$$

in der $F(1/2, 1/2, 1; z)$ die hypergeometrische Funktion bezeichnet.

Die Beziehungen (26.19), (26.11), (26.12) und (26.15) erlauben im Prinzip, die Entwicklung der Enveloppen und den Zeitpunkt der Entstehung einer „Stoßwelle"[1]) (wenn die behandelte Theorie ihren Sinn verliert) zu ermitteln. Qualitativ ist das gesamte Verhalten völlig analog zu demjenigen, das bei der oben betrachteten einfachen Enveloppen-Welle gefunden wurde.

Andere Resultate ergeben sich für instabile Wellen, bei denen $\alpha < 0$ ist. In diesem Falle setzen wir an Stelle von (26.15)

$$r = 2\sqrt{-\alpha}\, a \tag{26.20}$$

und erhalten aus (26.14) die axialsymmetrische LAPLACE-Gleichung

$$\frac{\partial^2 \Phi}{\partial r^2} + \frac{1}{r}\frac{\partial \Phi}{\partial r} + \frac{\partial^2 \Phi}{\partial \varkappa^2} = 0. \tag{26.21}$$

Die Lösung dieser Gleichung kann aus (26.19) gewonnen werden, wenn der formale Übergang $\varkappa \to -i\varkappa$ vollzogen wird. Im Ergebnis erhalten wir

$$\Phi(\varkappa, r) = -\frac{i}{2}\int\limits_{r-i\varkappa}^{r+i\varkappa} d\varrho\,\xi(\varrho)\left(\frac{\varrho}{r}\right)^{1/2} \times F\left(\frac{1}{2}, \frac{1}{2}, 1; -\frac{\varkappa^2 + (\varrho - r)^2}{4\varrho r}\right). \tag{26.22}$$

Dabei muß jedoch unbedingt gefordert werden, daß die Funktion $\xi(\varrho)$ in einem gewissen, die positive Halbachse $\varrho > 0$ enthaltenden Gebiet analytisch ist; außerdem muß der Integrationsweg vollständig in diesem Gebiet verlaufen. Aus diesem Grunde gibt die Formel (26.22) die Lösung nur bei genügend glatten Anfangsbedingungen wieder.

Als hinreichend einfaches und interessantes Beispiel betrachten wir den Fall, in dem bei $\tau = 0$ ein symmetrisches Wellenpaket der Gestalt

$$\begin{gathered} r = r_0 f(\xi^2/L^2), \qquad \varkappa = 0, \\ f(0) = 1, \qquad f(z) \to 0 \qquad (z \to \pm\infty) \end{gathered} \tag{26.23}$$

[1]) Die Details der entsprechenden Rechnungen s. in [80, 83].

auftritt. $f(z)$ sei eine in der Umgebung der reellen Achse analytische Funktion, r_0 die maximale Amplitude, L die Länge des Paketes. Die Funktion $\xi(r)$ hat dann die Form[1])

$$\left.\begin{aligned} \xi(r) &= L X^{1/2}(r/r_0) \qquad (\xi > 0), \\ \xi(r) &= -L X^{1/2}(r/r_0) \qquad (\xi < 0), \end{aligned}\right\} \tag{26.24}$$

wo $X(z)$ die Umkehrfunktion von $f(z)$ aus (26.23) ist. Setzen wir diesen Ausdruck in (26.22) ein und gehen wir zu dimensionslosen Veränderlichen

$$\tilde{r} = \frac{r}{r_0}, \qquad \tilde{\varkappa} = \frac{\varkappa}{r_0}, \qquad \tilde{\Phi} = \frac{\Phi}{r_0 L} \tag{26.25}$$

über, so erhalten wir

$$\tilde{\Phi}(\tilde{\varkappa}, \tilde{r}) = -\frac{i}{2} \int\limits_{\tilde{r}-i\tilde{\varkappa}}^{\tilde{r}+i\tilde{\varkappa}} \mathrm{d}\varrho X^{1/2}(\varrho) \left(\frac{\varrho}{\tilde{r}}\right)^{1/2}$$

$$\times F\left(\frac{1}{2}, \frac{1}{2}, 1; -\frac{\tilde{\varkappa}^2 + (\varrho - \tilde{r})^2}{4\varrho\tilde{r}}\right). \tag{26.26}$$

Nach (26.11) und (26.20) haben wir

$$\tau = \frac{2L}{r_0} \frac{1}{\tilde{r}} \frac{\partial \tilde{\Phi}}{\partial \tilde{r}}, \qquad \frac{\xi}{L} = \frac{\partial \tilde{\Phi}}{\partial \tilde{\varkappa}} + \frac{2\tilde{\varkappa}}{\tilde{r}} \frac{\partial \tilde{\Phi}}{\partial \tilde{r}}. \tag{26.27}$$

Der Integrationsweg in (26.10) muß in demjenigen Gebiet verlaufen, in dem die Funktion $X^{1/2}(\varrho)$ analytisch ist, ohne die Verzweigungsschnitte zu kreuzen. Es ist klar, daß die Funktion $X^{1/2}(\varrho)$ bei $\varrho = 1 (r = r_0)$ einen Verzweigungspunkt besitzt. Wählen wir als Schnitt den Teil der reellen Achse, der vom Punkt $\varrho = 1$ nach ∞ verläuft, so können wir die gesuchte Lösung sowohl für $\tilde{r} < 1$ $(r < r_0)$, als auch für $\tilde{r} > 1$ $(r > r_0)$ berechnen (Abb. 26.1).[2])

---

[1]) Der Konkretheit halber kann man z. B. das Profil (26.34) betrachten, für das $\xi(r) = \pm L(r_0/r - 1)^{1/2}$ gilt.

[2]) Man kann sich leicht davon überzeugen, daß die Anfangsbedingungen (26.18) gerade bei einer solchen Wahl des Schnittes erfüllt werden.

Man überzeugt sich jetzt leicht davon, daß die Formeln (26.26) und (26.27) bei hinreichend kleinen τ stetige Funktionen

$$\frac{r}{r_0} = F_1\left(\frac{\xi}{L}, \frac{\tau r_0}{L}\right), \tag{26.28}$$

$$\frac{\varkappa}{r_0} = F_2\left(\frac{\xi}{L}, \frac{\tau r_0}{L}\right) \tag{26.29}$$

definieren, welche die Amplituden- und Frequenzmodulation des Wellenpaketes beschreiben. Dabei ist die Amplitude r eine gerade Funktion von ξ, die Ergänzung

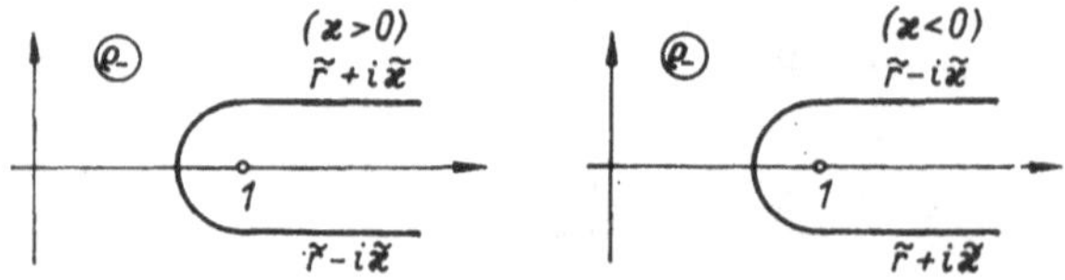

Abb. 26.1. Der Integrationsweg in dem Ausdruck (26.26)

zur Wellenzahl hingegen eine ungerade. Es stellt sich jedoch heraus, daß die Ableitung $\left(\frac{\partial r}{\partial \xi}\right)_{\tau=\tau_{\text{krit}}}$ zu einem gewissen kritischen Zeitpunkt $\tau = \tau_{\text{krit}}$ bei $\xi = 0$ unendlich wird (die Funktion $r(\xi, \tau_{\text{krit}})$ selber bleibt ganz allgemein überall endlich) (Abb. 26.2).

Um den Wert τ_{krit} zu ermitteln, brauchen wir uns nur daran zu erinnern, daß

$$\left(\frac{\partial r}{\partial \xi}\right)_\tau = \frac{1}{\Delta}\left(\frac{\partial \tau}{\partial \varkappa}\right)_r, \tag{26.30}$$

wo Δ die JACOBIsche Determinante der Transformation der Variablen ξ, τ in die neuen Variablen $r, \varkappa$ ist:

$$\begin{aligned}\Delta &\equiv \frac{\partial \xi}{\partial r}\frac{\partial \tau}{\partial \varkappa} - \frac{\partial \xi}{\partial \varkappa}\frac{\partial \tau}{\partial r} \\ &= \frac{2L^2}{r_0^3}\left[\frac{\partial^2 \tilde{\Phi}}{\partial \tilde{r}\,\partial \tilde{\varkappa}} - \left(\frac{\partial^2 \tilde{\Phi}}{\partial \tilde{\varkappa}^2} + \frac{2}{\tilde{r}}\frac{\partial \tilde{\Phi}}{\partial \tilde{r}}\right)\frac{\partial}{\partial \tilde{r}}\left(\frac{1}{\tilde{r}}\frac{\partial \tilde{\Phi}}{\partial \tilde{r}}\right)\right].\end{aligned} \tag{26.31}$$

Aus (26.30) ist ersichtlich, daß im Falle $\Delta = 0$ eine Singularität auftritt. Für die dieser Singularität entsprechenden Werte $\tilde{\varkappa} = \tilde{\varkappa}_{\text{krit}}$ und $\tilde{r} = \tilde{r}_{\text{krit}}$ haben wir die Gleichungen

$$\Delta = 0, \qquad \frac{\partial \tilde{\Phi}}{\partial \tilde{\varkappa}} + \frac{\tilde{\varkappa}}{\tilde{r}} \frac{\partial \tilde{\Phi}}{\partial \tilde{r}} = 0 \tag{26.32}$$

(die zweite dieser Gleichungen ergibt sich aus (26.27), wenn dort $\xi = 0$ gesetzt wird).

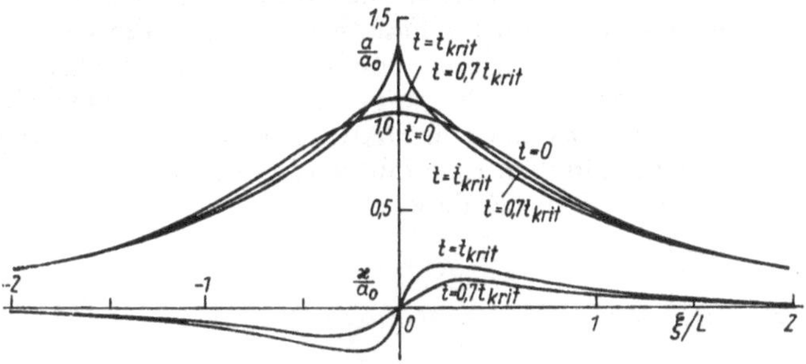

Abb. 26.2. Die Evolution der Enveloppe des Wellenpakets für unterschiedliche t in der Näherung der geometrischen Optik (die oberen Kurven stellen die Amplitude a dar, die unteren die Verstimmung der Wellenzahl $\varkappa$, bezogen auf a_0) [80, 83]

Aus der ersten Gleichung (26.27) erhalten wir dann[1])

$$t_{\text{krit}} = -\frac{\tau_{\text{krit}}}{u'_{\text{krit}}} = \frac{\text{const} \cdot L}{r_0 \, |u'_0|}, \tag{26.33}$$

wo die dimensionslose Größe const nur von der Form des Profils abhängt. Beispielsweise fand LIGHTHILL [80, 83] für den Fall, daß die Anfangsform der Amplitude durch

[1]) Beim Übergang von v zu t (entsprechend der zweiten Beziehung (25.4)) ist das Vorzeichen der Größe u'_0 wichtig. Betrachten wir Wellen, die bezüglich Selbstfokussierung stabil sind, so haben wir $(\partial\omega/\partial(a^2))_0 > 0$, dementsprechend zieht die Bedingung $\alpha < 0$ die Bedingung $u'_0 < 0$ (s. (26.10)) nach sich.

den Ausdruck

$$r = \frac{r_0}{1 + (\xi/L)^2} \tag{26.34}$$

gegeben wird,

$$\text{const} = 0{,}69. \tag{26.35}$$

In Abb. 26.2 sind die numerischen Ergebnisse von LIGHTHILL angegeben, welche die Entwicklung des Wellenpakets mit wachsendem t charakterisieren.

Wir weisen noch darauf hin, daß das oben gelöste CAUCHYsche Problem im Falle $\alpha < 0$, wenn die Grundgleichungen elliptisch sind, inkorrekt ist: Kleine Änderungen der Anfangsbedingungen führen (im allgemeinen ziemlich rasch) zu einer spürbaren Änderung der Lösung (was sich auch in dem Instabilitätseffekt äußert, von dem in Abschnitt 25. die Rede war).

27. *Die nichtlineare parabolische Gleichung*

Wie wir im vorangegangenen Abschnitt gesehen haben, verliert die Näherung der nichtlinearen geometrischen Optik (oftmals bereits recht früh) als Folge des Auftretens starker Gradienten in Amplitude und Wellenzahl ihre Gültigkeit. In einem solchen Falle müssen die Grundgleichungen durch Glieder mit höheren Ableitungen ergänzt werden, die der Abweichung von der adiabatischen Näherung Rechnung tragen. Der einfachste Weg hierfür wird im folgenden dargelegt.

Wir betrachten die Größe

$$\Phi = \Psi(\boldsymbol{r}, t) \exp\left[i(k_0 x - \omega_0 t)\right],$$

in der

$$\Psi(\boldsymbol{r}, t) = a(\boldsymbol{r}, t) \exp\left[i\varphi(\boldsymbol{r}, t)\right]. \tag{27.1}$$

Der Realteil von Φ beschreibt die betrachteten Wellen für den Fall hinreichend kleiner Amplituden. In der linearen Näherung genügt die Größe Φ der Gleichung

$$[\hat{k}^2 - F_0(\hat{\omega})]\,\Phi = 0, \tag{27.2}$$

wo $\hat{k} = -i\nabla$, $\hat{\omega} = i\partial/\partial t$ und $k^2 = F_0(\omega)$ das Dispersionsgesetz in der linearen Näherung ist (d. h., $F_0(\omega)$ ist die Umkehrfunktion von $\omega^{(0)}(k^2)$ aus Gleichung (24.4)). Ändert sich die komplexe Amplitude (27.1) genügend langsam, so kann man

$$F_0(\hat{\omega})\,\Phi = \left[F_0(\omega_0)\,\Psi + iF_0'(\omega_0)\,\frac{\partial\Psi}{\partial t} - \frac{1}{2}\,F_0''(\omega_0)\,\frac{\partial^2\Psi}{\partial t^2} + \cdots\right]\exp\,[i(k_0x - \omega_0 t)] \tag{27.3}$$

schreiben. Hier sind die Glieder mit den Ableitungen dritter oder höherer Ordnung durch Punkte markiert worden. Setzen wir (27.3) in (27.2) ein und berücksichtigen die Beziehungen

$$k_0^2 = F_0(\omega_0)$$

sowie

$$F_0'(\omega_0) = \frac{2k_0}{u_0}, \qquad F_0''(\omega_0) = \frac{2(u_0 - ku_0')}{u_0^3}, \tag{27.4}$$

so erhalten wir mit einer Genauigkeit bis zu einschließlich Gliedern, welche die zweiten Ableitungen nach t und x enthalten[1]),

$$2ik_0(\Psi_t + u_0\Psi_x) + k_0u_0'\Psi_{xx} + u_0\Delta_\perp\Phi = 0. \tag{27.5}$$

Setzen wir hier den Ausdruck (27.1) ein und bilden den Realteil, so erhalten wir

$$\varphi_t + u_0\varphi_x + \frac{1}{2}\left[u_0'\varphi_x^2 + \frac{u_0}{k_0}\,(\nabla_\perp\varphi)^2\right] - \frac{u_0'}{2a}\,a_{xx} - \frac{u_0}{2k_0a}\,\Delta_\perp a = 0. \tag{27.6}$$

---

[1]) In dieser Näherung kann Ψ_{tt} durch $u_0^2\,\Psi_{xx}$ ersetzt werden.

Der Imaginärteil von (27.5) stimmt genau mit (24.12) überein.

Die Gleichung (27.6) unterscheidet sich von (24.9) in zweierlei Hinsicht. Erstens enthält sie kein zu a^2 proportionales Glied. Das ist dadurch bedingt, daß die Gleichung (27.6) aus der linearen Gleichung (27.2) gewonnen wurde. Zweitens enthält sie die zweiten Ableitungen von a nach den Koordinaten, die in (24.9) fehlen. Wären wir, wie oben getan, von den Gleichungen der geometrischen Optik ausgegangen und hätten die Ausdrücke (24.7) und (24.8) in die lineare Dispersionsbeziehung eingesetzt, so würden wir die Gleichung (27.6) ohne zweite Ableitungen erhalten haben. Daher ergibt sich also aus einer Gegenüberstellung der Gleichungen (27.6) und (24.9), daß die Gleichung für φ unter Berücksichtigung von nichtlinearen Gliedern der Ordnung a^2 und Gliedern mit Ableitungen bis zur zweiten Ordnung einschließlich die Form

$$\varphi_t + u_0\varphi_x + \frac{1}{2}\left[u_0'\varphi_x^2 + \frac{u_0}{k_0}(\Delta_\perp\varphi)^2\right] + \left(\frac{\partial\omega}{\partial(a^2)}\right)_0 a^2 - \frac{u_0'}{2a}a_{xx} - \frac{u_0}{2k_0a}\Delta_\perp a = 0 \tag{27.7}$$

haben muß.

Was die zweite Gleichung anbelangt, so unterscheidet sie sich, wie wir gesehen haben, in der vorliegenden Näherung nicht von (24.12). Daher nimmt also die zweite Gleichung die Form

$$\frac{\partial(a^2)}{\partial t} + u_0\frac{\partial(a^2)}{\partial x} + u_0'\frac{\partial(a^2\varphi_x)}{\partial x} + \frac{u_0}{k_0}\nabla_\perp(a^2\nabla_\perp\varphi) = 0 \tag{27.8}$$

an. Die Beziehungen (27.7) und (27.8) bilden ein vollständiges System für die Größen $a(\boldsymbol{r}, t)$ und $\varphi(\boldsymbol{r}, t)$, das sich von den entsprechenden Gleichungen in der Näherung der geometrischen Optik (oder in der adiabatischen

Näherung von WHITHAM) durch das Vorhandensein von Gliedern mit zweiten Ableitungen unterscheidet.[1])

Das System (27.7) und (27.8) läßt sich in Gestalt einer einzigen Gleichung für die durch die Beziehung (27.1) definierte komplexe Amplitude schreiben, nämlich

$$i\left(\frac{\partial \Psi}{\partial t} + u_0 \frac{\partial \Psi}{\partial x}\right) + \frac{u_0'}{2} \frac{\partial^2 \Psi}{\partial x^2} + \frac{u_0}{2k_0} \Delta_\perp \Psi$$
$$- \left(\frac{\partial \omega}{\partial (a^2)}\right)_0 |\Psi|^2 \Psi = 0. \tag{27.9}$$

Es ist bemerkenswert, daß die Koeffizienten des Systems (27.7) und (27.8) oder der Gleichung (27.9) vollständig durch die nichtlineare Dispersionsbeziehung (24.3) bestimmt werden. Aus diesem Grunde kann man Wellen unterschiedlichster Natur von einem einheitlichen Gesichtspunkt aus betrachten, wie das in den Abschnitten 25. und 26. getan wird. Insbesondere nimmt die Gleichung für die komplexe Amplitude des elektrischen Feldes E für ein elektromagnetisches Feld im nichtlinearen Medium mit einem Brechungsindex von der Art (25.10) die Form

$$2i(E_t + u_0 E_x) - \frac{\partial^2 k_0}{\partial \omega_0^2} u_0^3 E_{xx} + \frac{u_0}{k_0} \Delta_\perp E$$
$$+ u_0 k_0 \alpha \, |E|^2 E = 0 \tag{27.10}$$

an, wo α der Koeffizient vor dem nichtlinearen Term in (25.10) ist. Im Falle $E_t = 0$ beschreibt diese Gleichung die Beugung eines stationären Lichtbündels unter Berücksichtigung der nichtlinearen Effekte. Vernachlässigt man das nichtlineare Glied und das Glied mit E_{xx}

---

[1]) Natürlich hätte man die Gleichungen (26.7) und (26.8) ebenso auf dem Wege über eine Mittelung ableiten können, wenn man die nächste, auf die adiabatische Näherung folgende Näherung berücksichtigt hätte (wie es beispielsweise in [86, 84] getan wird). Jedoch haben wir hier vorgezogen, eine anschaulichere Ableitung zu geben, die es ermöglicht, den physikalischen Sinn der einzelnen Glieder klarer darzustellen.

(das von der Größenordnung des Verhältnisses der Wellenlänge zur Breite des Strahlenbündels ist), so entsteht die sogenannte *parabolische* Gleichung der genäherten Beugungstheorie [91]. Im Hinblick darauf nennen wir (27.9) die *nichtlineare parabolische Gleichung*. Die Beziehung (27.10) ist in einer Reihe von Arbeiten im Zusammenhang mit dem Phänomen der nichtlinearen Selbstbeeinflussung des Lichtes (s. z. B. die Überblicksarbeiten [8, 9]) untersucht worden. Die dabei gefundenen Ergebnisse lassen sich, wie sich aus dem oben Gesagten ergibt, auch auf andere Wellentypen ausdehnen, die durch die allgemeinere Gleichung (27.9) beschrieben werden. Weiter unten stellen wir die wichtigsten dieser Ergebnisse vor.

Wir beschäftigen uns vor allem mit der Frage nach der Stabilität einer stationären Welle, und zwar vom Standpunkt der Gleichung (7.9) oder dem dieser Gleichung äquivalenten Gleichungssystem (27.7) und (27.8) [92]. Die einer ebenen Welle entsprechende Lösung dieses Systems lautet

$$a(\mathbf{r}, t) = a_0, \qquad \varphi = -\left(\frac{\partial\omega}{\partial(a^2)}\right)_0 a_0^2 t.$$

Setzt man die Ausdrücke

$$a = a_0 + \delta a, \qquad \varphi = -\left(\frac{\partial\omega}{\partial(a^2)}\right)_0 a_0^2 t + \varphi_1 \tag{27.11}$$

in (27.7) und (27.8) ein, wo δa und φ_1 kleine Störungen sind, und linearisiert man die für diese Größen entstehenden Gleichungen, so gewinnt man die folgende Differentialgleichung für δa:

$$\left(\frac{\partial}{\partial t} + u_0 \frac{\partial}{\partial x}\right)^2 \delta a - u_0' a_0^2 \left(\frac{\partial\omega}{\partial(a^2)}\right)_0 (\delta a)_{xx}$$
$$- \frac{u_0 a_0^2}{k_0}\left(\frac{\partial\omega}{\partial(a^2)}\right)_0 \Delta_\perp \delta a + \frac{1}{4}\left(u_0' \frac{\partial^2}{\partial x^2} + \frac{u_0}{k_0}\Delta_\perp\right)^2 \delta a = 0. \tag{27.12}$$

Betrachten wir die zu $\exp\left[i(\varkappa r - \Omega t)\right]$ proportionalen Lösungen dieser Gleichung, so erhalten wir

$$(\Omega - \varkappa_{\|} u_0)^2 = \left(\varkappa_{\|}^2 u_0' + \varkappa_{\perp}^2 \frac{u_0}{k_0}\right) a_0^2 \left(\frac{\partial \omega}{\partial (a^2)}\right)_0 + \frac{1}{4}\left(u_0' \varkappa_{\|}^2 + \frac{u_0}{k_0} \varkappa_{\perp}^2\right)^2. \qquad (27.13)$$

Aus (27.13) folgt, daß die stationäre Welle instabil wird, wenn auch nur eine der Beziehungen (25.8) und (25.9) erfüllt ist. Aus diesem Grunde ändert die Berücksichtigung der höheren Ableitungen der sich langsam ändernden Größen die in der Näherung der geometrischen Optik gewonnenen Instabilitätsbedingungen nicht. Es ändern sich lediglich die zu den instabilen Störungen gehörenden Wertebereiche von $\varkappa$ (früher waren die Störungen für alle $\varkappa$ instabil, während sie es jetzt nur bei hinreichend kleinen $\varkappa$ werden).

Wenn dabei

$$\left(\frac{\partial \omega}{\partial (a^2)}\right)_0 > 0, \qquad u_0' < 0, \qquad (27.14)$$

so wird die maximale Wachstumsrate der Instabilität bei

$$\varkappa_{\|}^2 = -2 \frac{a_0^2}{u_0'} \left(\frac{\partial \omega}{\partial (a^2)}\right)_0, \qquad \varkappa_{\perp} = 0 \qquad (27.15)$$

erreicht. In diesem Falle werden die Störungen nur bei genügend kleinen $\varkappa_{\perp}$ instabil.

Ist

$$\left(\frac{\partial \omega}{\partial (a^2)}\right)_0 < 0, \qquad u_0' < 0, \qquad (27.16)$$

so wird die maximale Wachstumsrate bei

$$\varkappa_{\perp}^2 = -2 \frac{k_0}{u_0} \left(\frac{\partial \omega}{\partial (a^2)}\right)_0 a_0^2, \qquad \varkappa_{\|} = 0 \qquad (27.17)$$

erreicht, und die Störungen werden nur bei genügend kleinen $\varkappa_{\|}$ instabil.

Im Falle

$$\left(\frac{\partial \omega}{\partial (a^2)}\right)_0 < 0, \qquad u_0' > 0 \tag{27.18}$$

schließlich können Störungen instabil werden, die sich unter einem beliebigen Winkel in bezug auf die Ausbreitungsrichtung der Welle fortpflanzen.

Bei großen t erweist sich die linearisierte Gleichung (27.12) als ungeeignet, und es wird für die Untersuchung der Entwicklung einer Störung unvermeidlich, die nichtlinearen Gleichungen heranzuziehen.

Betrachten wir beispielsweise den Fall, daß

$$\left(\frac{\partial \omega}{\partial (a^2)}\right)_0 > 0, \qquad u_0' > 0, \tag{27.19}$$

d. h. die stationäre Welle stabil ist. Gehen wir zu den Veränderlichen (25.4) über und führen neue transversale Koordinaten

$$\eta = y \sqrt{\frac{u_0' k}{u_0}}, \qquad \zeta = z \sqrt{\frac{u_0' k}{u_0}}$$

ein, so erhalten wir die Grundgleichungen in der Form

$$\varrho_t + \nabla(\varrho \, \nabla \varphi) = 0, \tag{27.20}$$

$$\varphi_t + \frac{1}{2} (\nabla \varphi)^2 + c^2(\varrho) - \frac{1}{2\sqrt{\varrho}} \Delta(\varrho^{1/2}) = 0, \tag{27.21}$$

mit

$$\nabla = \left(\frac{\partial}{\partial \xi}, \frac{\partial}{\partial \eta}, \frac{\partial}{\partial \zeta}\right)$$

und

$$\varrho = a^2, \qquad c^2(\varrho) = \frac{1}{u_0'} \left(\frac{\partial \omega}{\partial (a^2)}\right)_0 \varrho . \tag{27.22}$$

Wenn wir den letzten Term in (27.21) vernachlässigen, fallen, wie bereits oben gesagt, die Gleichungen (27.20) und (27.21) mit den hydrodynamischen Gleichungen zusammen, in denen $\nabla\varphi$ die Rolle der Geschwindigkeit und $\varrho = a^2$ die der Dichte übernimmt; $c^2(\varrho)$ ist das Quadrat der Geschwindigkeit des „Schalls“ (entsprechend dem Verhältnis der spezifischen Wärmen $\gamma = 2$).

Die nichtlinearen Effekte führen zu einem Steilerwerden des Profils der Enveloppe der Welle; wenn das Profil genügend steil wird, beginnt das letzte Glied in der Gleichung (27.21) Bedeutung zu gewinnen. Um die durch dieses Glied hervorgerufenen Effekte herauszuarbeiten, betrachten wir zunächst einen sehr einfachen Fall, nämlich die Entwicklung einer Störung auf dem Hintergrund einer ebenen Welle von der Amplitude a_0. Ist die Größe $\varrho - \varrho_0$ in der Anfangsstörung im Vergleich zu $\varrho_0 = a_0^2$ nicht groß, so wird infolge der Stabilität der Welle diese Größe auch im weiteren Verlauf nicht anwachsen, so daß die Gleichung (27.21) in erster Näherung in der Gestalt

$$\varphi_t + \frac{1}{2}(\nabla\varphi)^2 + c^2(\varrho) - \frac{1}{4\varrho_0}\Delta\varrho = 0 \qquad (27.23)$$

geschrieben werden kann. Die Gleichungen (27.23) und (27.20) haben die Form der Boussinesq-Gleichungen (10.1), so daß wir hier die in den vorangegangenen Kapiteln gewonnenen Ergebnisse ausnutzen können.

Zum Beispiel lassen sich eindimensionale Enveloppen-Wellen, die sich in das ungestörte Gebiet der stationären Ausgangswelle hinein fortpflanzen, als quasieinfache Wellen auffassen und mit der Korteweg-de Vries-Gleichung beschreiben, die in diesem Falle (für Störungen, die sich nach rechts ausbreiten) die Form

$$v_t + \left(c_0 + \frac{3}{2}v\right)v_\xi + \beta v_{\xi\xi\xi} = 0 \qquad (27.24)$$

annimmt, in der

$$v = \frac{\partial\varphi}{\partial\xi}, \qquad \beta = -\frac{1}{8c_0}, \qquad c_0^2 = \frac{a_0^2}{u_0}\left(\frac{\partial\omega}{\partial(a^2)}\right)_0. \qquad (27.25)$$

Da in diesem Falle der Dispersionsparameter β negativ ist, zerfällt die Störung in eine Anzahl von negativen Solitonen und in ein nach rechts zerfließendes Wellenpaket. Die Beziehung zwischen dem Paket und den Solitonen wird entsprechend den Ergebnissen des vorangegangenen Kapitels durch die Anfangsstörung bestimmt.

Das oben genannte qualitative Gesamtbild der Evolution bleibt natürlich auch erhalten, wenn $\varrho - \varrho_0 \sim \varrho_0$. Insbesondere entsprechen bei beliebigen $\varrho - \varrho_0$ den Gleichungen (27.20) und (27.21) Lösungen vom Typ stationärer Enveloppen-Wellen (Solitonen und periodische Wellen). Solche Lösungen lassen sich einfach gewinnen, wenn in die Gleichungen (27.20) und (27.21) Ausdrücke von der Art

$$\varrho = \varrho(\xi - V\tau), \qquad \varphi = -c_0^2\tau + \varphi_1(\xi - V\tau) \tag{27.26}$$

eingesetzt werden. Speziell haben die Ausdrücke, die ein Soliton beschreiben, das Aussehen

$$\varrho = \varrho_0 - (\varrho_0 - \varrho_{\min}) \operatorname{sech}^2 \frac{\xi - V\tau}{l}, \qquad \frac{d\varphi}{d\xi} = \frac{V(\varrho - \varrho_0)}{\varrho},$$

$$l = \frac{1}{c_0} \left(\frac{\varrho_0}{\varrho_0 - \varrho_{\min}} \right)^{1/2}, \qquad V = c_0 \sqrt{\frac{\varrho_{\min}}{\varrho_0}}. \tag{27.27}$$

$\varrho_{\min}$ ist der kleinste Wert, den die Größe a^2 im Soliton annimmt. Wir sehen, daß hier das Soliton der Enveloppen in Übereinstimmung mit dem oben Gesagten eine „Grube“ darstellt, die sich mit der Geschwindigkeit V auf dem Hintergrund der stationären Welle mit der Amplitude $a_0 = \varrho_0^{1/2}$ verschiebt. Die Differenz der Phasen zwischen den Punkten, die sich beiderseits des Solitons befinden (formal zwischen $\xi = \infty$ und $\xi = -\infty$) beträgt

$$\Delta\varphi = \int_{-\infty}^{\infty} \varphi'(\xi)\, d\xi = -2 \operatorname{arctg} \sqrt{\frac{\varrho_0 - \varrho_{\min}}{\varrho_0}}. \tag{27.28}$$

Das Soliton mit $\varrho_{\min} = 0$ stellt einen Sonderfall dar. In diesem Falle ist

$$\varrho = \varrho_0[1 - \operatorname{sech}^2 (\xi/l_0)], \qquad V = 0, \tag{27.29}$$

$$l_0 = \frac{1}{c_0} = \left[\frac{\varrho_0}{u_0'} \left(\frac{\partial\omega}{\partial(a^2)}\right)_0\right]^{-1/2}, \tag{27.30}$$

$$\Delta\varphi = -\pi. \tag{27.31}$$

Wir merken zum Schluß an, daß alles oben Gesagte unmittelbar auf das Problem der nichtlinearen Beugung einer ebenen Welle an einem unendlich langen senkrecht zum Vektor $\boldsymbol{k}_0$ angebrachten Spalt übertragen werden kann. Tatsächlich, nehmen wir in der Gleichung (27.9) $\partial\Psi/\partial t = 0$ an und setzen voraus, daß das Verhältnis der Wellenlänge zur Spaltbreite hinreichend klein ist, so können wir das Glied mit $\partial^2\Psi/\partial x^2$ vernachlässigen. Gleichung (27.9) geht dann über in

$$i\frac{\partial\Psi}{\partial x} + \frac{1}{2k_0}\Delta_\perp\Psi - \frac{1}{u_0}\left(\frac{\partial\omega}{\partial(a^2)}\right)_0 |\Psi|^2\,\Psi = 0. \tag{27.32}$$

Diese Beziehung ist vollkommen analog zur nichtstationären parabolischen Gleichung; die Koordinate x spielt dabei die Rolle der Zeit. Dementsprechend stimmen die aus (27.32) durch Substitution von (27.1) und Austausch von $\nabla_\perp$ gegen $\partial/\partial y$ folgenden Gleichungen für a und φ mit den eindimensionalen Gleichungen (27.20) und (27.21) überein.

28. *Selbstmodulation von Wellen*

Wir gehen nun über zur Untersuchung der nichtlinearen Selbstbeeinflussungsprozesse von Wellen, die dann einsetzen, wenn die stationären Wellen instabil sind.

Zu Beginn betrachten wir Wellen, die gegenüber longitudinalen Störungen instabil sind, d. h., wir setzen die Gültigkeit der Bedingungen (27.14) voraus. Lassen wir in den Grundgleichungen (27.7) und (27.8) die Ableitungen nach den transversalen Koordinaten fort und führen die neuen Veränderlichen

$$\xi = x - u_0 t, \qquad \tau = -u_0' t \tag{28.1}$$

ein, so erhalten wir

$$\varphi_\tau - \frac{1}{2}\varphi_\xi^2 + \nu a^2 + \frac{a_{\xi\xi}}{2a} = 0, (a^2)_\tau - (\varphi_\xi a^2)_\xi = 0 \tag{28.2}$$

und

$$\nu = -\frac{1}{u_0'}\left(\frac{\partial\omega}{\partial(a^2)}\right)_0. \tag{28.3}$$

Betrachten wir zunächst Lösungen dieser Gleichungen von der Art stationärer Enveloppen-Wellen [88, 89, 45]. Solche Lösungen müssen die Form

$$\varphi = f(\xi - W\tau) - a_0^2\nu\tau, \qquad a = a(\xi - W\tau) \tag{28.4}$$

besitzen, wo a_0 eine beliebige Konstante, $f(\xi)$ und $a(\xi)$ gewisse beschränkte Funktionen sind. Einsetzen von (28.5) in die zweite der Gleichungen (28.2) ergibt

$$f'(\xi) = -\frac{W}{a^2}(a^2 - a_0^2 - a_1^2). \tag{28.5}$$

a_1 ist eine Integrationskonstante, die wir im weiteren gleich Null setzen. Wenn wir (28.5) in (28.2) einsetzen, erhalten wir für $a(\xi)$ die folgende Gleichung:

$$a''(\xi) + 2\nu a(a^2 - a_0^2) + \frac{W^2}{a^3}(a^4 - a_0^4) = 0. \tag{28.6}$$

Die triviale Lösung dieser Gleichungen

$$a^2 = a_0^2, \qquad f'(\xi) = 0 \tag{28.7}$$

beschreibt eine stationäre Welle mit der konstanten Amplitude a_0. Die Phasenkurven der Gleichung (28.6) haben für $W \neq 0$ die in Abb. 28.1 dargestellte Form. Sie entsprechen oszillierenden Enveloppen-Wellen. Wenn die Amplitude dieser Oszillationen genügend klein ist, kann die Gleichung (28.6) durch die folgende lineare Gleichung für die Größe $\delta a = a - a_0$ angenähert werden:

$$(\delta a)'' + 4(a_0^2\nu + W^2)\,\delta a = 0. \tag{28.8}$$

Die Lösungen dieser Gleichung sind proportional zu $\exp(\pm\, i\varkappa\xi)$ mit

$$\varkappa^2 = 4(\nu a_0^2 + W^2). \tag{28.9}$$

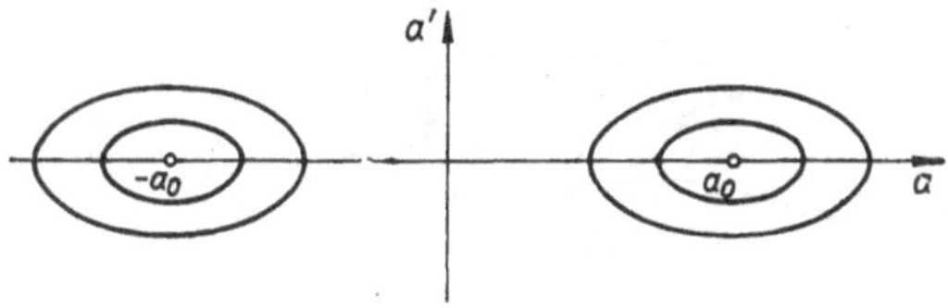

Abb. 28.1. Phasenkurven der Gleichung (28.6) für $W \neq 0$

Diese Beziehung unterscheidet sich lediglich in der Schreibweise von der Dispersionsbeziehung (27.13), wenn man in der letzteren $\varkappa_\perp = 0$, $\varkappa_\| = \varkappa$ und $\Omega^2 = \varkappa^2 u_0' W^2$ setzt. Aus (28.9) folgt, daß die Wellenzahlen $\varkappa$ betragsmäßig immer über dem Wert

$$\varkappa_0 = 2a_0\sqrt{\nu} \tag{28.10}$$

liegen, der, wie sich unschwer aus (27.13) ersehen läßt, die Bedeutung einer Grenze des Stabilitätsgebietes hat: Für $|\varkappa| < \varkappa_0$ (und $\varkappa_\perp = 0$) müssen die Störungen exponentiell anwachsen. Strebt $\varkappa$ von oben gegen den Grenzwert $\varkappa_0$, so geht $W \to 0$.

Wir untersuchen jetzt die stationären Lösungen der Gleichungen (28.2) für $W = 0$. In diesem Falle gilt

$$\left.\begin{aligned} \varphi &= -a_0^2\nu\tau + c\int\frac{\mathrm{d}\xi}{a^2(\xi)}, \\ a''(\xi) &+ 2\nu a(a^2 - a_0^2) - \frac{c^2}{a^3} = 0 \end{aligned}\right\} \tag{28.11}$$

mit a_0 und c als Integrationskonstanten. Die Phasenkurven dieser Gleichung sind für $c = 0$ in Abb. 28.2 dargestellt. Die Separatrix entspricht einer Lösung vom Solitonentyp. Sie hat die Form

$$\left. \begin{aligned} a &= A \operatorname{sech} \left[A \sqrt{\nu} \, (\xi - \xi_0) \right], \\ \varphi &= -\frac{A^2 \nu \tau}{2} + \text{const} \end{aligned} \right\} \tag{28.12}$$

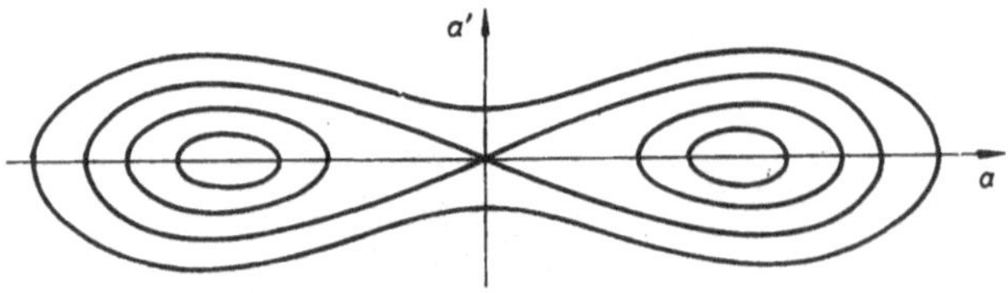

Abb. 28.2. Phasenkurven der Gleichung (28.11) bei $c = 0$, $W = 0$

$(A^2 = 2a_0^2)$. Die Phasenbahnen, die innerhalb der Separatrix liegen, entsprechen periodischen Lösungen der Gestalt

$$a = A \operatorname{dn} \left[A \sqrt{\nu} \, (\xi - \xi_0), s \right], \qquad s^2 = \frac{A^2 - B^2}{A^2}, \tag{28.13}$$

wo $\operatorname{dn}(z, s)$ die Jacobische elliptische Funktion mit dem Modul s ist; A und B sind Konstanten, welche über die Beziehung $A^2 + B^2 = 2a_0^2$ miteinander zusammenhängen und die Bedeutung von Grenzwerten der Größe $a(\xi)$ haben:

$$A = \max a, \qquad B = \min a. \tag{28.14}$$

Wenn $B \to A$ strebt, geht die betrachtete Enveloppen-Welle in eine kleine Störung mit sinusoidaler Form über, die die stationäre Welle mit konstanter Amplitude $a = A$ moduliert. Die Wellenzahl dieser Störung hat dabei den an der Grenze des Stabilitätsgebietes liegenden Wert $\varkappa_0$. Für $B \to 0$ geht die Welle (28.13) in eine Folge von Solitonen über, deren Abstand voneinander wie $\ln (1/B)$ wächst.

Schließlich haben die außerhalb der Separatrix gelegenen periodischen Lösungen die Form ($A^2 - B^2 = 2a_0^2$)

$$\left.\begin{aligned} a &= A \operatorname{cn}\left[\sqrt{(A^2 + B^2)\,\nu}\,(\xi - \xi_0),\, s\right]; \\ s &= \frac{A}{\sqrt{A^2 + B^2}}; \qquad A^2 - B^2 = 2a_0^2. \end{aligned}\right\} \tag{28.15}$$

Sie entsprechen denjenigen Enveloppen-Wellen, bei denen die Größe $a(\xi)$ durch Null verläuft.

Wir befassen uns jetzt mit der Untersuchung der nichtstationären Modulationsprozesse, die im Falle von (27.14) bei einer Störung der stationären Welle mit konstanter Amplitude a_0 einsetzen. Zu diesem Zwecke betrachten wir Lösungen der Gleichungen (28.2) von der Form

$$\left.\begin{aligned} \varphi &= -\nu a_2^0 \tau + \varphi_1(\xi, \tau), \\ a &= a_0 + a_1(\xi, \tau), \end{aligned}\right\} \tag{28.16}$$

in der φ_1 und a_1 die betrachteten Störungen beschreiben und den Anfangsbedingungen

$$a_1(\xi, 0) = a_0 f(\xi), \qquad \varphi_1(\xi, 0) = 0 \tag{28.17}$$

genügen. Dabei strebt $f(\xi) \to 0$ für $|\xi| \to \infty$.

Wir nehmen an, die Funktion $f(\xi)$ sei hinreichend klein, so daß wir die anfängliche Entwicklung der Störung an Hand der bezüglich a_1 und φ_1 linearisierten Gleichungen (28.2) verfolgen können. Die zugehörige Lösung lautet

$$a(\xi, \tau) = a_0 + \frac{1}{\pi} \int\limits_0^\infty \mathrm{d}\varkappa A(\varkappa) \cos\left[\varkappa\xi - \Omega(\varkappa)\,\tau\right]. \tag{28.18}$$

Hier ist

$$\Omega(\varkappa) = \frac{\varkappa}{2} \sqrt{\varkappa^2 - \varkappa_0^2}, \tag{28.19}$$

$$A(\varkappa) = 2a_0 \int\limits_0^\infty f(\xi) \cos(\varkappa\xi)\,\mathrm{d}\xi, \tag{28.20}$$

und die Größe $\varkappa_0$ ist in (28.10) definiert worden (die Funktion $f(\xi)$ in (28.17) wird dabei der Einfachheit halber als gerade vorausgesetzt). Wir betrachten nun das asymptotische Verhalten des Integrals (28.18) bei großen τ. Hier geben wir den sehr umfangreichen allgemeinen Ausdruck nicht an, sondern beschränken uns auf die beiden Grenzfälle kleiner und großer $\xi(\xi \ll \varkappa_0\tau,\ \xi \gg \varkappa_0\tau)$. Im ersten Falle erhalten wir nach Anwendung der Sattelpunktsmethode

$$a(\xi, \tau) \approx a_0 + \text{const} \cdot \exp(\nu a_0^2 \tau) \cos\left(\frac{\varkappa_0 \xi}{\sqrt{2}} + \delta\right),$$

$$\xi \ll \varkappa_0 \tau, \qquad (28.21)$$

wo die Größen const und δ aus den Anfangsbedingungen bestimmt werden können. Daher wachsen in dem betrachteten Gebiet die Störungen exponentiell mit der maximalen Wachstumsrate Γ an:

$$\Gamma = \nu a_0^2 \qquad (28.22)$$

(die Wellenzahl in (28.21) wird durch (27.15) gegeben).[1])

Bei großen $\xi/\varkappa_0\tau$ läßt sich die asymptotische Darstellung für den Ausdruck (28.18) finden, wenn man die Methode der stationären Phase (ebenso, wie es in Kapitel I gemacht wurde) anwendet. Den Hauptbeitrag zum Integral liefern in diesem Falle die in der Umgebung derjenigen Werte von $\varkappa$ liegenden Gebiete, die der Bedingung

$$\frac{\mathrm{d}\Omega}{\mathrm{d}\varkappa} = \frac{2\varkappa^2 - \varkappa_0^2}{2\sqrt{\varkappa^2 - \varkappa_0^2}} = \left|\frac{\xi}{\tau}\right| \qquad (28.23)$$

genügen.

---

[1]) Das Gebiet, in dem der Ausdruck (28.21) benutzt werden kann, wird durch die Größe τ begrenzt. Es kann jedoch stets eine so kleine, den Wert von const in (28.21) bestimmende Störung $f(\xi)$ ausgewählt werden, daß der zweite Term sogar für $\nu a_0^2 \approx 1$ genügend klein bleibt, so daß in das Gebiet von ξ, in dem der Ausdruck (28.21) gültig ist, mehrere Oszillationen mit Wellenlängen von der Größenordnung $2\pi/\varkappa_0$ hineinpassen.

Die Lösungen der Gleichung (28.23) bei $\xi/\varkappa_0\tau \gg 1$ haben die Form

$$\varkappa = \left|\frac{\xi}{\tau}\right|, \qquad \varkappa = \varkappa_0\left(1 + \frac{\varkappa_0^2\tau^2}{8\xi^2}\right). \tag{28.24}$$

Im Ergebnis erhalten wir den asymptotischen Ausdruck

$$a(\xi, \tau) = a_0 + \operatorname{Re}\left\{\left(\frac{2}{\pi\tau}\right)^{1/2} A\left(\frac{\xi}{\tau}\right) \exp\left[i\left(\frac{\xi^2}{2\tau} - \frac{\pi}{4}\right)\right]\right.$$
$$\left. + \left(\frac{\varkappa_0^3\tau^3}{2\pi\,|\xi|^3}\right)^{1/3} A(\varkappa_0) \exp\left[i\left(\varkappa_0\xi - \frac{\varkappa_0^3\tau^2}{4\,|\xi|} + \frac{\pi}{4}\right)\right]\right\}. \tag{28.25}$$

Die Korrektur an a_0 beschreibt Modulationswellen, die sich vom Zentrum aus mit einer Gruppengeschwindigkeit, die nach (28.23) gleich ξ/τ ist, ausbreiten.

Das vollständige Bild der Entwicklung einer Störung des Zustandes (28.17) sieht also im Anfangsstadium des Prozesses etwa folgendermaßen aus [94]: Im zentralen Gebiet ($|\xi| \ll \varkappa_0\tau$) entstehen Modulationen der Amplitude mit Wellenzahlen $\varkappa \approx \varkappa_0$ über große Skalenlängen, die qualitativ den stationären Wellen (28.13) ähneln. Mit der Zunahme von τ verliert die lineare Näherung zunehmend ihre Gültigkeit, und das exponentielle Wachstum der Amplituden wird beendet. Die Tiefe der Modulationen in diesem Gebiet nimmt jedoch im Laufe der Zeit zu, und die Welle zerfällt in Wellenpakete, die sich im betrachteten Bezugssystem sehr langsam fortbewegen. Außerdem breiten sich von den Grenzen des stark modulierten Gebiets Modulationswellen mit Geschwindigkeiten aus, die mit Zunahme von $|\xi|$ anwachsen. Bei hinreichend großen ξ, wo die asymptotische Darstellung (28.25) gültig wird, werden die Wellenzahlen (28.24) größer als der Wert $\varkappa_0$. Aus diesem Grunde liegen sie im stabilen Gebiet. Im dazwischenliegenden Gebiet haben die Modulationswellen FOURIER-Komponenten mit $\varkappa < \varkappa_0$ und sind aus diesem Grunde instabil; sie liefern den Anstoß für neue

Wellenpakete. Auf diese Weise vergrößert sich mit wachsendem τ die Breite desjenigen Gebietes, das in Pakete zerfällt.[1])

Die gesamte Form des Profils bei nicht zu großen τ, wenn die Breite des stark modulierten Gebietes noch gering ist, sieht ungefähr so aus, wie es Abb. 28.3 zeigt.

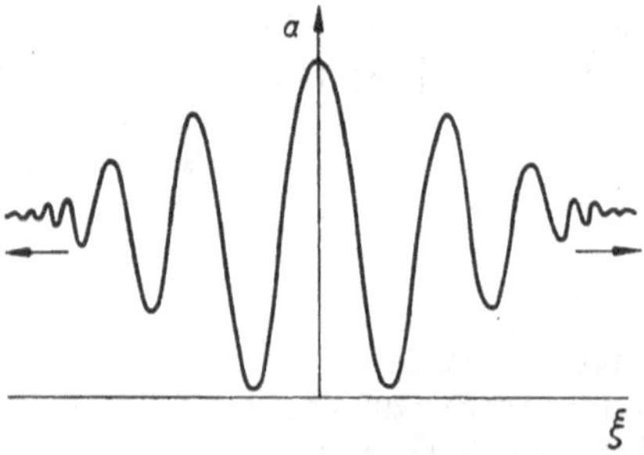

Abb. 28.3. Zerfall einer ebenen Welle in Wellenpakete

Der Selbstmodulationsprozeß einer ebenen Welle bei großen τ wurde mit Hilfe numerischer Integration in der Arbeit [96] untersucht (s. auch [97]). Als Anfangsstörung $f(\xi)$ wurde der Ausdruck

$$f(\xi) = \gamma \exp(-\xi^2/l^2) \tag{28.26}$$

gewählt.

Die Gestalt der Lösung bei $\tau = 0{,}4$ ist in Abb. 28.4 wiedergegeben. Sie entspricht den folgenden Werten der Parameter: $a_0 = 1$, $\gamma = 1$, $2\sqrt{\nu}\, a_0 l = \varkappa_0 l = 2$, $\nu = 36$.[2]) Bei Vergrößerung von τ wächst die Breite des modulierten Gebietes an.

Die Amplituden der Wellenpakete streben in Richtung auf stationäre Werte zu (mit Ausnahme des zentralen,

[1]) Der hier beschriebene Prozeß wurde offensichtlich bei Schwerewellen an der Oberfläche von tiefem Wasser [95] beobachtet, die den Bedingungen (27.14) (s. Abb. 28.4) genügen.

[2]) Alle Lösungen mit gleichen Werten der Parameter $\varkappa_0 l$ und γ sind ähnlich (bei ein und demselben $f(\xi)$).

welches das Gipfelmaximum bei $\xi = 0$ hat und merklich pulsiert). Die Minima nehmen im Laufe der Zeit ab. Die Abstände zwischen den Paketen wachsen (im Vergleich zur Geschwindigkeit der Verbreiterung des Modulationsgebietes) sehr langsam an. Am interessantesten ist die Tatsache, daß die Profile der Pakete mit genügend ausgebildeten Amplituden A recht gut durch den Ausdruck (28.12) beschrieben werden. Man darf daher schlußfolgern, daß in dem Falle, in dem die ursprünglich ebene Welle hinsichtlich longitudinaler Modulationen instabil ist, kleine Störungen dafür sorgen, daß die ebene Welle in Solitonen zerfällt. Obwohl der Abstand zwischen den einzelnen in Abb. 28.4 dargestellten Paketen außerordentlich langsam zunimmt, bildet sich die solitonenähnliche Form der einzelnen Wellenpakete ziemlich schnell heraus (natürlich werden die Abweichungen von Formel (28.12) in der Umgebung der Minima ziemlich groß[1])).

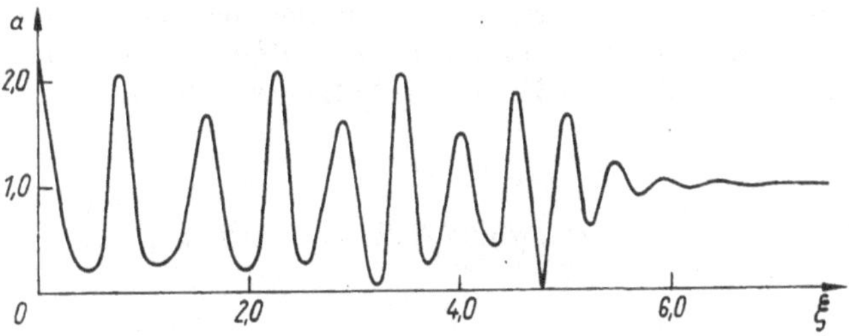

Abb. 28.4. Die Form der numerischen Lösung $a(\xi, \tau)$ der nichtlinearen parabolischen Gleichung unter der Anfangsbedingung (28.26) und für $\tau = 0{,}4$ (bei $\xi < 0$ ist die Lösung symmetrisch) [96]

Weiterhin ist es interessant, auf die recht deutliche Untergliederung der Solitonen in größere und kleinere hinzuweisen, die sich in Abb. 28.4 erkennen läßt. Die Amplituden der größeren Solitonen haben hier den Wert

[1]) Eine detaillierte Gegenüberstellung von numerischer Lösung und Formel (28.12) ist in [96] enthalten.

$A = 2{,}1$, die der kleineren den Wert $A = 1{,}7$. Die numerische Integration erfolgte bis zu $\tau = 1$. Dabei bleiben die Amplituden der entstandenen Solitonen zeitlich ungefähr konstant, während ihre Zahl mit der Verbreiterung des gestörten Gebietes rasch zunimmt.

Die Phase φ erweist sich (bei gegebenem τ) in den Grenzen der Ausdehnung der einzelnen Solitonen als ungefähr konstant, wie es auch nach der Formel (28.12) sein muß. An der Grenze zwischen zwei Solitonen jedoch ändert sich die Phase ziemlich heftig. Bei festgehaltenem τ kann man sich daher die Phase im allgemeinen als Stufenfunktion von ξ vorstellen.

Es ist bemerkenswert, daß bei einer Anfangsstörung von der Art

$$f(\xi) = \gamma \operatorname{sech} (\xi/l) \tag{28.27}$$

etwa die gleichen Amplituden wie für (28.26) auftreten. Aus diesem Grunde hängt die Struktur des quasistationären Gebietes, wo sich die Solitonen bereits in ihren Grundzügen herausgebildet haben, offensichtlich nicht von der detaillierten Form der Anfangsstörung ab.

29. *Selbstfokussierung und Selbstkanalisierung von Wellen*

Wir wenden uns jetzt der Untersuchung von Wellen zu, die bezüglich transversaler Störungen instabil sind, wobei wir annehmen, daß die Bedingungen (27.16) erfüllt sind.

Wir betrachten das Problem der nichtlinearen Beugung einer Welle in diesem Falle. Läßt man in den Gleichungen (27.7) und (27.8) die zeitlichen Ableitungen weg und nimmt an, daß das Verhältnis der Wellenlänge $\lambda_0 = 2\pi/k_0$ zu den charakteristischen Dimensionen der transversalen Störungen hinreichend klein ist, so erhält man für diesen

Fall Gleichungen, welche die Form

$$\left.\begin{aligned} k_0\varphi_x + \frac{1}{2}(\nabla_\perp\varphi)^2 - \nu a^2 - \frac{1}{2a}\Delta_\perp a = 0, \\ k_0(a^2)_x + \nabla_\perp(a^2\nabla_\perp\varphi) = 0 \end{aligned}\right\} \quad (29.1)$$

haben, mit

$$\nu = -\frac{k_0}{u_0}\left(\frac{\partial\omega}{\partial(a^2)}\right)_0 > 0. \quad (29.2)$$

Diese Gleichungen sind der nichtlinearen parabolischen Gleichung für die komplexe Wellenfunktion (27.1)

$$2ik_0\Psi_x + \Delta_\perp\Psi + 2\nu\,|\Psi|^2\,\Psi = 0 \quad (29.3)$$

äquivalent. In dem Falle, in dem sich Ψ nur entlang einer der transversalen Richtungen ändert, nehmen wir an, entlang der y-Achse $\left(\nabla_\perp = \frac{\partial}{\partial y}\right)$, sind die Gleichungen (29.1) (mit einer entsprechenden Neudefinition des Koeffizienten ν entsprechend (29.2) und einem Austausch von φ gegen $-\varphi$, was dem Übergang zu der konjugiert komplexen parabolischen Gleichung äquivalent ist) völlig analog zu den nichtstationären eindimensionalen Gleichungen (28.2).

An erster Stelle muß hier auf die bezüglich x homogene Lösung der Gleichung (29.3) [88, 89] hingewiesen werden,

$$\Psi = A \operatorname{sech}\left[A\sqrt{\nu}\,|y - y_0|\right] \exp\left[\frac{i\nu A^2(x - x_0)}{2k_0}\right], \quad (29.4)$$

die eine Welle mit einem solitären Profil und der Intensität $|\Psi|^2$ beschreibt, welche nicht von x abhängen soll. Diese Lösung ist analog zu (28.12) und beschreibt ein ebenes Wellenbündel, wo die durch das Glied $\Delta_\perp\Psi$ in (29.3) bestimmte diffraktive Verschmierung vollkommen durch die nichtlineare Selbstfokussierung kompensiert wird.

Der Energiefluß in einer solchen Welle wird durch die Größe

$$p = \int_{-\infty}^{\infty} |\Psi|^2 \, dy = 2A\nu^{-1/2} \tag{29.5}$$

gegeben, d. h., die Leistung eines homogenen planparallelen Strahlenbündels ist umgekehrt proportional zu seiner Breite

$$l = \left(A \sqrt{\nu}\right)^{-1}. \tag{29.6}$$

Die Form der Welle möge bei $x = 0$ durch den Ausdruck

$$\Psi(0, y) = a_0 f(y/L) \tag{29.7}$$

gegeben sein, wo $f(\eta)$ eine dimensionslose Funktion ist, die bei $\eta \gg 1$ verschwindet (die Größe a_0 ist so gewählt, daß $\max f = 1$). Liegt die Breite L dieser Welle wesentlich über den Abmessungen des Solitons (29.4) mit der Amplitude $A \approx a_0$, das heißt

$$a_0 \sqrt{\nu} \gg 1/L, \tag{29.8}$$

so muß die Welle offensichtlich mit anwachsenden x in eine Reihe planparalleler Kanäle zerfallen, die den Solitonen (29.4) in ihrer Form ähneln und Amplituden von der Größenordnung $2a_0$ haben. Dieser zu der oben behandelten eindimensionalen Selbstmodulation analoge Prozeß kann als *Selbstkanalisation* bezeichnet werden.

Es ist naheliegend, anzunehmen, daß im Prinzip analoge Prozesse auch bei zylindrischen Wellenbündeln auftreten müßten. In diesem Falle jedoch wird die Situation auf Grund von Effekten kompliziert, die durch die zweidimensionale Geometrie des Bündelquerschnitts hervorgerufen werden.

Wir heben besonders hervor, daß hier ebenso wie oben in x stationäre Lösungen der Wellengleichung (29.3) der Form [88, 89]

$$\Psi = a(r_\perp) \exp\left[i\gamma(x - x_0)\right] \tag{29.9}$$

existieren, wo die Funktion $a(r_\perp)$ die Differentialgleichung

$$\Delta_\perp a - 2\gamma k_0 a + 2\nu a^3 = 0 \qquad (29.10)$$

befriedigt. Der Ausdruck (29.9) beschreibt ein Strahlenbündel mit einer nicht von x abhängenden Intensität. Durch Übergang zu dimensionslosen Variablen

$$\varrho = (2\gamma k_0)^{1/2}\, r_\perp\,, \qquad \Phi = (\nu/\gamma k_0)^{1/2}\, a \qquad (29.11)$$

geben wir der Gleichung (29.10) die Gestalt

$$\frac{\partial^2\Phi}{\partial\varrho^2} + \frac{1}{\varrho}\frac{\partial\Phi}{\partial\varrho} - \Phi + \Phi^3 = 0. \qquad (29.12)$$

Uns interessieren die beschränkten, bei $\varrho \to \infty$ verschwindenden Lösungen dieser Gleichung. Vernachlässigt man das Glied Φ^3, so geht (29.12) in eine BESSELsche Differentialgleichung über. Daher muß die Asymptote der Lösung, die das homogene Bündel bei $\varrho \to \infty$ beschreibt, das folgende Aussehen haben:

$$\Phi(\varrho) \approx \text{const} \cdot K_0(\varrho) \approx \text{const} \cdot \sqrt{\pi/2\varrho}\; \mathrm{e}^{-\varrho} \quad (\varrho \gg 1). \qquad (29.13)$$

Unter der Bedingung (29.13) besitzen die Lösungen der Gleichung (29.12) im allgemeinen bei $\varrho = 0$ eine Singularität. Im Koordinatenursprung endliche Lösungen ergeben sich nur für diskrete Werte von const in (29.13); sie können auch durch Werte $\Phi(0)$ charakterisiert werden, die wir in der Reihenfolge der Zunahme ihrer Größe numerieren.

Auf diese Weise erhalten wir eine diskrete Schar beschränkter Lösungen der Gleichung (29.12) $\Phi_n(\varrho)$, wo $\Phi_{n+1}(0) > \Phi_n(0)$, $n = 0, 1, 2 \ldots$ Dabei stellt sich heraus, daß die Zahl der Wurzeln der Funktion $\Phi_n(\varrho)$ mit ihrer Nummer n übereinstimmt. Die Lösung bei $n = 0$ wurde auf dem Wege der numerischen Integration [89] gewonnen. Die höheren Moden mit $n > 0$ sind in [98, 99] untersucht worden. Dabei fand man

$$\Phi_0(0) = 2,2\,, \quad \Phi_1(0) = 3,3\,, \quad \Phi_2(0) = 4,1\,, \quad \Phi_3(0) = 4,6\,. \qquad (29.14)$$

Dementsprechend werden die Amplituden homogener Bündel größenordnungsmäßig durch die Ausdrücke

$$a_n^{(\gamma)}(0) \sim \left(\frac{\gamma k_0}{\nu}\right)^{1/2} \Phi_n(0) \tag{29.15}$$

definiert. Die Radien der Bündel $R_n^{(\gamma)}$ sind nach (29.11) proportional zu der Größe $(1/2\,\gamma k_0)$, d. h. umgekehrt proportional zu den Amplituden; insbesondere gilt

$$R_0^{(\gamma)} \sim (2\gamma k_0)^{-1/2}. \tag{29.16}$$

Aus diesen Beziehungen folgt, daß die durch

$$P = \int_0^\infty |a(r_\perp)|^2\, r_\perp\, \mathrm{d}r_\perp = \frac{p}{2\nu} \tag{29.17}$$

mit

$$p = \int_0^\infty |\Phi(\varrho)|^2\, \varrho\, \mathrm{d}\varrho$$

definierte totale Leistung eines homogenen Strahls nicht von der Bündelbreite abhängt. Sie wird allein durch die Nummer der entsprechenden Mode gegeben und nimmt demzufolge eine diskrete Folge von Werten p_n an. Nach [89, 98, 99] gilt im einzelnen

$$p_0 = 1{,}9; \quad p_1 = 12{,}2; \quad p_2 = 31{,}3; \quad p_3 = 58{,}6. \tag{29.18}$$

Homogene Wellenbündel können als selbsterhaltende Wellenleiter angesehen werden, in denen die Phasengeschwindigkeit ω/k wegen ihrer Abhängigkeit von der Intensität des Wellenfeldes kleiner ist als außerhalb des Bündels. Nimmt man formal an, daß die Intensität der Welle an der Bündelgrenze steil auf Null abfällt, so ist der relative Brechungsindex beider Gebiete — des inneren und äußeren — gleich

$$\left.\begin{aligned} N &= \frac{k(\omega, \bar{a}^2)}{k(\omega, 0)} \approx 1 + \frac{1}{k_0}\left(\frac{\partial k}{\partial (a^2)}\right)_{a=0} \bar{a}^2, \\ k_0 &= k(\omega, 0), \end{aligned}\right\} \tag{29.19}$$

wo $\tilde{a}$ ein bestimmter effektiver Wert der Amplitude des Wellenfeldes im Strahl ist. Unter Berücksichtigung von (25.10) und (29.2) erhalten wir

$$N = 1 + \frac{\nu}{k_0^2} \tilde{a}^2. \tag{29.20}$$

In einem solchen Wellenleiter müssen Strahlen, wenn sie auf die Grenze des Wellenleiters auffallen, eine totale innere Reflexion erfahren. Wenn θ der Winkel zwischen der Richtung des Strahls und der Achse des Wellenleiters ist, so tritt die totale innere Reflexion bei $\sin\theta < \sin\theta_0 = \sqrt{(N^2 - 1)/N^2}$ auf. Da wir $N - 1 \ll 1$ vorausgesetzt haben, kann die Bedingung für die totale innere Reflexion in der Form

$$\theta < \theta_0 = (N^2 - 1)^{1/2} \tag{29.21}$$

geschrieben werden. Andererseits weichen die Strahlen infolge Beugung von der Achse des Wellenleiters ab. Damit diese Strahlen an der Grenze vollständig reflektiert werden, ist es notwendig, daß der effektive Beugungswinkel $\theta_B \approx (kR)^{-1}$ nicht größer ist als der maximale Winkel der totalen inneren Reflexion: $\theta_B < \theta_0$. Setzen wir hier die Ausdrücke für diese Winkel ein, so erhalten wir

$$kR > \text{const} \cdot (N^2 - 1)^{-1/2}, \tag{29.22}$$

wo const eine gewisse dimensionslose Konstante der Größenordnung Eins ist.[1]) Setzt man hier (29.20) ein, so erhält man

$$\tilde{a}R > \frac{\text{const}}{\sqrt{2\nu}}. \tag{29.23}$$

Die Größe $\tilde{a}^2R^2$ definiert entsprechend (29.17) die Leistung des Bündels. Daher bedeutet die Ungleichung

---

[1]) Eine strenge Lösung des zylindrischen Wellenleiterproblems mit einer scharfen Grenze ergibt (s. z. B. [100], § 23)

$$kR > 2{,}40(N^2 - 1)^{1/2}.$$

(29.23), daß die kleinste zulässige Leistung des homogenen Wellenbündels einen Wert von der Größenordnung $1/\nu$ haben muß, was mit dem aus (29.17), (29.18) folgenden Wert P_0 übereinstimmt.

Das Dargelegte macht deutlich, daß sich ein mit einer Leistung $P < P_0$ in das Medium einfallendes Bündel defokussieren muß. Wenn aber

$$P > P_0, \tag{29.24}$$

so ist im Prinzip die Entstehung von homogenen Wellenbündeln möglich.

Das Gesamtbild wird jedoch wesentlich dadurch kompliziert, daß die zylindrischen stationären Lösungen der Gleichung (29.3) bezüglich einer Selbstkompression instabil sind [101—103]. Das hängt damit zusammen, daß der die Kompression des Strahls infolge Selbstfokussierung bestimmende nichtlineare Term in (29.3) größer wird als der Beugungsterm $\Delta_\perp \Psi$, wenn P um einiges größer wird als der Wert P_0, so daß das Bündel unbegrenzt komprimiert wird.

Hier gilt es jedoch zu berücksichtigen, daß bei kleinen R und dementsprechend großen a der genäherte Ausdruck (29.19), der selbst nur die ersten beiden Glieder der Reihenentwicklung der Größe N nach Potenzen von a darstellt, seinen Sinn verliert. Wenn die Größe $k(\omega, a^2)$ bei genügend großen a aufhört zu wachsen (d. h., ihre Sättigung erreicht), dann ist der Prozeß der Selbstkompression des Bündels abgeschlossen.[1])

Fassen wir zusammen, so muß das allgemeine Bild der Entwicklung eines in ein Medium eindringenden Strahlenbündels, in dem die Bedingungen (27.16) gelten, folgendermaßen aussehen: Wenn die Strahlleistung kleiner ist als der kritische Wert P_0, so divergiert das Bündel; es fließt auseinander. Im Falle $P > P_0$ kann die ursprüngliche Welle in eine Reihe von Strahlen zerfallen, die sich so lange zusammenziehen, bis Sättigung einsetzt oder andere

[1]) Genaueres über diese Sättigungseffekte s. z. B. in [8, 9, 90, 101, 103—105].

Erscheinungen auftreten, bei denen die angenäherte Beziehung (29.3) bereits nicht mehr anwendbar ist.

Alle diese Effekte werden in der Optik beim Durchgang intensiver Laserstrahlbündel durch Medien beobachtet, deren dispersive Eigenschaften den oben genannten Bedingungen entsprechen [8, 9].

30. Elektroakustische Wellen im Plasma

Das oben gezeichnete allgemeine Bild der nichtlinearen Modulationseffekte kann sich ändern, wenn die Elektrostriktionseffekte stark sind, d. h., wenn eine Dichteänderung im Medium unter der Einwirkung der von einem hochfrequenten elektromagnetischen Feld erzeugten Druckkraft erfolgt. In diesem Falle werden, wie bereits in Abschnitt 8 gezeigt wurde, die Modulationsvorgänge in den elektromagnetischen Wellen von den mit ihnen zusammenhängenden Schallschwingungen begleitet, so daß man von der Ausbreitung elektroakustischer Wellen sprechen kann. Diese Art von Effekten tritt insbesondere dann in Erscheinung, wenn die Gruppengeschwindigkeit der Welle in der Nähe der Schallgeschwindigkeit c_s liegt. Da für gewöhnlich $c_s \ll c$ ist (c — Lichtgeschwindigkeit), muß die Gruppengeschwindigkeit hierbei im Vergleich zur Lichtgeschwindigkeit ebenfalls klein sein. Eine solche Situation findet sich in Medien mit einer ziemlich kleinen Dielektrizitätskonstanten und ist besonders für das Plasma charakteristisch.

In dem sehr einfachen Fall eines isotropen Plasmas, bei dem die Dielektrizitätskonstante durch die Formel (8.15) gegeben wird, wird die Kraftdichte des hochfrequenten elektromagnetischen Strahlungsdruckfeldes durch (8.23) definiert:

$$\boldsymbol{f}_E = -\frac{Ne^2}{4m_e\omega^2} \nabla |\tilde{\boldsymbol{E}}|^2. \tag{30.1}$$

$\tilde{\boldsymbol{E}}$ ist hier die elektrische Feldstärke, N die Teilchendichte.

Aus (30.1) läßt sich entnehmen, daß die Kraftdichte in Richtung abnehmender Energiedichte des Feldes zeigt, mit anderen Worten: die Teilchendichte im Plasma ist dort geringer, wo das Feld stärker ist und umgekehrt. Im Ergebnis stellt sich heraus, daß ein genügend starkes elektromagnetisches Feld sogar dann ziemlich tief in ein Plasma eindringen kann, wenn der Gleichgewichtswert der Dielektrizitätskonstanten

$$\varepsilon_0 = \varepsilon(N_0) = 1 - \frac{\omega_0^2}{\omega^2}, \quad \omega_0^2 = \frac{4\pi N_0 e^2}{m_e} \tag{30.2}$$

negativ ist. Untersuchen wir diesen Fall etwas genauer.[1])

Das elektrische Feld der Welle möge durch

$$\tilde{E} = E(x, t) e^{-i\omega t}, \tag{30.3}$$

dargestellt werden, wo $E(x, t)$ die komplexe Amplitude sei. Dabei sei $\omega < \omega_0$, das Feld sei transversal, d. h., E liege senkrecht zur x-Achse und

$$\frac{1}{\omega} \frac{\partial E}{\partial t} \ll 1. \tag{30.4}$$

Die allgemeine Gleichung für $E(x, t)$ nimmt in unserem Falle unter Berücksichtigung der Striktionseffekte (8.32) die Form

$$2i \frac{\omega}{\omega_0^2} \frac{\partial E}{\partial t} + \frac{c^2}{\omega_0^2} \frac{\partial^2 E}{\partial x^2} - [\nu(x, t) + \gamma^2] E = 0 \tag{30.5}$$

an, wo

$$\gamma^2 = \frac{\omega_0^2 - \omega^2}{\omega_0^2} \tag{30.6}$$

und

$$\nu(x, t) = \frac{\varrho - \varrho_0}{\varrho_0} \tag{30.7}$$

die relative Dichteänderung ist.

---

[1]) Über elektroakustische Wellen im Plasma mit positiver Dielektrizitätskonstante vgl. z. B. die Arbeiten [106–110].

Der nichtlineare Term νE in der Gleichung (30.5) wird durch die Elektrostriktion hervorgerufen. Vernachlässigt man dieses Glied und nimmt an, daß die Amplitude E zeitlich konstant ist, so hat die Lösung der verbleibenden Gleichung die Gestalt

$$E(x) = E_0 \exp(-\mu x), \tag{30.8}$$

in der

$$\mu^2 = \frac{\omega_0^2 - \omega^2}{c^2}. \tag{30.9}$$

Der Ausdruck (30.8) beschreibt die Struktur der Skin-Schicht im Plasma beim Auftreffen einer Welle mit einer Frequenz ω auf das Plasma, welche kleiner ist als die Plasmafrequenz ω_0. Die Größe $E_0 = E(0)$ bezeichnet das Feld an der Grenze des Plasmas, μ^{-1} ist die Dicke der Skin-Schicht.

Wenn wir die nichtlinearen Effekte berücksichtigen wollen, müssen wir die Gleichung (30.5) gemeinsam mit den Bewegungsgleichungen des Plasmas untersuchen. Wir nehmen an, daß das Plasma stößefrei und nicht isotherm, das bedeutet $T_e \gg T_i$, ist. Als Bewegungsgleichungen des Plasmas können wir dann die Gleichungen der Hydrodynamik, d. h. die Gleichungen (8.19) und (8.20), unter Berücksichtigung der Kraft (30.1) verwenden. Nehmen wir an, die Dichteänderungen $\varrho - \varrho_0$ wären klein, so können (8.19) und (8.20) in bezug auf die Größen $\varrho - \varrho_0$ und v linearisiert werden. Anschließend eliminieren wir die Geschwindigkeit v. Als Ergebnis erhalten wir für eindimensionale Wellen[1])

$$\frac{\partial^2 \nu}{\partial t^2} - c_s^2 \frac{\partial^2 \nu}{\partial x^2} = \frac{c_s^2}{E_c^2} \frac{\partial^2(|E|^2)}{\partial x^2}, \tag{30.10}$$

[1]) Im folgenden werden wir sehen, daß die Bedingung für die Berechtigung einer solchen Linearisierung darin besteht, daß die Größe γ^2 in (30.6) klein ist, d. h. die Frequenz ω in der Nähe der Transparenzschwelle ω_0 liegt, was auch weiter unten vorausgesetzt wird.

wo die Größe $\nu(x, t)$ in (30.7) definiert worden ist; c_s ist die Geschwindigkeit des Ionen„schalls"

$$c_s^2 = \frac{\partial p}{\partial \varrho} = \frac{T_e}{m_i} \tag{30.11}$$

und

$$E_c^2 = \frac{16\pi c_s^2}{|\partial\varepsilon/\partial\varrho_0|} = 16\pi\varrho_0 c_s^2 \frac{\omega^2}{\omega_0^2}. \tag{30.12}$$

Befassen wir uns nun mit der Struktur der stationären Skin-Schicht, wobei wir die durch den Strahlungsdruck hervorgerufene Dichteänderung berücksichtigen. Wir setzen $\partial E/\partial t = 0$, $\partial\nu/\partial t = 0$ und außerdem $E \to 0$, $\nu \to 0$ für $x \to \infty$ und erhalten aus (30.5), (30.10) [111]:

$$E(x) = 2\gamma^2 E_c \operatorname{sech}\left[\mu(x - x_0)\right], \tag{30.13}$$

$$\nu = -2\gamma^2 \operatorname{sech}^2\left[\mu(x - x_0)\right]. \tag{30.14}$$

Hier ist x_0 eine Integrationskonstante und μ die reziproke Dicke der Skin-Schicht in der linearen Näherung. Setzen wir das Feld an der Grenze des Plasmas $x = 0$ gleich E_0, so erhalten wir für x_0 die Gleichung

$$E_0 = 2\gamma^2 E_c \operatorname{sech} \mu x_0, \tag{30.15}$$

die nur im Falle $E_0 < 2\gamma^2 E_c$ eine reelle Lösung besitzt. Daher hält das Plasma im Falle $E_0 > 2\gamma^2 E_c$ dem Druck des Wellenfeldes nicht stand, und ein stationärer Zustand wird unmöglich.

Untersuchen wir nun die von der Zeit abhängigen Lösungen der Gleichungen (30.5) und (30.10). Die einfachsten unter ihnen haben die Form solitärer elektroakustischer Wellen, die sich mit konstanter Geschwindigkeit ausbreiten. Setzen wir in den genannten Gleichungen

$$E = a(x - Wt) \exp\left[i\varphi(x - Wt)\right], \tag{30.16}$$

$$\nu = \nu(x - Wt)$$

an, wo a und W reelle Größen sind, so erhalten wir (unter den Bedingungen $a(\pm\infty) = 0$, $\nu(\pm\infty) = 0$) [109, 112]

$$a = a_0 \operatorname{sech}\left[\mu(1 - W/\gamma^2c^2)^{1/2}(x - Wt)\right], \quad (30.17)$$

$$\frac{\partial\varphi}{\partial x} = \frac{W}{\gamma c}\mu, \quad (30.18)$$

$$\nu = -2\gamma^2(1 - W/\gamma^2c^2)\operatorname{sech}^2\left[\mu(1 - W/\gamma^2c^2)^{1/2}(x - Wt)\right]. \quad (30.19)$$

Die Geschwindigkeit W und die entsprechende elektroakustische MACHsche Zahl

$$\mathrm{M} = \frac{W}{c_s} \quad (30.20)$$

hängen über die Beziehung

$$a_0^2 = 2\gamma^2E_c^2(1 - \mathrm{M}^2)(1 - \mathrm{M}^2c_s^2/\gamma^2c^2) \quad (30.21)$$

von der Amplitude a_0 des Solitons ab. Aus diesen Formeln ergibt sich

$$\mathrm{M} < 1, \quad (30.22)$$

mit anderen Worten, die Geschwindigkeit des elektroakustischen Solitons kann nicht größer werden als die Schallgeschwindigkeit c_s, und sie kommt dieser umso näher, je kleiner die Amplitude des Solitons ist.[1]) Wenn dabei die Bedingung

$$\frac{c_s}{c} \ll \gamma \quad (30.23)$$

erfüllt wird, hängen die Dimensionen der Solitonen nicht von der Amplitude ab und haben den Wert

$$L = \mu^{-1},$$

der mit der Dicke der Skin-Schicht in der linearen Näherung übereinstimmt. Die charakteristische Zeit τ für die

---

[1]) Bei $\mathrm{M} \to 0$ erhalten wir aus (30.17) bis (30.19) die Beziehungen (30.13) und (30.14), welche die Struktur der stationären Skin-Schicht unter Berücksichtigung von Elektrostriktion beschreiben.

Änderung der Amplitude von Feld und Dichte beim Durchgang eines elektroakustischen Solitons durch einen vorgegebenen Raumpunkt wird durch die Größe

$$\tau = (\mu c_s)^{-1} \tag{30.24}$$

definiert.

In der Arbeit [113] ist gezeigt worden, daß die Solitonen (30.17) bis (30.19) gegenüber kleinen Störungen stabil sind. Es stellt sich ferner heraus [112, 114], daß unter bestimmten Bedingungen, wenn eine transversale elektromagnetische Welle mit veränderlicher Amplitude $E_0(t)$ auf die Begrenzung eines Plasmas auftrifft, sich von der Skin-Schicht elektromagnetische Wellen „abspalten“, die bei ihrer Fortpflanzung ins Innere des Plasmas in Solitonen umgewandelt werden. Diese lassen sich durch die oben wiedergegebenen Formeln beschreiben. Die Erzeugung der elektroakustischen Wellen ist dabei am effektivsten, wenn die charakteristische Zeit der Amplitudenänderung des Feldes in die Größenordnung von τ aus (30.24) kommt, das heißt in die Größenordnung derjenigen Zeit, die der Schall benötigt, um durch die Skin-Schicht hindurchzutreten. Dieser Fragenkomplex wird im Anhang B eingehender untersucht.

Anhang A. Nichtlineare Wellen mit langsam veränderlichen Parametern
(Die adiabatische Näherung von Whitham [16])

A.1. *Variationsprinzip*

Wir nehmen an, daß die allgemeinen Gleichungen für die betrachteten Wellen aus einem Variationsprinzip

$$\delta \int L(\Psi, \Psi_t, \Psi_x)\, \mathrm{d}x\, \mathrm{d}t = 0 \tag{A.1}$$

abgeleitet werden können, wo mit Ψ die Gesamtheit

$$\Psi = \{\Psi^{(1)}, \Psi^{(2)}, \ldots, \Psi^{(n)}\} \tag{A.2}$$

aller Größen bezeichnet wird, welche die Schwingungen beschreiben; t ist die Zeit und $x = \{x_1, x_2, x_3\}$ die Gesamtheit der räumlichen Koordinaten. Unter $\mathrm{d}x$ wird hier und im weiteren das Produkt $\mathrm{d}x = \mathrm{d}x_1\, \mathrm{d}x_2\, \mathrm{d}x_3$ verstanden.

Die Bewegungsgleichungen für die betrachteten Wellen lauten dann

$$\frac{\partial}{\partial t}\left(\frac{\partial L}{\partial \Psi_t^{(i)}}\right) + \frac{\partial}{\partial x_\alpha}\left(\frac{\partial L}{\partial \Psi_{x\alpha}^{(i)}}\right) - \frac{\partial L}{\partial \Psi^{(i)}} = 0, \quad i = 1, 2, \ldots, n \tag{A.3}$$

(über doppelt auftretende Indizes wird hier summiert). Um unübersichtliche Ausdrücke zu vermeiden, werden wir im weiteren die Beziehungen (A.3) und alle zu ihnen analogen Beziehungen (soweit das nicht zu Mißverständnissen führen kann) ohne genaue Angabe der Indizes im einzelnen schreiben. Beispielsweise setzen wir an Stelle von (A.3)

$$\frac{\partial}{\partial t}\left(\frac{\partial L}{\partial \Psi_t}\right) + \frac{\partial}{\partial x}\left(\frac{\partial L}{\partial \Psi_x}\right) - \frac{\partial L}{\partial \Psi} = 0, \tag{A.4}$$

kx an Stelle von $k_\alpha x_\alpha$ usw.

Die Dichte der LAGRANGE-Funktion L läßt sich in der Regel für alle mehr oder weniger interessanten Fälle ohne größere Schwierigkeiten finden.

Betrachten wir zum Beispiel die verallgemeinerten BOUSSINESQ-Gleichungen in der Form (10.1). Setzen wir, wie wir das überall getan haben, voraus, daß es sich um eine Potentialbewegung handelt, also

$$\boldsymbol{v} = \nabla\varphi,$$

so können wir diese Gleichungen auf die Form

$$\varphi_t + \frac{1}{2}(\nabla\varphi)^2 + w(\varrho) + \frac{2c_0\beta}{\varrho_0}\Delta\varrho = 0, \quad \varrho_t + \nabla(\varrho\nabla\varphi) = 0 \tag{A.5}$$

bringen, wo

$$w(\varrho) = \int \frac{c^2(\varrho)}{\varrho}\,d\varrho. \tag{A.6}$$

Die Rolle der Komponenten des Wellenvektors Ψ spielen hier zwei Größen: ϱ und φ. Daher gilt

$$\Psi = \{\varrho, \varphi\}. \tag{A.7}$$

Man prüft unschwer nach, daß die Gleichungen (A.5) in der Form (A.4) geschrieben werden können, wenn

$$L = \varrho\left(\varphi_t + \frac{1}{2}\varphi_x^2\right) + \int w(\varrho)\,d\varrho - \frac{c_0\beta}{\varrho_0}\varrho_x^2 \tag{A.8}$$

gewählt wird. Um die KORTEWEG-DE VRIES-Gleichung (KDV-Gleichung) in LAGRANGE-Form schreiben zu können, wandeln wir sie zunächst in zwei Gleichungen zweiter Ordnung um. Nach [16] definieren wir zu diesem Zwecke unter Verwendung der Beziehungen

$$\varphi_x = u, \qquad \psi = \varphi_{xx} \tag{A.9}$$

zwei Funktionen $\varphi(x, t)$ und $\psi(x, t)$, so daß die KORTEWEG-de Vries-Gleichung durch das System[1])

$$\varphi_{xt} + \varphi_{xx}\varphi_x + \beta\psi_{xx} = 0, \qquad \text{(A.10)}$$
$$\varphi_{xx} - \psi = 0$$

ersetzt wird. Die Lagrange-Funktion hat in einem solchen Fall die Gestalt

$$L = \varphi_t\varphi_x + \frac{1}{6}\varphi_x^3 + \beta\left(\varphi_x\psi_x + \frac{1}{2}\psi^2\right), \qquad \text{(A.11)}$$

und der Wellenvektor Ψ hat zwei Komponenten: $\Psi(\psi, \varphi)$.

Spezielle Lösungen der Gleichungen (A.4) sind, wie wir wissen, die stationären periodischen Wellen $\Psi = \Psi_s$, die wir in der Form

$$\Psi_s(x, t) = \Psi(\theta), \qquad \theta = kx - \omega t \qquad \text{(A.12)}$$

ansetzen können, in der θ die Phase der Welle, k ihr Wellenvektor und ω die Frequenz ist. Nach der Definition der Phase ist die Funktion $\Psi(\theta)$ periodisch:

$$\Psi(\theta) = \Psi(\theta + 2\pi) \qquad \text{(A.13)}$$

Diese Beziehung definiert die Wellenlänge λ, die Periode T und die Geschwindigkeit V:

$$\lambda = \frac{2\pi}{k}, \qquad T = \frac{2\pi}{\omega}, \qquad V = \frac{\omega}{|k|}. \qquad \text{(A.14)}$$

Die Komponenten des Wellenvektors Ψ werden im allgemeinen Falle in zwei Gruppen unterteilt. Zur ersten Gruppe zählen wir diejenigen Komponenten, die in L nur durch ihre Ableitungen vertreten werden. Wir bezeichnen sie mit $\varphi(x, t)$, die übrigen Komponenten mit $\psi(x, t)$. Auf diese Weise erhalten wir

$$L = L(\psi, \psi_x, \psi_t; \varphi_x, \varphi_t). \qquad \text{(A.15)}$$

---

[1]) Im Unterschied zu (A.8), wo $x = \{x_1, x_2, x_3\}$, bezeichnet x in den Gleichungen (A.10) nur eine einzige räumliche Koordinate.

Die LAGRANGE-Gleichungen können dabei in zwei Gruppen

$$\frac{\partial}{\partial t}\left(\frac{\partial L}{\partial \psi_t}\right) + \frac{\partial}{\partial x}\left(\frac{\partial L}{\partial \psi_x}\right) - \frac{\partial L}{\partial \psi} = 0, \tag{A.16}$$

$$\frac{\partial}{\partial t}\left(\frac{\partial L}{\partial \varphi_t}\right) + \frac{\partial}{\partial x}\left(\frac{\partial L}{\partial \varphi_x}\right) = 0 \tag{A.17}$$

zerlegt werden. Der wesentliche Vorzug der Gleichungen (A.17) besteht darin, daß sie die Form einer Divergenz (d. h. die Gestalt von Kontinuitätsgleichungen) haben. Da die LAGRANGE-Funktion sich bei der Substitution ($\varphi(x, t) \to \varphi(x, t)$ + const nicht ändert, spielen die Größen $\varphi(x, t)$ die Rolle von Potentialen (d. h. nur die Ableitungen φ_t und φ_x haben eine physikalische Bedeutung)[1]). Hieraus ergibt sich wiederum, daß die allgemeinste Form der Lösungen von der Art stationärer periodischer Wellen[2]) die folgende sein muß:

$$\psi_s(x, t) = \psi(\theta), \qquad \varphi_s(x, t) = \alpha x - \gamma t + \varphi(\theta). \tag{A.18}$$

Hier sind $\psi(\theta)$ und $\varphi(\theta)$ periodische Funktionen der Phase $\theta = kx - \omega t$ und α und γ beliebige Konstanten. Setzen wir (A.18) in (A.16) und (A.17) ein, so erhalten wir Gleichungen für die stationären Wellen in der Form

$$\frac{\mathrm{d}}{\mathrm{d}\theta}\left(\frac{\partial L_s}{\partial \psi'(\theta)}\right) - \frac{\partial L_s}{\partial \psi(\theta)} = 0, \tag{A.19}$$

$$\frac{\mathrm{d}}{\mathrm{d}\theta}\left(\frac{\partial L_s}{\partial \varphi'(\theta)}\right) = 0, \tag{A.20}$$

$$L_s(\psi(\theta), \psi'(\theta), \varphi'(\theta)) = L(\psi, -\omega\psi', k\psi'; -\gamma - \omega\varphi', \alpha + k\varphi'). \tag{A.21}$$

---

[1]) Bei den oben betrachteten Beispielen, also bei den BOUSSINESQ-Gleichungen und der KORTEWEG-DE VRIES-Gleichung ist die Größe φ das Geschwindigkeitspotential.

[2]) Solitäre stationäre Wellen sind (wie in Abschnitt 10 gezeigt) der Grenzfall periodischer stationärer Wellen (wenn die Wellenlänge unendlich wird).

Die Lösungen der Gleichungen (A.19) und (A.20) sind

$$\left.\begin{aligned} \psi &= \psi(\theta, \omega, k, \gamma, \alpha; b_1, b_2, \ldots, b_m), \\ \varphi &= \varphi(\theta, \omega, k, \gamma, \alpha; b_1, b_2, \ldots, b_m), \end{aligned}\right\} \tag{A.22}$$

mit $b_1, b_2, \ldots, b_m$ als Integrationskonstanten.

Die Periodizitätsbedingung (A.22) der Lösungen legt diesen Konstanten gewisse Beschränkungen auf. Um diese zu gewinnen, erinnern wir daran, daß die Gleichungen (A.19) und (A.20) aus dem folgenden Variationsprinzip abgeleitet werden können:

$$\delta \int_0^{2\pi} L_s(\psi(\theta), \psi'(\theta), \varphi'(\theta))\, \mathrm{d}\theta = 0, \tag{A.23}$$

wo als Testfunktionen in der Umgebung der periodischen Lösung von (A.22) *periodische* Funktionen verwendet werden (ω, k, γ, α werden dabei als konstant angenommen). Hieraus ergibt sich, daß die Parameter b_i in der Lösung (A.22) den Extremalbeziehungen

$$\frac{\partial \mathcal{L}}{\partial b_i} = 0, \qquad i = 1, 2, \ldots, m \tag{A.24}$$

genügen müssen, wo

$$\mathcal{L}(\omega, k, \alpha, \gamma; b_1, \ldots, b_m) = \frac{1}{2\pi} \int_0^{2\pi} L_s(\theta)\, \mathrm{d}\theta \tag{A.25}$$

und $L_s(\theta)$ die Funktion ist, die durch die Beziehung (A.21) definiert wird, wenn dort die Lösungen (A.22) eingesetzt worden sind. Im Prinzip ermöglichen es die Gleichungen (A.24), die Konstanten b_i durch ω, k, α und γ für periodische stationäre Wellen auszudrücken.

Wir betrachten jetzt eine nichtlineare quasistationäre Welle mit (über Entfernungen von der Größenordnung der Wellenlänge und über Zeitintervalle von der Größenordnung der Schwingungsperiode) langsam veränderlichen Parametern. Sie kann dann näherungsweise mit

Hilfe der Ausdrücke (A.22) beschrieben werden, die für ideal periodische Wellen gültig sind; die Größen ω, k, α, γ und $b_1, b_2, \ldots, b_m$ werden sich jetzt in Raum und Zeit langsam ändern. Die Phase $\theta(x, t)$ ist bereits keine lineare Funktion von x und t mehr; wir nehmen jedoch wie in der geometrischen Optik an, daß die Beziehungen

$$\omega = -\frac{\partial \theta}{\partial t}, \qquad k = \frac{\partial \theta}{\partial x} \tag{A.26}$$

in Kraft bleiben. Insbesondere ergibt sich aus (A.26) der folgende Zusammenhang zwischen den Funktionen $\omega(t, x)$ und $k(t, x)$:

$$\frac{\partial k}{\partial t} + \frac{\partial \omega}{\partial x} = 0 \tag{A.27}$$

(Kontinuitätsgleichung für die Wellenzahl).

Auf genau die gleiche Weise kann an Stelle der Kombination $\alpha x - \gamma t$ die Funktion $\chi(t, x)$ derart eingeführt werden, daß

$$\gamma = -\frac{\partial \chi}{\partial t}, \qquad \alpha = \frac{\partial \chi}{\partial x}. \tag{A.28}$$

Für rein stationäre Wellen ist $\chi(t, x)$ eine lineare Funktion der in ihr auftretenden Variablen. Aus (A.28) ergibt sich

$$\frac{\partial \alpha}{\partial t} + \frac{\partial \gamma}{\partial x} = 0. \tag{A.29}$$

Schließlich darf man erwarten, daß die langsam veränderlichen Funktionen $b_i(t, x)$ in der „adiabatischen" Näherung nach wie vor durch die Größen ω, k, γ, α mit Hilfe der gleichen Beziehungen ausgedrückt werden können, welche auch für die ideal periodischen Wellen gelten, das heißt mit Hilfe der Formeln (A.24).

Wir brauchen daher also nur noch Gleichungen für die Funktionen $\theta(x, t)$ und $\chi(x, t)$ zu gewinnen. Zu diesem Zwecke werden wir nach Whitham von einem „gemittelten" Variationsprinzip ausgehen und verlangen, daß die Größe

$$\iint \mathscr{L} \, dx \, dt, \tag{A.30}$$

in der $\mathscr{L}$ die mittlere LAGRANGE-Funktion ist, die genauso wie für eine ideal periodische Welle durch die Beziehung (A.25) definiert wird, für die gesuchten Funktionen einen stationären Wert annimmt, das heißt

$$\begin{aligned} \delta \iint \mathscr{L} \, dx \, dt &= \iint \left[\frac{\partial \mathscr{L}}{\partial \omega} \delta\omega + \frac{\partial \mathscr{L}}{\partial k} \delta k + \frac{\partial \mathscr{L}}{\partial \alpha} \delta\alpha \right. \\ &\quad \left. + \frac{\partial \mathscr{L}}{\partial \gamma} \delta\gamma \right] dx \, dt \\ &= \iint \left[- \frac{\partial \mathscr{L}}{\partial \omega} \frac{\partial \delta\theta}{\partial t} + \frac{\partial \mathscr{L}}{\partial k} \frac{\partial \delta\theta}{\partial x} - \frac{\partial \mathscr{L}}{\partial \gamma} \frac{\partial \delta\chi}{\partial t} \right. \\ &\quad \left. + \frac{\partial \mathscr{L}}{\partial \alpha} \frac{\partial \delta\chi}{\partial x} \right] dx \, dt = 0. \end{aligned}$$

Wenn wir voraussetzen, daß die Variationen $\delta\theta(x, t)$ und $\delta\chi(x, t)$ an den Grenzen des Integrationsgebietes Null werden, so erhalten wir nach partieller Integration die Gleichungen

$$\frac{\partial}{\partial t} \left(\frac{\partial \mathscr{L}}{\partial \omega} \right) - \frac{\partial}{\partial x} \left(\frac{\partial \mathscr{L}}{\partial k} \right) = 0, \tag{A.31}$$

$$\frac{\partial}{\partial t} \left(\frac{\partial \mathscr{L}}{\partial \gamma} \right) - \frac{\partial}{\partial x} \left(\frac{\partial \mathscr{L}}{\partial \alpha} \right) = 0. \tag{A.32}$$

Dabei haben wir die aus den Gleichungen (A.24) ermittelten Größen $b_i(\omega, k, \alpha, \gamma)$ in $\mathscr{L}$ einzusetzen. Die Gleichungen (A.31) und (A.32) beschreiben zusammen mit (A.26), (A.28) und (A.24) die Evolution nichtlinearer Wellen mit langsam veränderlichen Parametern in der adiabatischen Näherung vollständig.

A.2. Adiabatische Invarianten

Um das Wesen der oben dargelegten Methode besser zu verstehen sowie um ihren Zusammenhang mit der Theorie der adiabatischen Invarianten in der Mechanik von Systemen mit einer endlichen Zahl von Freiheitsgraden zu verdeutlichen, geben wir eine andere Ableitung der Gleichungen (A.31) und (A.32) an.

Wir erinnern zu diesem Zwecke zunächst daran, daß aus den Gleichungen (A.16) und (A.17) der Energieerhaltungssatz

$$\frac{\partial W}{\partial t} + \frac{\partial P}{\partial x} = 0 \tag{A.33}$$

folgt, wo die Energiedichte $W(x, t)$ und der Energiestrom $P(x, t)$ durch die bekannten Beziehungen

$$W = \psi_t \frac{\partial L}{\partial \psi_t} + \varphi_t \frac{\partial L}{\partial \varphi_t} - L, \tag{A.34}$$

$$P = \psi_t \frac{\partial L}{\partial \psi_x} + \varphi_t \frac{\partial L}{\partial \varphi_x} \tag{A.35}$$

definiert werden.

Führen wir nun die Mittelwerte dieser Größen für quasistationäre Wellen ein:

$$\overline{W} = \frac{1}{2\pi} \int_0^{2\pi} W(\theta)\, \mathrm{d}\theta = \overline{\psi_t \frac{\partial L}{\partial \psi_t} + \varphi_t \frac{\partial L}{\partial \varphi_t}} - \mathcal{L}, \tag{A.36}$$

$$\overline{P} = \frac{1}{2\pi} \int_0^{2\pi} P(\theta)\, \mathrm{d}\theta = \overline{\psi_t \frac{\partial L}{\partial \psi_x} + \varphi_t \frac{\partial L}{\partial \varphi_x}}. \tag{A.37}$$

Berücksichtigen wir (A.21), so können wir (unter

Beachtung von $\psi_t = -\omega\psi'(\theta)$) schreiben:

$$\frac{\partial \mathcal{L}}{\partial \omega} = \frac{1}{2\pi}\int\limits_0^{2\pi}\Big[-\psi'(\theta)\,\frac{\partial L}{\partial \psi_t} - \varphi'(\theta)\,\frac{\partial L}{\partial \varphi_t} + \frac{\partial L}{\partial \psi'(\theta)}\,\frac{\partial \psi'(\theta)}{\partial \omega}$$

$$+ \frac{\partial L}{\partial \psi}\,\frac{\partial \psi}{\partial \omega} + \frac{\partial L}{\partial \varphi'(\theta)}\,\frac{\partial \varphi'(\theta)}{\partial \omega}\Big]\,\mathrm{d}\theta$$

$$= \frac{1}{2\pi}\int\limits_0^{2\pi}\Big\{\frac{1}{\omega}\left[\psi_t\,\frac{\partial L}{\partial \psi_t} + \varphi_t\,\frac{\partial L}{\partial \varphi_t}\right]$$

$$- \frac{\partial \psi}{\partial \omega}\left[\frac{\partial}{\partial \theta}\left(\frac{\partial L}{\partial \psi'}\right) - \frac{\partial L}{\partial \psi}\right] - \frac{\partial \varphi}{\partial \omega}\,\frac{\partial}{\partial \theta}\left(\frac{\partial L}{\partial \varphi'}\right)\Big\}\,\mathrm{d}\theta. \tag{A.38}$$

Nutzen wir die Gleichungen (A.19) und (A.20) aus, so erhalten wir aus (A.38) die Beziehung

$$\omega\,\frac{\partial \mathcal{L}}{\partial \omega} = \overline{\psi_t\,\frac{\partial L}{\partial \psi_t} + \varphi_t\,\frac{\partial L}{\partial \varphi_t}}. \tag{A.39}$$

In gleicher Weise kann man sich davon überzeugen, daß

$$\omega\,\frac{\partial \mathcal{L}}{\partial k} = \overline{-\psi_t\,\frac{\partial L}{\partial \psi_x} - \varphi_t\,\frac{\partial L}{\partial \varphi_x}}. \tag{A.40}$$

Vergleichen wir (A.36) und (A.37) mit (A.39) und (A.40), so erhalten wir

$$\overline{W} = \omega\,\frac{\partial \mathcal{L}}{\partial \omega} - \mathcal{L}, \tag{A.41}$$

$$\overline{P} = -\omega\,\frac{\partial \mathcal{L}}{\partial k}. \tag{A.42}$$

Bilden wir jetzt den Mittelwert von (A.33), so ergibt sich der folgende Energieerhaltungssatz für quasiperiodische

Wellen:

$$\frac{\partial \overline{W}}{\partial t} + \frac{\partial \overline{P}}{\partial x} = 0. \tag{A.43}$$

Setzen wir hier (A.41) und (A.42) ein, so haben wir

$$\omega \left[\frac{\partial}{\partial t} \left(\frac{\partial \mathscr{L}}{\partial \omega} \right) - \frac{\partial}{\partial x} \left(\frac{\partial \mathscr{L}}{\partial k} \right) \right] + \frac{\partial \mathscr{L}}{\partial \omega} \frac{\partial \omega}{\partial t} - \frac{\partial \mathscr{L}}{\partial k} \frac{\partial \omega}{\partial x} - \frac{\partial \mathscr{L}}{\partial t} = 0.$$

Die letzten drei Glieder dieses Ausdrucks heben sich auf, da

$$\frac{\partial \mathscr{L}}{\partial t} \equiv \frac{\partial \mathscr{L}}{\partial \omega} \frac{\partial \omega}{\partial t} + \frac{\partial \mathscr{L}}{\partial k} \frac{\partial k}{\partial t} = \frac{\partial \mathscr{L}}{\partial \omega} \frac{\partial \omega}{\partial t} - \frac{\partial \mathscr{L}}{\partial k} \frac{\partial \omega}{\partial x}.$$

Daraus ergibt sich schließlich die Gleichung (A.31), die sich daher als unmittelbare Folge des gemittelten Energieerhaltungssatzes (A.43) erweist.

Mitteln wir die Gleichung (A.17), die gleichfalls die Gestalt eines Erhaltungssatzes hat, über die Periode der Welle und beachten dabei, daß wegen (A.21) und (A.25)

$$\overline{\frac{\partial L}{\partial \varphi_t}} = -\frac{\partial \mathscr{L}}{\partial \gamma}, \qquad \overline{\frac{\partial L}{\partial \varphi_x}} = \frac{\partial \mathscr{L}}{\partial \alpha},$$

so ergibt sich die Gleichung (A.32).

Die oben verwendete Mittelungsmethode ist der in der Theorie der adiabatischen Invarianten benutzten Mittelung völlig analog. Wie wir wissen, hat die zu einer periodischen Bewegung mit der Frequenz ω eines Systems mit einer endlichen Zahl von Freiheitsgraden gehörende adiabatische Invariante I die Form [115]:

$$I = \frac{1}{2\pi} \oint \left(\sum_i p_i \, \mathrm{d}q_i \right) = \frac{1}{2\pi\omega} \int_0^{2\pi} \mathrm{d}\theta \left(\sum_i \frac{\partial L}{\partial \dot{q}_i} \dot{q}_i \right). \tag{A.44}$$

Hierbei ist

$$I = \frac{E + \mathcal{L}}{\omega}, \qquad \mathcal{L} = \int\limits_0^{2\pi} d\theta L(\theta), \tag{A.45}$$

mit E als Energie des Systems.

Die direkte Verallgemeinerung der Beziehung (A.44) auf den Fall von Schwingungen in einem kontinuierlichen Medium besitzt die Gestalt

$$J = \frac{1}{2\pi\omega} \int\limits_0^{2\pi} d\theta \left[\psi_t \frac{\partial L}{\partial \psi_t} + \varphi_t \frac{\partial L}{\partial \varphi_t}\right], \tag{A.46}$$

mit J als Dichte der adiabatischen Invarianten ($I = \int J\, dx$), die Größen ψ und φ spielen hierbei die Rolle von verallgemeinerten Koordinaten. Vergleichen wir (A.46) und (A.39), so können wir sehen, daß die Dichte der adiabatischen Invarianten in unserem Falle gleich

$$J = \frac{\partial \mathcal{L}}{\partial \omega} \tag{A.47}$$

ist [16].

Die Gleichung (A.31) hat die Bedeutung einer Kontinuitätsgleichung für die Dichte der adiabatischen Invarianten, aus der das Gesetz der Erhaltung der totalen adiabatischen Invarianten $I = \int J\, dx$ folgt. Die Größe $\partial\mathcal{L}/\partial k$ ist dabei gleich dem Fluß der adiabatischen Invarianten. Wir merken noch an, daß die Beziehung (A.41) auch in die zu (A.45) analoge Form[1])

$$J = \frac{\overline{W} + \mathcal{L}}{\omega} \tag{A.48}$$

gebracht werden kann.

---

[1]) Ist das Wellenfeld linear, so ist infolge des Virialtheorems $\mathcal{L} = 0$ (da die Mittelwerte von kinetischer und potentieller Energie für harmonische Schwingungen gleich sind). Aus (A.48) ergibt sich dann die bekannte Beziehung $J = \overline{W}/\omega$.

A.3. Nichtlineare geometrische Optik

Wir wenden die oben entwickelte Theorie auf den einfachsten Fall an, in dem die gemittelte LAGRANGE-Funktion (A.25) außer von ω und k nur noch von einem einzigen Parameter abhängt. Als solcher kann immer die Amplitude a der Welle gewählt werden. Wir nehmen daher

$$\mathcal{L} = \mathcal{L}(\omega, k, a^2) \tag{A.49}$$

an. Die Gleichungen (A.24) erhalten dabei die Form

$$\frac{\partial \mathcal{L}}{\partial (a^2)} = 0. \tag{A.50}$$

Die aus (A.50) folgende Abhängigkeit der Größen ω, k und a^2 voneinander muß im betrachteten Fall mit der nichtlinearen Dispersionsbeziehung

$$\omega = \omega(k, a^2) \tag{A.51}$$

für stationäre Wellen übereinstimmen.

Wir setzen jetzt voraus, die Amplitude a sei klein. In diesem Falle kann die gemittelte LAGRANGE-Funktion nach Potenzen von a^2 entwickelt werden. Da die LAGRANGE-Funktion in der linearen Näherung in bezug auf die die Welle beschreibenden Größen Ψ quadratisch sein muß, beginnt diese Entwicklung mit einem zu a^2 proportionalen Glied, das heißt

$$\mathcal{L} = F(\omega; k)\, a^2 + \frac{1}{2}\, G(\omega, k)\, a^4 + \cdots. \tag{A.52}$$

Aus (A.50) und (A.52) folgt dann, daß die Gleichung $F(\omega, k) = 0$ die Dispersionsrelation in der linearen Näherung $\omega = \omega^{(0)}(k)$ liefert. In der folgenden Näherung erhalten wir

$$F(\omega, k) = -G(\omega, k)\, a^2. \tag{A.53}$$

Lösen wir diese Gleichung (mit einer Genauigkeit bis zu Gliedern von der Größenordnung a^2) nach ω auf, so erhalten wir offensichtlich die nichtlineare Dispersionsbeziehung (24.4). Nach Einsetzen von (A.26) in (24.4) gelangen wir zur HAMILTON-JACOBI-Gleichung

$$\frac{\partial \theta}{\partial t} = \omega^{(0)} \left(\left(\frac{\partial \theta}{\partial x} \right)^2 \right) + \left(\frac{\partial \omega}{\partial (a^2)} \right)_0 a^2(x, t) . \qquad \text{(A.54)}$$

Im Falle einer schwach modulierten Welle, deren Phase in der Gestalt (24.5) dargestellt werden kann, ergibt sich aus (A.54) die Gleichung (24.9) für die Größen $\varphi(\boldsymbol{r}, t)$ und $a^2(\boldsymbol{r}, t)$. Wie wir gleich sehen werden, ergibt sich die zweite Gleichung aus (A.31). Um sie zu gewinnen, setzen wir (A.53) in (A.52) ein, hierbei können wir im Rahmen der angenommenen Genauigkeit $G(\omega, k) \approx G(\omega_0, k_0)$ voraussetzen, wo ω_0 und k_0 die „Träger"frequenz und die Wellenzahl sind, die in (24.5) auftreten. Dann ist

$$\mathscr{L} = -\frac{1}{2} G(\omega_0, k_0)\, a^4 . \qquad \text{(A.55)}$$

Wir drücken jetzt a^2 durch φ_t, φ_x und $\nabla_\perp \varphi$ aus (24.9) aus und setzen diesen Ausdruck in (A.55) und den letzteren in (A.31) ein. Wenn wir die Differentiation in (A.31) ausführen und dabei (24.7) und (24.8) berücksichtigen, erhalten wir die Gleichung (24.12), die zusammen mit (24.9) das vollständige Gleichungssystem der nichtlinearen geometrischen Optik in der betrachteten Näherung darstellt.

Anhang B. Entwicklung elektroakustischer Wellen im Plasma mit negativer Dielektrizitätskonstante [112]

B.1. Grenzbedingungen

Wir setzen voraus, daß das Plasma den Halbraum $x > 0$ erfüllt und auf die Begrenzung $x = 0$ des Plasmas eine Welle mit zeitlich veränderlicher Amplitude $E_i(t)$

$$\tilde{E}_i = E_i(t) \cos \omega \left(t - \frac{x}{c}\right) \tag{B.1}$$

auftrifft. Die Gleichungen für die reflektierte und die in das Plasma eindringende Welle setzen wir in der Form

$$\left.\begin{aligned} \tilde{E}_r &= E_r(t) \cos \left[\omega \left(t + \frac{x}{c}\right) - \psi(t)\right], \\ \tilde{E} &= a(x, t) \cos \left[\omega t - \varphi(x, t)\right] \end{aligned}\right\} \tag{B.2}$$

an. Die Vektoren der elektrischen und magnetischen Feldstärke liegen für alle drei Wellen parallel zur Grenzfläche $x = 0$. Unter Berücksichtigung der Gleichungen (B.1) und (B.2) sowie

$$\frac{\partial \tilde{H}}{\partial t} = -c \operatorname{rot} \tilde{E} \tag{B.3}$$

erhalten wir aus den Stetigkeitsbedingungen für die elektrische und die magnetische Feldstärke

$$\left.\begin{aligned} E_i \left[1 + \frac{E_r}{E_i} \cos \psi(t)\right] &= a_0(t) \cos \varphi_0(t), \\ E_r \sin \psi &= a_0 \sin \varphi_0, \\ \frac{\omega}{c} E_r \sin \psi &= a_{0x} \cos \varphi_0 - a_0 \varphi_{0x} \sin \varphi_0, \\ \frac{\omega}{c} E_i \left(1 - \frac{E_r}{E_i} \cos \psi\right) &= a_{0x} \sin \varphi_0 \\ &\quad + a_0 \varphi_{0x} \cos \varphi_0. \end{aligned}\right\} \tag{B.4}$$

Hier ist

$$\left.\begin{aligned} E_i &\equiv E_i(t), & E_r &\equiv E_r(t), \\ a_0 &= a(0, t), & \varphi_0 &= \varphi(0, t), \\ a_{0x} &= \left.\frac{\partial a(x, t)}{\partial x}\right|_{x=0}, & \varphi_{0x} &= \left.\frac{\partial \varphi(x, t)}{\partial x}\right|_{x=0}. \end{aligned}\right\} \tag{B.5}$$

Führen wir den Reflektionskoeffizienten

$$R(t) = \frac{E_r^2(t)}{E_i^2(t)} \tag{B.6}$$

ein und verwenden die Gleichung (B.4), so erhalten wir

$$R(t) = 1 - \frac{c\varphi_{0x}a_0^2(t)}{\omega E_i^2(t)}, \tag{B.7}$$

$$\frac{a_0^2}{E_i^2} = 4\left(1 - \frac{c^2 a_{0x}^2}{4\omega^2 E_i^2}\right)\left(1 + \frac{c}{\omega}\,\varphi_{0x}\right)^2, \tag{B.8}$$

$$\sin\varphi_0 = \frac{c a_{0x}}{2\omega E_i}, \qquad \sin\psi = \frac{c a_0 a_{0x}}{2\omega E_i^2}\,R^{-1/2}. \tag{B.9}$$

Diese Beziehungen bilden zusammen mit den Bedingungen

$$\left.\begin{aligned} &a(x, t) \to 0 \qquad (x \to \infty), \\ &\int_0^\infty a^2(x, t)\,dx < \infty \end{aligned}\right\} \tag{B.10}$$

das komplette System der Grenzbedingungen für die das Feld im Plasma regierenden Grundgleichungen (30.5) und (30.10).

Wir berechnen nun den Reflexionskoeffizienten $R(t)$. Zu diesem Zwecke muß die Größe φ_{0x} ermittelt werden. Multiplizieren wir die Gleichung (30.5) mit E^* und ziehen von der letzteren die konjugiert-komplexe Gleichung ab, so erhalten wir[1])

$$2i \frac{\partial |E|^2}{\partial t} + \frac{c^2}{\omega} \frac{\partial}{\partial x} (E^* E_x - E_x^* E) = 0. \tag{B.11}$$

Setzen wir hier die Beziehungen

$$E(x, t) = a(x, t) \exp [i\varphi(x, t)], \tag{B.12}$$

$$|E|^2 = a^2, \qquad E^* E_x - E_x^* E = 2i\varphi_x a^2 \tag{B.13}$$

ein und integrieren über x von $x = 0$ bis $x = \infty$, so haben wir schließlich

$$\varphi_{0x}(t) = \frac{\omega}{c^2} \left(\frac{\mathrm{d}}{\mathrm{d}t} \int\limits_0^\infty |E(x, t)|^2 \,\mathrm{d}x \right) \Big/ |E(0, t)|^2. \tag{B.14}$$

Der Reflexionskoeffizient besitzt daher im Falle $\omega_0 - \omega \ll \omega_0$ das Aussehen

$$R(t) = 1 - \frac{1}{cE_i^2(t)} \frac{\mathrm{d}}{\mathrm{d}t} \int\limits_0^\infty |E(x, t)|^2 \,\mathrm{d}x. \tag{B.15}$$

Insbesondere ist $R = 1$, wenn die Amplitude der einfallenden Welle nicht von der Zeit abhängt, d. h., in diesem Falle wird die Welle vom Plasma total reflektiert und dringt in dieses nur bis zu der in Abschnitt 30. abgeleiteten Tiefe der Skinschicht ein. Wenn sich jedoch die Amplitude der einfallenden Welle mit der Zeit ändert, so wird, wie weiter unten gezeigt wird, nur ein Teil der auf das Plasma auftreffenden elektromagnetischen Energie reflektiert.

Das physikalische Bild des Eindringens der Strahlung ist einfach: Der Druck des elektromagnetischen Feldes erzeugt eine Verdünnung der Dichte in einem bestimmten Gebiet des Plasmas; in diesem Bereich konzentriert sich

---

[1]) Hier und überall im weiteren wird $\gamma^2 = \dfrac{\omega_0^2 - \omega^2}{\omega_0^2} \ll 1$ (s. die Beziehung (B.19)) vorausgesetzt.

die Strahlung in Form einer stehenden Welle, die sich zusammen mit dem Verdünnungsgebiet in Form von elektroakustischen Wellen ins Innere des Plasmas ausbreitet.

Die Näherungslösungen der Grundgleichungen (30.5) und (30.10), welche die Entstehung und die Evolution der elektroakustischen Wellen beschreiben, werden in den nächsten Abschnitten dieses Anhangs untersucht.

B.2. Anregung und Entwicklung elektroakustischer Wellen

Es ist offensichtlich, daß die charakteristischen Abmessungen elektroakustischer Wellen in der Größenordnung

$$L \approx \mu^{-1} \tag{B.16}$$

liegen, wo die in (30.10) definierte Größe μ die reziproke Länge der elektroakustischen Solitonen ist. Die zugehörige charakteristische Zeit der elektroakustischen Prozesse ist größenordnungsmäßig gleich

$$T \approx (\mu c_s)^{-1}. \tag{B.17}$$

Weiterhin darf man unter der Bedingung (30.23) die Größe $\partial\varphi/\partial x$ als hinreichend klein ansehen, da

$$\varphi_x L \approx c_s/c\gamma \ll 1.$$

Daher können wir

$$\exp(i\varphi) \approx 1 \tag{B.18}$$

annehmen. Aus (30.19) kann man darüber hinaus entnehmen, daß die Bedingung $\nu \ll 1$, die bei der Ableitung der Gleichung (30.11) aus den hydrodynamischen Gleichungen als erfüllt vorausgesetzt worden ist, die folgende Form besitzt:

$$\gamma^2 \equiv \frac{\omega_0^2 - \omega^2}{\omega_0^2} \ll 1. \tag{B.19}$$

Alle diese Abschätzungen erlauben es, einfache Ausdrücke zu gewinnen, die das Eindringen von elektromagnetischer Strahlung in ein Plasma beschreiben.

Wir nehmen jetzt an, die Amplitude der einfallenden elektromagnetischen Welle sei nur während eines begrenzten Zeitraums von Null verschieden:

$$\left.\begin{aligned} E_i(t) &\neq 0 \qquad (t_1 < t < t_2), \\ E_i(t) &= 0 \qquad (t < t_1, t > t_2). \end{aligned}\right\} \tag{B.20}$$

Setzen wir $t_2 - t_1 \sim (\mu c_s)^{-1}$ voraus und machen von den Formeln (30.23) und (B.16) bis (B.19) Gebrauch, so können wir die folgenden Abschätzungen für die in der Formel (B.8) auftretenden Größen angeben:

$$\frac{c^2 a_{0x}^2}{\omega^2 E_i^2} \approx \frac{c^2 \mu^2}{\omega^2} = \gamma^2 \tag{B.21}$$

und

$$\frac{c\varphi_{0x}}{\omega} \approx \frac{c}{\omega_0} \frac{\omega_0 \mu c_s}{c^2 \mu} = \frac{c_s}{c} \tag{B.22}$$

(die letzte Beziehung beruht auf der Formel (B.14)).

Aus (B.8) und (B.21) erhalten wir

$$a_0^2(t) = |E(0, t)|^2 \approx 4E_i^2(t), \tag{B.23}$$

d. h., die Amplitude der Welle im Inneren des Plasmas ist an seiner Begrenzung gleich der doppelten Amplitude des einfallenden Wellenfeldes.

Wir berechnen jetzt die totale in das Plasma eindringende Energie. Diese Größe wird durch die Formel

$$W(t) = \frac{c}{8\pi} \int\limits_{t_1}^{t} dt' E_i^2(t') \,[1 - R(t')] \tag{B.24}$$

gegeben, in der t ein beliebiger Zeitpunkt ist und t_1 der Augenblick, in dem das Feld an der Begrenzung des Plasmas eingeschaltet wird. Setzen wir hier den Ausdruck

(B.15) für den Reflexionskoeffizienten ein und berücksichtigen, daß zur Zeit $t = t_1$ das Feld im Inneren des Plasmas noch gleich Null ist, so erhalten wir

$$W(t) = \frac{1}{8\pi} \int_{t_1}^{t_2} \mathrm{d}t \left\{ \frac{\mathrm{d}}{\mathrm{d}t} \int_0^\infty |E(x, t)|^2 \, \mathrm{d}x \right\}$$

$$= \frac{1}{8\pi} \int_0^\infty \mathrm{d}x \, |E(x, t)|^2. \tag{B.25}$$

Zur Zeit $t > t_2$ ist das äußere Feld gleich Null, und wir erhalten

$$\frac{1}{8\pi} \int_0^\infty \mathrm{d}x \, |E(x, t)|^2 = W(t_2) = \text{const} \qquad (t > t_2). \tag{B.26}$$

Diese Ergebnisse sind natürlich eine einfache Folge der Energieerhaltung. In der Tat ist die Energiedichte der elektroakustischen Welle im Plasma gleich [109]

$$\frac{1}{16\pi} \left[\frac{\partial(\omega\varepsilon)}{\partial\omega} |\tilde{E}|^2 + |\tilde{H}|^2 \right] + \frac{\varrho v^2}{2} + \frac{\varrho c_s^2 \nu^2}{2}$$

$$\approx \frac{1}{16\pi} \frac{\partial(\omega\varepsilon)}{\partial\omega} |E|^2 \approx \frac{|E|^2}{8\pi}. \tag{B.27}$$

(Die Vernachlässigbarkeit der weggelassenen Glieder ergibt sich aus der Bedingung (30.23)). Aus diesem Grunde wird die totale Energie der im Plasma entstehenden elektroakustischen Welle durch den Ausdruck (B.25) gegeben. Wie ferner zu bemerken ist, ergibt sich aus der Beziehung (B.22), daß der Energieeinstrom ins Plasma die folgende Größenordnung hat:

$$(1 - R) \frac{c}{8\pi} |E_i(0, t)|^2 \approx \frac{c_s}{2\pi} |E(0, t)|^2, \tag{B.28}$$

d. h., die Energiemenge, die pro Zeiteinheit in das Plasma eindringt, ist größenordnungsmäßig gleich der Energiedichte an der Grenze des Plasmas, multipliziert mit der Schallgeschwindigkeit; das entspricht der Tatsache, daß die elektromagnetische Strahlung, welche die elektroakustische Welle erfüllt, sich gemeinsam mit dem Plasma mit einer Geschwindigkeit von der Größenordnung der Schallgeschwindigkeit ausbreitet.

Darüber hinaus unterscheidet sich in dem Falle, in dem die Amplitude des Feldes genügend klein ist, nämlich bei

$$\frac{|E|^2}{2\gamma^2 E_c^2} \ll 1 \tag{B.29}$$

(diese Beziehung werden wir im weiteren ständig als erfüllt voraussetzen), wie weiter unten gezeigt wird, die Geschwindigkeit der elektroakustischen Wellen kaum von der Schallgeschwindigkeit, so daß die Beziehung (B.28) die Bedeutung einer näherungsweise gültigen Gleichung erhält.[1])

Berücksichtigen wir jetzt die Beziehung (B.23), so erhalten wir für die totale Energie der elektroakustischen Welle die folgende Näherungsdarstellung durch das äußere Feld[2])

$$W(t) \approx \frac{c_s}{8\pi} \int\limits_{t_1}^{t} E^2(0, t)\, \mathrm{d}t = \frac{c_s}{2\pi} \int\limits_{t_1}^{t} E_i^2(t)\, \mathrm{d}t. \tag{B.30}$$

Wir nehmen nun an, die elektroakustische Welle, die sich im Plasma formiert hat, habe sich bis zu einem hinreichend großen Abstand von der Begrenzung entfernt. Die weitere Entwicklung dieser Welle wird dann durch die Lösung der Grundgleichungen bei der Anfangsbedingung

$$E(x, 0) = E_0(x) \tag{B.31}$$

---

[1]) Für Solitonen folgt das sofort aus der Beziehung (30.21).

[2]) Formel (B.30) wird im Abschnitt B.3. streng abgeleitet.

gegeben, wo $E_0(x)$ eine bei $x = \pm\infty$ genügend rasch abklingende Funktion ist (von jetzt an wollen wir annehmen, daß sich die Begrenzung des Plasmas bei $x = -\infty$ befindet und das Intervall in (B.20) im negativen Gebiet liegt: $t_1 < t_2 < 0$). Aus dem oben Dargelegten folgt, daß die Funktion $E_0(x)$ der Beziehung

$$\frac{1}{8\pi}\int_{-\infty}^{\infty}|E_0(x)|^2\,\mathrm{d}x = \frac{c_s}{2\pi}\int_{t_1}^{t_2}E_i^2(t)\,\mathrm{d}t \tag{B.32}$$

genügt.

Wir gehen nun zu den dimensionslosen Veränderlichen

$$\xi = \mu(x - c_s t), \qquad \tau = \mu c_s t, \tag{B.33}$$

$$F = \frac{E(x,t)}{\sqrt{2}\,\gamma E_{c_s}}, \qquad g = \frac{\nu(x,t)}{\gamma^2} \tag{B.34}$$

über. Die Gleichungen (30.5) und (30.11) erhalten dann die Gestalt

$$\left.\begin{aligned} i\,\frac{2c_s}{\gamma c}\left(\frac{\partial}{\partial\tau} - \frac{\partial}{\partial\xi}\right)F + \frac{\partial^2 F}{\partial\xi^2} - (1+g)\,F = 0,\\ \frac{\partial}{\partial\tau}\left(\frac{\partial}{\partial\tau} - 2\,\frac{\partial}{\partial\xi}\right)g = 2\,\frac{\partial^2(F^2)}{\partial\xi^2}.\end{aligned}\right\} \tag{B.35}$$

Wenn wir hier in Übereinstimmung mit den obigen Überlegungen

$$g(\xi,\tau) \sim 1, \qquad F^2(\xi,\tau) \ll 1 \tag{B.36}$$

setzen, so besitzen diese Gleichungen, wie man leicht aus ihrer Struktur erkennen kann, Lösungen, bei denen

$$\frac{\partial\psi}{\partial\xi} \approx \psi, \qquad \frac{\partial\psi}{\partial\tau} \approx F^2\psi \ll \psi, \tag{B.37}$$

wobei ψ eine beliebige der im System (B.35) auftretenden unbekannten Funktionen ist. Man überzeugt sich unschwer davon, daß die Beziehungen (B.37) Lösungen entsprechen, die sich in positiver Richtung der x-Achse mit einer in Nähe der Schallgeschwindigkeit liegenden Geschwindigkeit ausbreitende Wellen beschreiben.[1])

Wenn man nur solche Lösungen sucht und sich auf die Hauptterme in den Gleichungen (B.35) beschränkt, so erhalten die Grundgleichungen die Form[2])

$$\frac{\partial^2 F(\xi, \tau)}{\partial \xi^2} - [1 + g(\xi, \tau)]\, F(\xi, \tau) = 0, \qquad \text{(B.38)}$$

$$\frac{\partial g(\xi, \tau)}{\partial \tau} = -\frac{\partial F^2(\xi, \tau)}{\partial \xi}. \qquad \text{(B.39)}$$

Wir betrachten zunächst diejenigen stationären Lösungen dieses Systems, die solitäre Wellen beschreiben. Setzen wir

$$F = F(\xi - V\tau), \qquad g = g(\xi - V\tau),$$

so erhalten wir nach Übergang zu den Ausgangsgrößen entsprechend (B.33) und (B.34)

$$\left.\begin{aligned} E &= E_m \operatorname{sech} \mu(x - c_s\mathrm{M}t), \\ g &= -2\gamma^2 \operatorname{sech}^2 \mu(x - c_s\mathrm{M}t), \end{aligned}\right\} \qquad \text{(B.40)}$$

wobei die Amplitude der Welle E_m mit der MACH-Zahl M über die Beziehung

$$E_m = 2\gamma E_c \sqrt{1 - \mathrm{M}} \qquad \text{(B.41)}$$

verknüpft ist. Diese Lösungen gelten für $1 - \mathrm{M} \ll 1$ und stimmen im Rahmen der vorausgesetzten Genauigkeit mit den Ausdrücken (30.17) bis (30.19) überein.

---

[1]) Lösungen dieses Typs sind den quasieinfachen Wellen analog, die in Kapitel IV. behandelt worden sind.

[2]) Da der Term, der $i\, \partial E/\partial t$ enthält, von uns vernachlässigt wurde, können wir die Funktion $F(\xi, \tau)$, ohne die Allgemeingültigkeit zu verletzen, reell ($\varphi_x \ll \mu c_s/c\gamma$) annehmen. Das ist natürlich dann nicht gerechtfertigt, wenn Skalenbereiche von der Größenordnung $1/\varphi_x \approx c\gamma/c_s\mu$ betrachtet werden. Solche Längen sind jedoch wesentlich größer als die charakteristische Länge (B.16). Außerdem merken wir an, daß die Phase φ (genauer gesagt ihre Ableitung φ_x) in einigen Fällen trotz der Bedingung (B.19) nicht vernachlässigt werden darf. Beispielsweise ist der Reflexionskoeffizient (B.7) nur dank $\varphi_x \neq 0$ von Eins verschieden.

Betrachten wir jetzt die allgemeine Lösung der Gleichungen (B.38) und (B.39) bei beliebiger Anfangsstörung

$$F(\xi, 0) = f(\xi), \tag{B.42}$$

wenn diese gemeinsam mit ihren Ableitungen hinreichend schnell bei $|\xi| \to \infty$ abklingt. Die Anfangswerte der Funktion g können dabei eindeutig aus der Gleichung (B.38) bestimmt werden:

$$g(\xi, 0) = \frac{F_{\xi\xi}(\xi, 0)}{F(\xi, 0)} - 1. \tag{B.43}$$

Hier muß angemerkt werden, daß die der Gleichung (B.38) genügende Funktion $F(\xi, \tau)$ in dem Falle, in dem die Funktion $g(\xi, \tau)$ für $|\xi| \to \infty$ hinreichend schnell verschwindet, bei großen Werten von $|\xi|$ die folgende asymptotische Darstellung besitzen muß:

$$F(\xi, \tau) \approx c(\tau)\, e^{-|\xi|}. \tag{B.44}$$

Diese Beziehungen müssen bei jedem beliebigen Wert τ, unter anderem auch bei $\tau = 0$, erfüllt sein. Daher muß die Funktion $f(\xi)$ in (B.42) die Asymptote

$$f(\xi) = \text{const} \cdot e^{-|x|}, \qquad |\xi| \to \infty \tag{B.45}$$

besitzen. In den Variablen x und t ausgedrückt bedeutet dies, daß die Amplitude des elektrischen Feldes im elektroakustischen Impuls eine asymptotische Darstellung der Form

$$E(x, t) \approx c(t)\, e^{-\mu|x|}, \qquad x \to \pm\infty \tag{B.46}$$

haben muß. Dieser Ausdruck stimmt natürlich mit der Asymptote der gewöhnlichen Skin-Schicht in der linearen Theorie überein.

In Verbindung mit den obigen Ausführungen taucht nun die Frage auf, ob die gesuchte Lösung der Gleichungen (B.38) und (B.39) überhaupt existieren kann, d. h., ob die Schrödinger-Gleichung

$$\frac{\partial^2 F}{\partial \xi^2} - [\lambda + g(\xi, \tau)]\, F = 0 \tag{B.47}$$

einen nicht von der Zeit τ abhängigen Eigenwert haben kann, wenn sich ihr „Potential" $g(\xi, \tau)$ der Gleichung (B.39) entsprechend mit der Zeit ändert.

Um auf diese Frage eine Antwort zu geben, berechnen wir $\mathrm{d}\lambda/\mathrm{d}\tau$ aus der Gleichung (B.47):

$$\frac{\mathrm{d}\lambda}{\mathrm{d}\tau} = -\frac{\partial g}{\partial \tau} + \frac{1}{F^2} \frac{\partial}{\partial \xi} (F_{\xi\tau} F - F_\xi F_\tau).$$

Setzen wir hier $\partial g/\partial \tau$ aus (B.39) ein und multiplizieren anschließend beide Seiten mit $F^2(\xi, \tau)$ und integrieren über ξ von $-\infty$ bis $+\infty$, so erhalten wir

$$\frac{\mathrm{d}\lambda}{\mathrm{d}\tau} \int_{-\infty}^{\infty} F^2(\xi, \tau) \,\mathrm{d}\xi = 0. \tag{B.48}$$

Wenn wir voraussetzen, daß das hier auftretende Integral konvergiert, erhalten wir

$$\frac{\mathrm{d}\lambda}{\mathrm{d}\tau} = 0.$$

Berücksichtigen wir jetzt die Beziehung (B.43), so finden wir

$$\lambda(\tau) = +1. \tag{B.49}$$

Hieraus ergibt sich, daß sich die oben diskutierten Bedingungen, denen die gesuchte Lösung genügen muß, nicht widersprechen.

Kommen wir jetzt zur Konstruktion der Lösung. Wir berechnen die Funktion $g(\xi, \tau)$ aus der Gleichung (B.38), setzen sie in (B.39) ein und erhalten

$$\frac{\partial}{\partial \xi}\left[F^2 \frac{\partial}{\partial \xi}\left(\frac{F_\tau}{F}\right)\right] = -\frac{1}{2} \frac{\partial}{\partial \xi} (F^4).$$

Integrieren wir und berücksichtigen die Bedingungen bei $|\xi| \to \infty$, so erhalten wir

$$\frac{\partial}{\partial \xi}\left(\frac{F_\tau}{F}\right) = -\frac{1}{2} F^2. \tag{B.50}$$

Wir führen die neue Funktion

$$v(\xi, \tau) = \int_{-\infty}^{\xi} F^2(\eta, \tau)\, \mathrm{d}\eta \tag{B.51}$$

ein. Dann nimmt die Gleichung (B.50) nach einer zweifachen Integration die Form der RICCATI-Gleichung an

$$\frac{\partial v(\xi, \tau)}{\partial \tau} = -\frac{1}{2} v^2 + \frac{1}{2} c_1(\tau)\, v + c_2(\tau), \tag{B.52}$$

wo $c_1(\tau)$ und $c_2(\tau)$ beliebige, bei den Integrationen auftretende Funktionen sind. Da, wie aus (B.51) gefolgert werden kann,

$$v(\tau, -\infty) \equiv v_\tau(\tau, -\infty) = 0,$$

muß

$$c_2(\tau) = 0 \tag{B.53}$$

sein. Zur Bestimmung der Funktion $c_1(\tau)$ erinnern wir uns, daß die Funktion $F(\xi, \tau)$ entsprechend der Beziehung (B.26) (und mit Rücksicht auf die Tatsache, daß die Begrenzung des Plasmas jetzt nach $x = -\infty$ verschoben angenommen wird) der Bedingung

$$\int_{-\infty}^{\infty} F^2(\xi, \tau)\, \mathrm{d}\xi = \int_{-\infty}^{\infty} f^2(\xi)\, \mathrm{d}\xi = J \tag{B.54}$$

genügen muß, wo J eine Konstante ist, die nach den Beziehungen (B.27), (B.30) und (B.54) gleich

$$J = \frac{2c_s\omega_0}{\gamma c E_c^2} \int_{t_1}^{t_2} E_i^2(t)\, \mathrm{d}t \tag{B.55}$$

gesetzt wird. Wenn wir jetzt in der Gleichung (B.52) $\xi = \infty$ setzen und (B.51) sowie (B.54) berücksichtigen, finden wir

$$c_1(\tau) \equiv J. \tag{B.56}$$

Die Lösung der Gleichung (B.52) hat unter den Bedingungen (B.53) und (B.56) die Gestalt

$$v(\xi, \tau) = \frac{J}{2}\left\{1 + \operatorname{th}\left(\frac{J}{4}\left[\tau + \tau_0(\xi)\right]\right)\right\}, \tag{B.57}$$

in der $\tau_0(\xi)$ eine beliebige bei der Integration auftretende Funktion ist. Sie kann durch die Funktion $v(\xi, 0)$ ausgedrückt werden. Mit Rücksicht auf

$$v(\xi, 0) = \int_{-\infty}^{\xi} f^2(\eta)\, \mathrm{d}\eta \tag{B.58}$$

erhalten wir

$$\tau_0(\xi) = \frac{2}{J} \ln \frac{J - \int_{\xi}^{\infty} f^2(\eta)\, \mathrm{d}\eta}{\int_{\xi}^{\infty} f^2(\eta)\, \mathrm{d}\eta}. \tag{B.59}$$

Differenzieren wir den Ausdruck (B.57) nach ξ, so finden wir

$$F^2(\xi, \tau) = \frac{J^2}{8} \frac{\mathrm{d}\tau_0(\xi)}{\mathrm{d}\xi} \operatorname{sech}^2 \left\{\frac{1}{4} J[\tau + \tau_0(\xi)]\right\}. \tag{B.60}$$

Die Formeln (B.60) und (B.59) ergeben die Lösung der Gleichungen (B.38) und (B.39) bei der Anfangsbedingung (B.42). Die Funktion $g(\xi, \tau)$ kann hierbei eindeutig aus der Bedingung (B.38) ermittelt werden.

Gehen wir jetzt zur Analyse der gewonnenen Lösung über. Zunächst untersuchen wir die allgemeinen Eigenschaften der Funktion $\tau_0(\xi)$. Diese Größe wächst monoton mit der Zunahme der Koordinate ξ an, wobei

$$\tau_0(-\infty) = -\infty, \qquad \tau_0(\infty) = \infty. \tag{B.61}$$

Die Größe τ_0 bestimmt daher die Koordinate ξ eindeutig und umgekehrt. Nach den Formeln (B.59) und (B.45) hat die Asymptote der Funktionen $\tau_0(\xi)$ die Form

$$\tau_0(\xi) \approx 4\xi/J \qquad (\xi \to \pm\infty). \tag{B.62}$$

Wir untersuchen nun die asymptotische Form der Lösung (B.60) bei großen Werten von τ. In diesem Falle ist die Funktion $F(\xi, \tau)$ nur bei sehr großen Werten der Größe $\tau_0(\xi)$ merklich von Null verschieden. Da in diesem Falle der asymptotische Ausdruck (B.62) verwendet werden kann, erhalten wir

$$\left.\begin{aligned} F(\xi, \tau) &\to (J/2)^{1/2} \operatorname{sech}(J\tau/4 + \xi), \\ g(\xi, \tau) &\to -2 \operatorname{sech}^2(J\tau/4 + \xi) \qquad (\tau \to +\infty). \end{aligned}\right\} \quad \text{(B.63)}$$

Kehren wir mit Hilfe der Formeln (B.33) und (B.34) zu den ursprünglichen Variablen zurück, so erhalten wir

$$E(x, t) \to \sqrt{J}\gamma E_c \operatorname{sech}\{\mu[x - c_s(1 - J/4)\, t]\}, \quad \text{(B.64)}$$

$$\nu(x, t) \to -2\gamma^2 \operatorname{sech}^2\{\mu[x - c_s(1 - J/4)\, t]\} \quad (t \to \infty).$$

Die rechten Seiten dieser Beziehungen beschreiben eine stationäre solitäre Welle mit der Amplitude

$$E_m = \sqrt{J}\gamma E_c \quad \text{(B.65)}$$

und der MACH-Zahl

$$\mathrm{M} = 1 - J/4. \quad \text{(B.66)}$$

Wenn wir hier J eliminieren, finden wir, daß die MACH-Zahl mit der Amplitude E_m über die Beziehung (B.41) verknüpft ist und die rechten Seiten der Beziehungen (B.64) genau mit den Ausdrücken (B.40) übereinstimmen.

Setzen wir die Ausdrücke (B.54) und (B.55) in (B.65) ein, so erhalten wir

$$E_m^2 = \frac{\mu}{2} \int_{-\infty}^{\infty} E^2(x, 0)\, \mathrm{d}x = 2c_s\mu \int_{t_1}^{t_2} E_i^2(t)\, \mathrm{d}t. \quad \text{(B.67)}$$

Die im Plasma unter der Einwirkung einer äußeren elektromagnetischen Welle mit der Amplitude $E_i(t)$ erzeugte elektroakustische Welle wird daher letzten Endes in ein Soliton mit einer Amplitude umgewandelt, die durch die Formel (B.67) definiert ist.

B.3. Die Lösung des Grenzwertproblems

Die im vorangegangenen Abschnitt entwickelte Methode kann mit geringfügigen Änderungen auch für die direkte Lösung der Grenzwertaufgabe ausgenutzt werden. Die hierbei entstehenden Ausdrücke haben eine etwas geringere Genauigkeit als die oben gewonnene Lösung des Anfangswertproblems; dafür gestattet aber ein derartiges Vorgehen, solche Beziehungen wie zum Beispiel (B.30) auf direktem Wege zu gewinnen, die früher aus indirekten Überlegungen abgeleitet werden mußten. Die für Probleme mit Grenzbedingungen geeigneten dimensionslosen Veränderlichen haben die Form

$$\left.\begin{aligned} \zeta &= \mu x, \qquad \eta = c_s \mu \left(t - \frac{x}{c_s}\right), \\ F &= \frac{E(x, t)}{\sqrt{2}\,\gamma E_c} \qquad g = \frac{\nu(x, t)}{\gamma^2}. \end{aligned}\right\} \tag{B.68}$$

Die Gleichungen (30.5) und (30.11) nehmen dann die folgende Form an:

$$\frac{2ic_s}{\gamma c}\frac{\partial F}{\partial \eta} + \left(\frac{\partial}{\partial \zeta} - \frac{\partial}{\partial \eta}\right)^2 F - (1 + g)\,F = 0, \tag{B.69}$$

$$\frac{\partial}{\partial \zeta}\left(2\,\frac{\partial}{\partial \eta} - \frac{\partial}{\partial \zeta}\right) g(\eta, \zeta) = 2\left(\frac{\partial}{\partial \eta} - \frac{\partial}{\partial \zeta}\right)^2 F^2(\zeta, \eta). \tag{B.70}$$

Wir können erneut folgern, daß diese Gleichungen Lösungen besitzen, die den Bedingungen (B.36) und (B.37) genügen (mit der selbstverständlichen Transformation $\xi \to -\eta$, $\tau \to \zeta$) und Wellen beschreiben, die sich in positiver Richtung entlang der x-Achse mit einer Geschwindigkeit fortpflanzen, die der Schallgeschwindigkeit ungefähr gleich ist. Beschränken wir uns auf die führenden Terme, dann erhalten die Gleichungen (B.69) und (B.70) die Form

$$\frac{\partial^2 F}{\partial \eta^2} - (1 + g(\eta, \zeta))\, F(\eta, \zeta) = 0\,, \qquad \text{(B.71)}$$

$$\frac{\partial g}{\partial \zeta} = \frac{\partial (F^2)}{\partial \eta}\,. \qquad \text{(B.72)}$$

Wir betrachten nun die Lösung dieser Gleichungen unter der Grenzbedingung

$$F(\eta, 0) = f(\eta) = \frac{E_0(t)}{\sqrt{2}\,\gamma E_c}\,, \qquad \text{(B.73)}$$

die die Form eines Impulses hat, das heißt, wir nehmen an, daß die Funktion $f(\eta)$ und ihre Ableitungen für $|\eta| \to \infty$ hinreichend rasch abklingen.[1]) Die Funktion $F(\eta, \zeta)$ genügt in der betrachteten Näherung wiederum einer Gleichung vom Typ der SCHRÖDINGER-Gleichung; verschwindet daher $g(\eta, \zeta)$ für $|\eta| \to \infty$, so muß $F(\eta, \zeta)$ bei großen $|\eta|$ die folgende asymptotische Darstellung besitzen:

$$F(\eta, \zeta) \approx c(\zeta)\, \mathrm{e}^{-|\eta|} \qquad (|\eta| \to \infty)\,. \qquad \text{(B.74)}$$

Diese Beziehung muß insbesondere auch bei $\zeta = 0$ erfüllt sein. Aus diesem Grunde muß die Funktion $f(\eta)$ gleichfalls eine Asymptote von der Art

$$f(\eta) \approx \text{const} \cdot \mathrm{e}^{-|\eta|} \qquad (|\eta| \to \infty) \qquad \text{(B.75)}$$

haben. Diese asymptotischen Bedingungen haben eine simple Bedeutung. Sie besagen, daß das Feld, während es sich gemeinsam mit dem Medium mit einer in der Nähe der Schallgeschwindigkeit liegenden Geschwindigkeit fortpflanzt, durch eine räumliche Asymptote von der Art (B.46) begrenzt wird.

Der weitere Gang der Lösung des Systems (B.71) und (B.72) ist eine fast wörtliche Wiederholung der weiter

---

[1]) Mit anderen Worten wird jetzt $t_1 = -\infty$, $t_2 = +\infty$ angenommen.

oben bei der Lösung des Systems (B.38) und (B.39) ausgeführten Rechnungen.

Wenn wir verlangen, daß die zusätzliche Bedingung

$$j = \int_{-\infty}^{\infty} F^2(\eta, \zeta)\, \mathrm{d}\eta = \mathrm{const} \tag{B.76}$$

erfüllt wird, hat die Lösung, wie sich leicht nachprüfen läßt, die Form

$$F^2(\eta, \zeta) = \frac{1}{8}\, j^2\, \frac{\mathrm{d}\zeta_0(\eta)}{\mathrm{d}\eta}\, \mathrm{sech}^2 \left\{\frac{1}{4}\, j\, [\zeta - \zeta_0(\eta)]\right\}, \tag{B.77}$$

$$g(\eta, \zeta) = \frac{F_{\eta\eta}(\eta, \zeta)}{F(\eta, \zeta)} - 1. \tag{B.78}$$

Die Funktion $\zeta_0(\eta)$ wird hierbei durch die Beziehung

$$\zeta_0(\eta) = \frac{2}{j} \ln \frac{\int\limits_{-\infty}^{\eta} f^2(\eta')\, \mathrm{d}\eta'}{j - \int\limits_{-\infty}^{\eta} f^2(\eta')\, \mathrm{d}\eta'} \tag{B.79}$$

festgelegt.

Im Abschnitt B.4. werden wir eine allgemeinere Lösung des Systems (B.71), (B.72) finden, die nicht durch die Bedingung der Konstanz des Integrals (B.76) eingeschränkt wird. Es wird dort gezeigt, daß dieses Intervall sich im allgemeinen so langsam ändert, daß die Berücksichtigung seiner Veränderlichkeit eine Überschreitung der vorgegebenen Genauigkeit bedeutet.

Wir untersuchen jetzt die asymptotische Gestalt der Funktion (B.77) für große Werte von ζ (d. h. der Koordinate x). In diesem Falle unterscheidet sich die Funktion $F(\eta, \zeta)$ nur bei genügend großen Werten der Größe $\zeta_0(\eta)$ merklich von Null. Aus den Formeln (B.79) und (B.75) ergibt sich, daß die Asymptote dieser Funktion das Aussehen

$$\zeta_0 = \frac{4}{j}\,\eta \qquad (\eta \to \pm\infty) \tag{B.80}$$

hat. Aus diesem Grunde finden wir

$$\left.\begin{aligned} F(\eta, \zeta) &= (j/2)^{1/2}\,\mathrm{sech}\,(j\zeta/4 - \eta), \\ g(\eta, \zeta) &= -2\,\mathrm{sech}^2\,(j\zeta/4 - \eta) \qquad (\zeta \to \infty). \end{aligned}\right\} \tag{B.81}$$

Kehren wir nun mit Hilfe der Formeln (B.68) zu den ursprünglichen Veränderlichen zurück, so erhalten wir

$$\left.\begin{aligned} E(x, t) &\to E_m\,\mathrm{sech}\left[\frac{\mu}{\mathrm{M}}\,(x - c_s\mathrm{M}t)\right], \\ \nu(x, t) &\to -2\gamma^2\,\mathrm{sech}^2\left[\frac{\mu}{\mathrm{M}}\,(x - c_s\mathrm{M}t)\right] \; (\mu x \to \infty), \end{aligned}\right\} \tag{B.82}$$

wo

$$\mathrm{M} = \frac{4}{4 + j}, \tag{B.83}$$

$$E_m = \sqrt{j}\,\gamma E_c = 2\gamma E_c \sqrt{\frac{1 - \mathrm{M}}{\mathrm{M}}}. \tag{B.84}$$

Mit Rücksicht darauf, daß die Größe j nach Formel (B.70) eine Größe zweiter Ordnung ist, erhalten wir $1 - \mathrm{M} \ll 1$. Aus diesem Grunde stimmen die Formeln (B.82) und (B.84) im Rahmen der vorausgesetzten Genauigkeit mit den Formeln (B.40) und (B.41) überein, die ein Soliton mit kleiner Amplitude beschreiben.

Entsprechend (B.76), (B.73) und (B.23) ist die Größe j gleich

$$j = \frac{2c_s\mu}{\gamma^2 E_c^2} \int\limits_{-\infty}^{\infty} E_i^2(t)\,\mathrm{d}t. \tag{B.85}$$

Setzen wir das in die Formel (B.84) ein, so erhalten wir

$$E_m^2 = \frac{c_s\mu}{2} \int_{-\infty}^{\infty} E^2(0, t)\, dt = 2c_s\mu \int_{-\infty}^{\infty} E_i^2(t)\, dt. \quad \text{(B.86)}$$

Diese Formel hat genau die gleiche Bedeutung wie die Beziehung (B.67). Die totale Energie des entstandenen Solitons, die nach Formel (B.27) berechnet wurde, ist gleich

$$W = \frac{E_m^2}{8\pi\mu} \int_{-\infty}^{\infty} \operatorname{sech}^2 \xi\, d\xi = \frac{E_m^2}{4\pi\mu} = c_s \int_{-\infty}^{\infty} \frac{E^2(0, t)}{8\pi}\, dt. \quad \text{(B.87)}$$

Diejenige Energiemenge, die pro Zeiteinheit in das Plasma einströmt, ist daher gleich der Energiedichte an der Berandung des Plasmas, multipliziert mit der Schallgeschwindigkeit (vgl. mit Formel (B.30)).

B.4. Die allgemeine Lösung der Grundgleichungen

Wir untersuchen jetzt die allgemeine Lösung der Gleichungen (B.71) und (B.72) im Falle $dj/d\zeta \neq 0$. Wir setzen

$$\tilde{F}(\eta, \zeta) = \left[\frac{j_0}{j(\zeta)}\right]^{1/2} F(\eta, \zeta), \quad \text{(B.88)}$$

$$\xi = \frac{1}{j_0} \int_0^{\zeta} f(\zeta')\, d\zeta', \quad \text{(B.89)}$$

mit

$$j_0 = j(0) = \int_{-\infty}^{\infty} f^2(\eta)\, d\eta. \quad \text{(B.90)}$$

Substituieren wir (B.88) und (B.89) in (B.71), (B.72) und

(B.73), so finden wir

$$\frac{\partial^2 \tilde{F}}{\partial \eta^2} - (1 + g)\,\tilde{F} = 0, \tag{B.91}$$

$$\frac{\partial g}{\partial \xi} = \frac{\partial(\tilde{F}^2)}{\partial \eta}, \tag{B.92}$$

$$\tilde{F}(0, \eta) = f(\eta), \tag{B.93}$$

$$\int\limits_{-\infty}^{\infty} \tilde{F}^2(\eta, \xi)\,\mathrm{d}\eta = \mathrm{const} = j_0. \tag{B.94}$$

Daher bleibt bei den Gleichungen für die Funktionen $\tilde{F}$ und g in den Variablen ξ und η die Form der Gleichungen (B.71) und (B.72) ungeändert. Die Anfangsbedingung sowie die Normierungsbedingung besitzen genau das gleiche Aussehen wie (B.73) und (B.76). Aus diesem Grunde wird die entsprechende Lösung durch die Formel (B.77) gegeben, wenn man dort $F \to \tilde{F}$, $\zeta \to \xi$ austauscht. Kehren wir nun zu der Funktion F zurück, so erhalten wir die allgemeine Lösung in der folgenden Gestalt:

$$F^2(\zeta, \eta) = \frac{j(\zeta)\,j_0}{8}\,\frac{\mathrm{d}\zeta_0(\eta)}{\mathrm{d}\eta}\,\mathrm{sech}^2\left\{\frac{1}{4}\,j_0[\xi(\zeta) - \zeta_0(\eta)]\right\}. \tag{B.95}$$

Da die Gleichungen (B.71) und (B.72) nur für diejenigen Funktionen gültig bleiben, die den Bedingungen (B.36) und (B.37) (in denen $\xi \to -\eta$ und $\tau \to \zeta$ gesetzt werden muß) genügen, dürfen wir schreiben

$$\frac{\mathrm{d}j(\zeta)}{\mathrm{d}\zeta} = \frac{\mathrm{d}}{\mathrm{d}\zeta}\int\limits_{-\infty}^{\infty} F^2(\eta, \zeta)\,\mathrm{d}\eta = O(F^4) \tag{B.96}$$

und demzufolge

$$f(\zeta) = j_0 + O(\zeta F^4), \tag{B.97}$$

$$\xi(\zeta) = \zeta + O(\zeta^2 F^4). \tag{B.98}$$

Man kann deshalb $\bar{\zeta} \approx \zeta$ setzen, wenn nur $\zeta \ll F^{-2}$. Die Ausgangsgleichungen (B.71) und (B.72) bleiben aber gleichfalls nur unter dieser Einschränkung gültig. Es würde daher einer Übertreibung der Genauigkeit gleichkommen, wollte man einen Unterschied zwischen $\bar{\zeta}$ und ζ machen. Ohne die Allgemeingültigkeit einzuschränken, dürfen wir aus diesem Grunde folgern, daß die Lösung der Gleichungen (B.71) und (B.72) unter den Grenzbedingungen (B.73) durch die Beziehungen (B.77) bis (B.79) dargestellt wird.

Anhang C. Ponderomotorische Kraft eines hochfrequenten Wellenfeldes im magnetoaktiven Plasma[1])

Im stößefreien und isotropen Plasma wird die von einem hochfrequenten Felde auf das Plasma ausgeübte *ponderomotorische Kraft* durch (8.23) gegeben [27]. Dort liefert nur die räumliche Ableitung des Amplitudenquadrats des Feldes einen Beitrag zum Strahlungsdruck.

Wir zeigen hier, daß in einem anisotropen magnetoaktiven Plasma im allgemeinen zusätzlich zum *räumlichen* Gradienten auch *zeitliche* Ableitungen zur ponderomotorischen Kraft beitragen, wenn nur die Amplituden des Feldes sich *langsam* mit der Zeit ändern. Die hier mitgeteilten Resultate entstammen der Arbeit von Washimi und Karpman (1976); sie gehen für den Spezialfall zum Magnetfeld paralleler Ausbreitung in die von Washimi (1973) gefundenen Ausdrücke über.

Bei adiabatischer Zustandsänderung variiert die innere Energie U eines dielektrischen Mediums um den Wert [27]

$$\delta U = \delta U_0 - \frac{1}{16\pi} \int E_i^* E_k \; \delta\varepsilon_{ik} \mathrm{d}V . \tag{C.1}$$

Hier ist U_0 die Variation in Abwesenheit des hochfrequenten Feldes; letzteres hat im mit der Welle mitbewegten System die Darstellung

$$\tilde{\boldsymbol{E}} = \frac{1}{2} \{\boldsymbol{E}(\boldsymbol{r}) \exp(-i\omega t) + \text{k.k.W.}\},$$

$$\tilde{\boldsymbol{H}} = \frac{1}{2} \{\boldsymbol{H}(\boldsymbol{r}) \exp(-i\omega t) + \text{k.k.W.}\} . \tag{C.2}$$

---

[1]) Auf der Grundlage eines vom Autor auf der Fifth Tbilissi School on Plasma Physics and Controlled Fusion, Sept. 29 – Oct. 8, 1976, gehaltenen Vortrages verfaßt von R. Treumann.

ε_{ik} ist der Dielektrizitätstensor des Mediums ($\varepsilon_{ik} = \varepsilon_{ik}^*$). Formel (C.1) läßt sich auf einfache Weise aus dem Energiesatz

$$\frac{1}{4\pi}\left(\tilde{\boldsymbol{E}}\cdot\frac{\partial\tilde{\boldsymbol{D}}}{\partial t}+\tilde{\boldsymbol{H}}\cdot\frac{\partial\tilde{\boldsymbol{H}}}{\partial t}\right)=\frac{c}{4\pi}\operatorname{div}\left[\tilde{\boldsymbol{E}}\times\tilde{\boldsymbol{H}}\right] \tag{C.3}$$

des elektromagnetischen Feldes ableiten. Setzt man hier

$$\tilde{D}_i = \frac{1}{2}\left\{\tilde{\varepsilon}_{ik}(\omega, t)\,E_k(t)\exp\left(-i\omega t\right) + \text{k.k.W.}\right\}$$

mit

$$\tilde{\varepsilon}_{ik}(\omega, t) = \varepsilon_{ik}(\omega, t) + (1/2)\,\partial^2\varepsilon_{ik}(\omega, t)/\partial\omega\partial t$$

ein, differenziert $\tilde{D}_i$ nach der Zeit t (ε_{ik} steht für den Wert von $\tilde{\varepsilon}_{ik}$, der durch die Materialparameter zum Zeitpunkt t gegeben wird) und integriert über das betrachtete Volumen, so erhält man (mit $\partial E_k/\partial t \to 0$)

$$\delta\left\{\frac{1}{16\pi}\int \mathrm{d}V\left[\frac{\partial(\omega\varepsilon_{ik})}{\partial\omega}\,E_i^*E_k + |\boldsymbol{H}|^2\right]\right\} = -\int \mathrm{d}V E_i^*E_k\delta\varepsilon_{ik}\,. \tag{C.4}$$

Die linke Seite dieser Gleichung ist der Zuwachs der inneren Energie bei konstanter Entropie S. Addiert man hier den nicht elektromagnetischen Zuwachs, so erhält man (C.1).

Befindet sich das Medium im äußeren (konstanten) Magnetfeld $\boldsymbol{B}_0$, so hängt ε_{ik} auch von $\boldsymbol{B}_0$ ab. In diesem Falle tritt eine zusätzliche Magnetisierung $4\pi\boldsymbol{M}_0 = \boldsymbol{B}_0 - \boldsymbol{H}_0$ auf, die wir aus [28]

$$\boldsymbol{H}_0 = 4\pi(\partial u/\partial\boldsymbol{B}_0)_S = 4\pi(\partial F/\partial\boldsymbol{B}_0)_T$$

berechnen können (u — innere Energiedichte, F — freie Energiedichte).

Im isotropen Falle wird $4\pi\partial u_0/\partial\boldsymbol{B}_0 = \boldsymbol{B}_0$ und daher [27]

$$\boldsymbol{H}_0 = \boldsymbol{B}_0 - \frac{1}{4}\frac{\partial\varepsilon_{ik}}{\partial\boldsymbol{B}_0}\,E_i^*E_k\,. \tag{C.5}$$

Bei unendlich kleiner Deformation des Medium erhalten wir mit $\varepsilon_{ik} = \varepsilon_{ik}(\omega, \varrho, \boldsymbol{B}_0)$

$$\delta\varepsilon_{ik} = \frac{\partial \varepsilon_{ik}}{\partial \varrho}\,\delta\varrho + \frac{\partial \varepsilon_{ik}}{\partial \boldsymbol{B}_0} \cdot \delta\boldsymbol{B}_0 . \tag{C.6}$$

Unter Ausnutzung der Kontinuitätsgleichung $\partial\varrho/\partial t + \operatorname{div} \varrho\boldsymbol{v} = 0$ und nach Einführung des Verschiebungsvektors $\xi(\boldsymbol{r}) = \boldsymbol{v}\Delta t$ finden wir

$$\delta\varrho = -\operatorname{div} \varrho(\boldsymbol{r})\, \xi(\boldsymbol{r}) . \tag{C.7}$$

Ähnlich folgt für ein stößefreies Plasma mit $\boldsymbol{E}_0 = -(1/c)\,[\boldsymbol{v} \times \boldsymbol{B}_0]$

$$\delta\boldsymbol{B}_0 = -c\Delta t \operatorname{rot} \boldsymbol{E}_0 = \operatorname{rot}\,[\xi(\boldsymbol{r}) \times \boldsymbol{B}_0] . \tag{C.8}$$

Setzen wir $\delta\varrho$ und $\delta\boldsymbol{B}_0$ in (C.6) ein, so folgt für die Variation der inneren Energie im magnetisierten Plasma

$$\delta U = -\int \boldsymbol{f}^{(S)}(\boldsymbol{r}) \cdot \xi(\boldsymbol{r})\, \mathrm{d}V , \tag{C.9}$$

wo die Dichte der ponderomotorischen Kraft durch

$$\boldsymbol{f}^{(S)}(\boldsymbol{r}) = -\nabla p + \frac{1}{16\pi} \Big\{ \nabla(E_i^* E_k \varrho\, \partial\varepsilon_{ik}/\partial\varrho) - E_i^* E_k \Big(\nabla\varepsilon_{ik} - \frac{\partial\varepsilon_{ik}}{\partial B_{0j}} \nabla B_{0j} \Big) \Big\} - \frac{1}{4\pi}\,[\boldsymbol{B}_0 \times \operatorname{rot} \boldsymbol{H}_0] \tag{C.10}$$

definiert wird. Diese Formel gilt für quasistationäre Zustandsänderungen. Wird in ihr $\operatorname{rot} \boldsymbol{H}_0 = 0$ gesetzt, so geht sie in das Resultat (8.23) von Pitaevskij [27] über. Schreibt man (C.10) in der Form

$$\boldsymbol{f}^{(S)}(\boldsymbol{r}) = \frac{\partial \sigma_{ik}^{(S)}}{\partial x_k} , \tag{C.11}$$

so kann man den Spannungstensor $\sigma_{ik}^{(S)}$ definieren:

$$\sigma_{ik}^{(S)} = -p\delta_{ik} + \frac{1}{16\pi} \Big[E_l^* E_m \Big(\varrho \frac{\partial \varepsilon_{lm}}{\partial \varrho} - \varepsilon_{lm} \Big) - H_l^* H_l \Big] \delta_{ik} + \frac{1}{16\pi}\,(E_i^* D_k + H_i^* H_k + \text{k.k.W.}) - \frac{1}{8\pi}\,|\boldsymbol{H}_0|^2\, \delta_{ik} + \frac{1}{4\pi} H_{0i} B_{0k} . \tag{C.12}$$

Im allgemeinsten Fall werden $\boldsymbol{E}$ und $\boldsymbol{H}$ langsam veränderliche Funktionen der Zeit sein und daher beispielsweise

$$\frac{\partial \tilde{\boldsymbol{H}}}{\partial t} = \frac{1}{2}\left(-i\omega \boldsymbol{H} + \frac{\partial \boldsymbol{H}}{\partial t}\right) \mathrm{e}^{-i\omega t} + \text{k.k.W.} \qquad \text{(C.13)}$$

Dann tragen auch zu $\partial|\boldsymbol{E}|^2/\partial t$ proportionale Terme zur ponderomotorischen Kraft bei. Diese lassen sich am leichtesten aus dem Spannungstensor $\sigma_{ik}^{(S)}$ berechnen, wenn wir berücksichtigen, daß $\sigma_{ik}^{(S)}$ selbst überhaupt keine Ableitungen nach Ort oder Zeit enthält und daher im Falle langsam veränderlicher Amplituden in erster Näherung $\sigma_{ik} \approx \sigma_{ik}^{(S)}$ gesetzt werden darf. In Viererschreibweise haben wir dann

$$f_i = \frac{\partial T_{ik}}{\partial x_k} - \frac{\partial T_{i0}}{\partial x_0} \quad (i, k = 1, 2, 3) \qquad \text{(C.14)}$$

mit dem Energie-Impulstensor $T_{\alpha\beta}$ $(\alpha, \beta = 0, 1, 2, 3)$ und $T_{ik} = \sigma_{ik}^{(S)}$, $T_{00} = w$ (w — Energiedichte). Ferner gilt $T_{i0} = T_{0i} = \frac{1}{4\pi}[\boldsymbol{E} \times \boldsymbol{H}]_i$. Setzen wir all diese Ausdrücke in (C.14) ein, so entsteht schließlich, wenn der Dielektrizitätstensor $\hat{\varepsilon}$ nicht explizit von der Zeit abhängt $(\partial\varepsilon_{ik}/\partial t = 0)$,

$$\boldsymbol{f} = \boldsymbol{f}^{(S)} + \frac{1}{16\pi c}\left\{\frac{\partial}{\partial t}\left[\left((\hat{\varepsilon} - \hat{\boldsymbol{I}}) \cdot \boldsymbol{E}\right) \times \boldsymbol{H}^*\right] + \left[\left(\omega \frac{\partial \hat{\varepsilon}}{\partial \omega} \cdot \frac{\partial \boldsymbol{E}}{\partial t}\right) \times \boldsymbol{H}^*\right] + \text{k.k.W.}\right\}. \qquad \text{(C.15)}$$

$\boldsymbol{f}^{(S)}$ ist die durch (C.10) definierte quasistationäre ponderomotorische Kraft; $\hat{\boldsymbol{I}}$ bezeichnet den Einheitstensor. Die Formel (C.15) läßt erkennen, daß nur elektromagnetische Felder mit langsam veränderlichen Amplituden zum zweiten Term in (C.15) beitragen. Für Potentialfelder $(\boldsymbol{H} = 0)$ entfällt dieser.

Nehmen wir eine ebene Welle (Wellenzahl $\boldsymbol{k}$) an, so können wir $\boldsymbol{H} = (c/\omega)[\boldsymbol{k} \times \boldsymbol{E}]$ setzen und erhalten für ein isotropes Medium mit $\hat{\varepsilon} = \varepsilon \hat{I}$ und $\boldsymbol{E} \perp \boldsymbol{k}$

$$\boldsymbol{f} = \boldsymbol{f}^{(S)} + \frac{\boldsymbol{k}}{16\pi\omega^2} \frac{\partial[\omega^2(\varepsilon - 1)]}{\partial\omega} \frac{\partial|\boldsymbol{E}|^2}{\partial t}, \tag{C.16}$$

woraus folgt, daß im magnetfeldfreien Plasma, in dem $\varepsilon = 1 - (\omega_p/\omega)^2$, der zweite Term in (C.16) entfällt, so daß dort auch ein Feld mit zeitlich variabler Amplitude nur die ponderomotorische Kraft (8.23) erzeugt.

Betrachten wir schließlich eine zirkular polarisierte Welle, die sich parallel zum Magnetfeld (z-Achse) ausbreitet ($\boldsymbol{k} = k\boldsymbol{e}_z$), so erhalten wir mit $\varepsilon = \varepsilon_{xx} \pm i\varepsilon_{xy}$ (die Vorzeichen $\pm$ entsprechen rechts- bzw. linkspolarisierten Wellen)

$$\left.\begin{aligned} f_z &= \frac{\varepsilon - 1}{16\pi} \frac{\partial|\boldsymbol{E}|^2}{\partial z} \\ &\quad + \frac{k}{16\pi\omega^2} \frac{\partial[\omega^2(\varepsilon - 1)]}{\partial\omega} \frac{\partial|\boldsymbol{E}|^2}{\partial t} - \frac{\partial p}{\partial z}, \\ \boldsymbol{f}_\perp &= -\frac{1}{16\pi} \frac{\partial[\omega(\varepsilon - 1)]}{\partial\omega} \nabla_\perp|\boldsymbol{E}|^2 \\ &\quad - \frac{1}{4\pi} (\nabla_\perp B_z) B_0 - \nabla_\perp p, \end{aligned}\right\} \tag{C.17}$$

wo $\varepsilon(\omega) \approx N^2(\omega)$ gleich dem Quadrat des Brechungsindex $N(\omega) = kc/\omega$ gesetzt werden kann. Die zeitliche Änderung der Wellenamplitude trägt in diesem Falle nur zur parallelen Kraftkomponente bei. Beispielsweise gilt für Whistler, mit ω_c als Zyklotronfrequenz, $\varepsilon = 1 + \omega_p^2/\omega(\omega_c - \omega)$, für Alfvén-Wellen $\varepsilon = c^2/V_A^2$ (V_A – Alfvén-Geschwindigkeit).

Endlich entnehmen wir aus Formel (C.17), daß im Falle $\varepsilon \gg 1$ (bzw. $N \gg 1$) die die Zeitableitung des Feldes enthaltenden Beiträge zur ponderomotorischen Kraft f_z durchaus groß werden können.

Anhang D. Zum Kollaps von Plasmawellen[1])

Werden die Amplituden der Plasmawellen genügend groß, so daß das Verhältnis von Wellenenergie $|E|^2$ und kinetischer Energie nT_e des Plasmas $|E|^2/nT_e > (kr_D)^2$ ist, so tritt ein neuartiger instabiler Plasmazustand auf, der als *Kollaps* bezeichnet wird (ZAKHAROV 1972, DEGTYAREV et al. 1974, GALEEV et al. 1975 u. a.). k ist eine (genügend kleine) charakteristische Wellenzahl, r_D der DEBYE-Radius.

LANGMUIR-Wellen-Turbulenz neigt bekanntlich infolge Modulationsinstabilität zur Kondensation im k-Raum, bei der sich die Energie der Plasmawellen im langwelligen Gebiet bei kleinen k sammelt, wo keine LANDAU-Dämpfung auftritt. Wird die Energiedichte so groß, daß sie der obigen Bedingung genügt, setzt Selbstfokussierung der Wellen ein, bei der die ursprünglich homogen verteilten Plasmonen gebündelt werden. Der auf das Plasma wirkende Strahlungsdruck erzeugt dabei im Gebiet maximaler Feldstärke eine Dichteabnahme $\delta n = -|E|^2/16\pi T_e$, ein sogenanntes *Kaviton* (auch Kaverne), das mit Plasmonen gefüllt ist und die Rolle eines Resonators spielt, in dem weitere Plasmonen eingefangen werden, die den Strahlungsdruck erhöhen und das Kaviton vertiefen. Solche Kavitonen sind experimentell erstmals von IKEZI et al. (1974) beobachtet worden. Der eindimensionale Fall zeichnet sich gerade dadurch aus, daß infolge der Begrenztheit der Gesamtzahl der Plasmonen die erreichbare maximale Feldstärke nach oben begrenzt ist und sich ein stabiles

---

1) Verfaßt von R. TREUMANN.

Soliton der Länge $l_{min} \sim 1/E_{max}$ einstellt, wobei $E_{max} \sim r_D \, (\delta n_{max}/n)^{1/2}$ ist (RUDAKOV 1972).

Bei höherer Dimensionszahl gibt es keine minimale Länge, und das Kaviton kann in endlicher Zeit kollabieren, während in seinem Inneren die Feldstärke unendlich groß wird. In Wahrheit wird der Kollaps in allen Fällen von einer Abnahme der Wellenlänge der Plasmonen ($\lambda \approx l$) begleitet, die im eindimensionalen Fall bis auf l_{min}, im mehrdimensionalen unbegrenzt abfällt. Das bedeutet ein Rückpumpen der Energie im k-Raum von kleinen zu großen k, ein Vorgang, der so lange abläuft, bis k groß genug wird, um die Energie durch LANDAU-Resonanz mit Elektronen zu dissipieren. Der Plasmakollaps wird damit zu einem effektiven Dissipationsmechanismus im Bereich großer Wellenlängen. Er ist gleichzeitig Ausgangspunkt für eine konsistente Theorie der starken Turbulenz im Plasma (ZAKHAROV 1972, GALEEV et al. 1975, GOREV et al. 1976).

Literaturverzeichnis

[1] L. D. LANDAU, E. M. LIFSCHITZ (Л. Д. Ландау, Е. М. Лифшиц), *Lehrbuch der Theoretischen Physik, Band VI, Hydrodynamik*, Akademie-Verlag, 3. Auflage, Berlin 1974

[2] G. G. STOKER (Дж. Дж. Стокер,), *Wellen im Wasser*, Verlag für ausländische Literatur (IL), Moskau 1959 (in russ. Sprache)

[3] R. Z. SAGDEEV (Р. З. Сагдеев), in *Probleme der Theorie des Plasmas* Bd. 4 (Herausgeb. M. A. LEONTOVIČ), Verlag Atomizdat, Moskau 1964, S. 20 (in russ. Sprache)

[4] R. Z. SAGDEEV, A. A. GALEEV, *Nonlinear Plasma Theory* (Herausgeb. T. M. O'NEIL, D. L. BOOK), W. A. Benjamin, Inc., New York—Amsterdam 1969

[5] A. V. GAPONOV, L. A. OSTROVSKIJ, G. I. FREJDMAN (А. В. Гапонов, Л. А. Островский, Г. И. Фрейдман, *Radiofizika* 10 (1967) 1376;
A. V. GAPONOV, L. A. OSTROVSKIJ, M. I. RABINOVIČ (А. В. Гапонов, Л. А. Островский, М. И. Рабинович), *Radiofizika* 13 (1970) 163

[6] C. S. GARDNER, J. M. GREEN, M. D. KRUSKAL, R. M. MIURA, *Phys. Rev. Lett.* 19 (1967) 1095

[7] *A Discussion on Nonlinear Theory of Wave Propagation in Dispersive Systems* (organized by M. J. LIGHTHILL), *Proc. Roy. Soc.* A 299 (1967) S. 1—145; s. a. *Nichtlineare Theorie der Wellenausbreitung*, Verlag Mir, Moskau 1970 (in russ. Sprache)

[8] S. A. ACHMANOV, A. P. SUCHORUKOV, R. V. CHOCHLOV (С. А. Ахманов, А. П. Сухоруков, Р. В. Хохлов), *Usp. Fiz. Nauk* 93 (1967) 19

[9] V. I. BESPALOV, A. G. LITVAK, V. I. TALANOV (В. И. Беспалов, А. Г. Литвак, В. И. Таланов), in *Nichtlineare Optik* (Arbeiten des 2. Allunionssymposiums über nichtlineare Optik), Verlag Nauka (Sib. Abt.), Novosibirsk 1968 (in russ. Sprache)

[10] S. A. Achmanov, R. V. Chochlov (С. А. Ахманов, Р. В. Хохлов), *Probleme der nichtlinearen Optik*, Verlag VNIITI 1964 (in russ. Sprache)
[11] N. Bloembergen, *Nonlinear Optics*, W. A. Benjamin, Inc., New York—Amsterdam 1965
[12] A. K. Zarembo, V. A. Krasil'nikov (А. К. Зарембо, В. А. Красильников), *Einführung in die nichtlineare Akustik*, Verlag Nauka, Moskau 1966 (in russ. Sprache)
[13] E. Copson, *Asymptotic Expansions*, Cambridge Univ. Press, Cambridge 1965
[14] G. B. Whitham, *Comm. Pure Appl. Math.* **14** (1961) 675
[15] G. B. Whitham, *Proc. Roy. Soc.* A **283** (1965) 238
[16] G. B. Whitham, *J. Fluid Mech.* **22** (1965) 273; *Proc. Roy. Soc.* A **229** (1967) 6
[17] V. L. Ginzburg (В. Л. Гинзбург), *Ausbreitung elektromagnetischer Wellen im Plasma*, Verlag Nauka, Moskau 1967 (in russ. Sprache)
[18] L. D. Landau (Л. Д. Ландау), *Ž. Exp. Teor. Fiz.* (*JETP*) **16** (1946) 574
[19] R. Z. Sagdeev (Р. З. Сагдеев), in *Probleme der Magnetohydrodynamik und der Plasmadynamik*, Riga 1960, S. 275 (in russ. Sprache)
[20] C. S. Gardner, G. K. Morikawa, *Similarity in the Asymptotic Behavior of Collision—Free Hydromagnetic Waves and Water Waves*, Courant Inst. Math. Sci., New York Univ., Res. Report NYU — 9082, New York 1960
[21] Ju. A. Berezin, V. I. Karpman (Ю. А. Березин, В. И. Карпман), *Ž. Exp. Teor. Fiz.* (*JETP*) **46** (1964) 1880
[22] Ja. B. Zel'dovič, Ju. P. Rajzer (Я. Б. Зельдович, Ю. П. Райзер), *Pi'sma Ž. Exp. Teor. Fiz.* (*JETP Lett.*) **3** (1966) 137
[23] Y. R. Shen, *Phys. Lett.* **20** (1966) 378
[24] A. V. Gaponov, M. A. Miller (А. В. Гапонов, М. А. Миллер), *Ž. Exp. Teor. Fiz.* (*JETP*) **34** (1958) 242
[25] H. Boot, S. Self, R. Shersby-Harvie, *J. Electr. Control* **4** (1958) 434
[26] V. L. Ginzburg, A. V. Gurevič (В. Л. Гинзбург, А. В. Гуревич), *Usp. Fiz. Nauk* **70** (1960) 201, *Usp. Fiz. Nauk* **70** (1960) 393
[27] L. P. Pitaevskij (Л. П. Питаевский), *Ž. Exp. Teor. Fiz.* (*JETP*) **39** (1960) 1450
[28] L. D. Landau, E. M. Lifschitz (Л. Д. Ландау, Е. М.

Лифшиц), *Lehrbuch der Theoretischen Physik, Band VIII, Elektrodynamik der Kontinua*, Akademie-Verlag, 3. Auflage Berlin 1974

[29] Ju. A. Kravcov, N. S. Stepanov (Ю. А. Кравцов, Н. С. Степанов), *Ž. Exp. Teor. Fiz.* (*JETP*) **57** (1969) 1730

[30] L. I. Mandel'štam, M. A. Leontovič (Л. И. Мандельштам, М. А. Леонтович), *Ž. Exp. Teor. Fiz.* (*JETP*) **7** (1937) 438

[31] Ja. B. Zel'dovič, Ju. P. Rajzer (Я. Б. Зельдович, Ю. П. Райзер), *Physik der Stoßwellen und hydrodynamischen Erscheinungen bei hohen Temperaturen*, Verlag Nauka, Moskau 1966 (in russ. Sprache)

[32] V. L. Ginzburg (В. Л. Гинзбург), *Akust. Ž.* **1** (1955) 31

[33] F. Jahnke, F. Emde, F. Lösch, *Spezielle Funktionen*, Springer-Verlag, Heidelberg—Berlin

[34] J. Adlam, J. Allen, *Phil. Mag.* **3** (1958) 448

[35] L. Davis, R. Lüst, A. Schlüter, *Z. Natforsch.* **13a** (1958) 916

[36] C. S. Gardner, H. Goertzel, H. Grad, C. S. Morawetz, M. H. Rose, H. Rubin, *Proc. 2nd. UN Conf. on Atomic Energy, Geneva*, **31** (1958) 230

[37] A. A. Vedenov, E. P. Velichov, R. Z. Sagdeev (А. А. Веденов, Е. П. Велихов, Р. З. Сагдеев), *Nucl. Fusion* **1** (1961) 82

[38] R. Z. Sagdeev, in *Proc. Symp. on Electr. Fluid Dynamics of Gaseous Plasmas*, New York 1961, S. 443

[39] A. P. Kazancev (А. П. Казанцев), *Ž. Exp. Teor. Fiz.* (*JETP*) **44** (1963) 1283

[40] V. I. Karpman (В. И. Карпман), *Ž. Exp. Teor. Fiz.* (*JETP*) **33** (1963) 959

[41] P. G. Saffman, *J. Fluid Mech.* **11** (1961) 16; *J. Fluid Mech.* **11** (1961) 552

[42] B. A. Tverskoj (Б. А. Тверской), *Ž. Exp. Teor. Fiz.* (*JETP*) **42** (1962) 833

[43] A. D. Pataraja (А. Д. Патарая), *Ž. Exp. Teor. Fiz.* (*JETP*) **32** (1962) 139; *Ž. Exp. Teor. Fiz.* (*JETP*) **32** (1962) 584

[44] G. Lamb, *Hydrodynamics*, Dover Publ., New York 1945

[45] L. A. Ostrovskij (Л. А. Островский), *Ž. Exp. Teor. Fiz.* (*JETP*) **51** (1966) 1189

[46] L. D. Landau, E. M. Lifschitz (Л. Д. Ландау, Е. М. Лифшиц), *Lehrbuch der Theoretischen Physik, Band V,*

Statistische Physik, Akademie-Verlag, 4. Auflage, Berlin 1975
[47] J. M. Burgers, *Proc. Roy. Neth. Acad. Sci.* (*Amsterdam*) **43** (1940) 1
[48] E. Hopf, *Comm. Pure Appl. Math.* **3** (1950) 201
[49] K. A. Naugol'nych, S. I. Solujan, R. V. Chochlov (К. А. Наугольных, С. И. Солуян, Р. В. Хохлов), *Akust. Ž.* **9** (1963) 54
[50] D. J. Korteweg, G. de Vries, *Phil. Mag.* **39** (1895) 422
[51] K. W. Morton, *Phys. Fluids* **7** (1964) 1801
[52] V. E. Zacharov (В. Е. Захаров), *PMTF* No. 3 (1964) 167
[53] C. S. Gardner, G. K. Morikawa, *Comm. Pure Appl. Math.* **18** (1965) 35
[54] Ju. A. Berezin (Ю. А. Березин), *PMTF* No. 6 (1965) 26
[55] N. J. Zabusky, in *Proc. Symp. on Nonlinear Partial Differential Equations* (Herausgeb. W. Ames), Acad. Press, New York 1967, S. 223
[56] H. Washimi, T. Taniuti, *Phys. Rev. Lett.* **17** (1966) 996
[57] V. I. Karpman (В. И. Карпман), *Ž. Exp. Teor. Fiz.* (*JETP*) **52** (1967) 1657
[58] T. Taniuti, C. C. Wei, *J. Phys. Soc. Japan* **24** (1968) 941; T. Kakutani, H. Ono, T. Taniuti, C. C. Wei, *J. Phys. Soc. Japan* **24** (1968) 1159
[59] C. H. Su, C. S. Gardner, *J. Math. Phys.* **10** (1969) 536
[60] V. P. Silin, A. A. Ruchadze (В. П. Силин, А. А. Рухадзе), *Elektromagnetische Eigenschaften von Plasmen und plasmaähnlichen Medien*, Verlag Atomizdat, Moskau 1961 (in russ. Sprache)
[61] E. Ott, R. N. Sudan, *Phys. Fluids* **12** (1969) 2388
[62] E. Ott, R. N. Sudan, *Damping of Solitary Waves*, Cornell Univ. Report, New York 1969
[63] R. M. Miura, C. S. Gardner, M. D. Kruskal, *J. Math. Phys.* **9** (1968) 1204
[64] M. D. Kruskal, R. M. Miura, C. S. Gardner, N. J. Zabusky, *J. Math. Phys.* **11** (1970) 952
[65] V. I. Karpman, *Phys. Lett.* **25 A** (1967) 708
[66] N. J. Zabusky, M. D. Kruskal, *Phys. Rev. Lett.* **15** (1965) 240
[67] Ju. A. Berezin, V. I. Karpman (Ю. А. Березин, В. И. Карпман), *Ž. Exp. Teor. Fiz.* (*JETP*) **51** (1966) 1557
[68] P. D. Lax, *Comm. Pure Appl. Math.* **21** (1968) 467

[69] I. M. Gel'fand, M. B. Levitan (И. М. Гельфанд, Б. М. Левитан), *Izv. AN SSSR, Ser. Matem.* **15** (1951) 309

[70] V. A. Marčenko (В. А. Марченко), *Dokl. AN SSSR* **104** (1955) 695

[71] I. Kay, H. E. Moses, *Nuovo Cimento* **3** (1956) 276; *J. Appl. Phys.* **27** (1956) 1503

[72] L. D. Landau, E. M. Lifschitz (Л. Д. Ландау, Е. М. Лифшиц), *Lehrbuch der Theoretischen Physik, Band 3, Quantenmechanik*, Akademie-Verlag, 5. Auflage, Berlin 1974

[73] V. I. Karpman, V. P. Sokolov (В. И. Карпман, В. П. Соколов) *Ž. Exp. Teor. Fiz.* (*JETP*) **54** (1968) 1568

[74] N. J. Zabusky, *Phys. Rev.* **168** (1968) 124

[75] V. I. Karpman, *Phys. Lett.* **26 A** (1968) 619

[76] Ju. A. Berezin (Ю. А. Березин), *Ž. Techn. Fiz.* (*JTP*) **38** (1968) 24

[77] R. Z. Sagdeev (Р. З. Сагдеев), *Ž. Techn. Fiz.* (*JTP*) **31** (1961) 1955

[78] A. M. Beljancev, A. V. Gaponov, G. I. Frejdman (А. М. Белянцев, А. В. Гапонов, Г. И. Фрейдман), *Ž. Techn. Fiz.* (*JTP*) **35** (1965) 677

[79] R. Ch. Kurtmullaev, Ju. N. Nesterichin, V. I. Pil'skij, R. Z. Sagdeev (Р. Х. Куртмуллаев, Ю. Н. Нестерихин, В. И. Пильский, Р. З. Сагдеев), in *Proc. Culham Conf.* vol. 2 (1965) 367;
V. G. Eselevič, R. Ch. Kurtmullaev, V. I. Pil'skij (В. Г. Еселевич, Р. Х. Куртмуллаев, В. И. Пильский), *Pis'ma Ž. Exp. Teor. Fiz.* (*JETP Lett.*) **5** (1967) 311

[80] M. J. Lighthill, *J. Inst. Math. Appl.* **1** (1965) 269

[81] G. A. Askar'jan (Г. А. Аскарьян), *Ž. Exp. Teor. Fiz.* (*JETP*) **42** (1962) 1567

[82] B. B. Kadomcev, V. I. Petviašvili (Б. Б. Кадомцев, В. И. Петвиашвили), *Dokl. AN SSSR* **192** (1970) 753

[83] M. J. Lighthill, *Proc. Roy. Soc.* **A 299** (1967) 28

[84] T. Taniuti, N. Yajima, *J. Math. Phys.* **10** (1969) 1369

[85] F. Tricomi (Ф. Трикоми), *Vorlesungen über partielle Differentialgleichungen*, Verlag für ausländische Literatur (IL), Moskau 1957 (in russ. Sprache)

[86] V. E. Zacharov (В. Е. Захаров), *PMTF* No. 2 (1968) 86

[87] T. Taniuti, H. Washimi, *Phys. Rev. Lett.* **21** (1968) 209

[88] V. I. Talanov (В. И. Таланов), *Radiofiz.* **7** (1964) 264

[89] R. Y. Chiao, E. Gardmire, C. H. Townes, *Phys. Rev. Lett.* **13** (1964) 479

[90] A. G. Litvak, V. I. Talanov (А. Г. Литвак, В. И. Таланов), *Radiofiz.* **10** (1967) 539
[91] M. A. Leontovič (М. А. Леонтович), *Izv. AN SSSR, Ser. Matem.* **8** (1944) 16
[92] V. I. Bespalov, V. I. Talanov (В. И. Беспалов, В. И. Таланов), *Pis'ma Ž. Exp. Teor. Fiz.* (*JETP Lett.*) **3** (1966) 471
[93] V. E. Zacharov (В. Е. Захаров), *Ž. Exp. Teor. Fiz.* (*JETP*) **53** (1967) 1935
[94] V. I. Karpman (В. И. Карпман), *Pis'ma Ž. Exp. Teor. Fiz.* (*JETP Lett.*) **6** (1967) 829
[95] T. B. Benjamin, *Proc. Roy. Soc.* **A 299** (1967) 59;
J. E. Feir, *Proc. Roy. Soc.* **A 299** (1967) 54;
T. B. Benjamin, J. E. Feir, *J. Fluid Mech.* **27** (1967) 417
[96] V. I. Karpman, E. M. Kruškal' (В. И. Карпман, Е. М. Крушкаль), *Ž. Exp. Teor. Fiz.* (*JETP*) **55** (1968) 530
[97] F. D. Tappert, S. J. Cole, R. H. Hardin, N. J. Zabusky, *Wave Kinetic Equation Emulation by Numerical Particle-in-cell Simulation Methods*, Preprint PCP-70-29, Comp. Phys. Res. Dept., Bell Tel. Laboratories 1970
[98] Z. K. Jankauskas (З. К. Янкаускас), *Radiofiz.* **9** (1966) 410
[99] H. A. Haus, *Appl. Phys. Lett.* **8** (1966) 128
[100] A. Sommerfeld, *Elektrodynamik*, Akad. Verlagsgesellsch. Geest & Portig K.-G., Leipzig 1961
[101] V. I. Talanov (В. И. Таланов), *Pis'ma Ž. Exp. Teor. Fiz.* (*JETP Lett.*) **2** (1965) 222
[102] P. L. Kelley, *Phys. Rev. Lett.* **15** (1965) 1005
[103] S. A. Achmanov, A. N. Suchorukov, R. V. Chochlov (С. А. Ахманов, А. Н. Сухоруков, Р. В. Хохлов), *Ž. Exp. Teor. Fiz.* (*JETP*) **50** (1966) 1537
[104] A. Piekara, *IEEE J. Quant. Electronics* QE-2 (1966) 249
[105] K. Grob, M. Wagner, *Phys. Rev. Lett.* **17** (1966) 819
[106] T. V. Volkov (Т. В. Волков), in *Physik des Plasmas und der kontrollierten thermonuklearen Reaktionen* Bd. 4, Verlag Izd. AN SSSR, Moskau 1958, S. 98 (in russ. Sprache)
[107] L. G. Litvak (Л. Г. Литвак), *Radiofiz.* **9** (1966) 675
[108] L. M. Gorbunov (Л. М. Горбунов), *Ž. Exp. Teor. Fiz.* (*JETP*) **54** (1968) 205
[109] V. C. Gurovič, V. I. Karpman (В. Ц. Гурович, В. И. Карпман) *Ž. Exp. Teor. Fiz.* (*JETP*) **56** (1969) 1952
[110] L. M. Gorbunov (Л. М. Горбунов), *Hydrodynamik des*

Plasmas im starken hochfrequenten Feld, Preprint FIAN No. 174 (1969) (in russ. Sprache)

[111] V. P. SILIN (В. П. Силин), *Ž. Exp. Teor. Fiz.* (*JETP*) **53** (1967) 1662

[112] V. I. KARPMAN (В. И. Карпман), *Plasma Phys.* **13** (1971) 477

[113] V. C. GUROVIČ, V. I. KARPMAN, R. N. KAUFMAN (В. Ц. Гурович, В. И. Карпман, Р. Н. Кауфман), *Ž. Exp. Teor. Fiz.* (*JETP*) **56** (1970) 1979

[114] V. I. KARPMAN (В. И. Карпман), *Pis'ma Ž. Exp. Teor. Fiz.* (*JETP Lett.*) **9** (1969) 480

[115] L. D. LANDAU, E. M. LIFSCHITZ (Л. Д. Ландау, Е. М. Лифшиц), *Lehrbuch der Theoretischen Physik, Band I, Mechanik*, Akademie-Verlag, 9. Auflage, Berlin 1976

[116] B. B. KADOMCEV, V. I. KARPMAN (Б. Б. Кадомцев, В. И. Карпман), *Usp. Fiz. Nauk* **103** (1971) 193

Ergänzung zum Literaturverzeichnis

Grundlegende Übersichten

A. A. GALEEV, R. Z. SAGDEEV, in *Probleme der Theorie des Plasmas* Bd. 7 (Herausgeb. M. A. LEONTOVIČ) Verlag Atomizdat, Moskau 1973, S. 3 (in russ. Sprache)

R. C. DAVIDSON, *Methods in Nonlinear Plasma Theory*, Academic Press, New York 1972

N. J. ZABUSKY (Herausgeb.), *Topics in Non-linear Physics*, Springer-Verlag, Berlin—Heidelberg—New York 1968

S. LEIBOVICH, A. R. SEEBASS (Herausgeb.), *Nonlinear Waves*, Cornell Univ. Press, Ithaca N.Y. 1974

B. B. KADOMCEV, *Kollektive Erscheinungen im Plasma*, Verlag Nauka, Moskau 1976 (in russ. Sprache)

Nelinejnye volny. Izv. Vys. Uč. Zav. *Radiofizika* **19** (1976) No. 5—6, S. 631 ff.

K. NISHIKAWA, C. S. LIU, in *Advances in Plasma Physics* Bd. 6, (ed. by A. SIMON, W. THOMPSON) John Wiley and Sons Inc., Publishers, New York 1976, S. 3

B. A. DUBROVIN, V. B. MATVEEV, S. P. NOVIKOV, *Usp. Mat. Nauk* **31** (1976) 56

Originalarbeiten

M. J. ABLOWITZ, A. C. NEWELL, *J. Math. Phys.* **15** (1974) 1221

M. J. ABLOWITZ, D. J. KAUP, A. C. NEWELL, H. SEGUR, *Phys. Rev. Lett.* **31** (1973) 125

G. N. BALANIS, *J. Math. Phys.* **13** (1972) 1001

T. B. BENJAMIN, *Proc. Roy. Soc. London* **328 A** (1972) 153
T. B. BENJAMIN, J. L. BONA, J. J. MAHONY, *Phil. Trans. Roy. Soc. London* **272 A** (1972) 47
D. J. BENNEY, *Stud. Appl. Math.* L **11** (1973) 45
E. R. BENTON, G. W. PLATZMAN, *Quart. Appl. Math.*, July 1972, 195
D. B. COHN, K. R. MCKENZIE, *Phys. Rev. Lett.* **30** (1973) 258
J. P. DOUGHERTY, *J. Plasma Phys.* **4** (1970) 761
L. M. DEGTYAREV, V. E. ZAKHAROV, L. I. RUDAKOV, Preprint IPMAN No. 35 (1974)
K. ELSÄSSER, H. SCHAMEL, *Phys. Lett.* **47 A** (1974) 419
L. D. FADDEEV, in *Proc. Fourth Intern. Symp. on Nonlocal Field Theories*, April 20—28, 1976, Alushta, USSR, OIYaI D2-9788, S. 207
B. D. FRIED, Y. H. ICHIKAWA, *J. Phys. Soc. Japan* **34** (1973) 1073
A. A. GALEEV, R. Z. SAGDEEV, *Nuclear Fusion* **13** (1973) 603
A. A. GALEEV, R. Z. SAGDEEV, YU. S. SIGOV, V. D. SHAPIRO, V. I. SHEVCHENKO, *Fiz. Plazmy* **1** (1975) 10
L. GALGANI, A. SCOTTI, *Riv. Nuovo Cimento* **2** (1972) 189
C. S. GARDNER, *J. Math. Phys.* **12** (1971) 1548
C. S. GARDNER, J. M. GREEN, M. D. KRUSKAL, R. M. MIURA, *Commun. Pure Appl. Math.* **27** (1974) 97
S. P. GARY, *Phys. Fluids* **13** (1970) 694
J. D. GIBBON, J. C. EILBECK, *J. Phys. A: Gen. Phys.* **5** (1972) 122
J. D. GIBBON, J. C. EILBECK, *J. Phys. A: Gen. Phys.* **5** (1972) 132
V. V. GOREV, A. S. KINGSEP, L. I. RUDAKOV, *Radiofizika* **19** (1976) 691
K. A. GORSHKOV, L. A. OSTROVSKII, V. V. PAPLI, E. N. PELINOVSKII, in *Int. Symp. on Electromagnetic Wave Theory* (Tbilissi) 1971, S. 139
D. GREENSPAN, *Computer J.* **13** (1970) 195
N. HERSHKOWITZ, T. ROMESSER, D. C. MONTGOMERY, *Phys. Rev. Lett.* **29** (1972) 1586
N. HERSHKOWITZ, T. ROMESSER, *Phys. Rev. Lett.* **32** (1974) 581
R. HIROTA, *Phys. Rev. Lett.* **27** (1971) 1192
R. HIROTA, *J. Math. Phys.* **14** (1973) 805, 810
R. HIROTA, *J. Phys. Soc. Japan* **33** (1972) 1456
Y. H. ICHIKAWA, T. IMAMURA, T. TANIUTI, *J. Phys. Soc. Japan* **33** (1972) 189
H. IZEKI, *Phys. Fluids* **16** (1973) 1668
H. IKEZI, K. NISHIKAWA, K. MIMA, *J. Phys. Soc. Japan* **37** (1974) 766

A. Jeffrey, T. Kakutani, *Indiana Univ. Math. J.* **20** (1970) 463
A. Jeffrey, T. Kakutani, *SIAM Rev.* **14** (1972) 582
T. Kakutani, H. Ono, *J. Phys. Soc. Japan* **34** (1973) 1073
V. I. Karpman, *Physica Scripta* **11** (1975) 263
V. I. Karpman, C. A. Norman, D. ter Haar, V. N. Tsytovich, *Physica Scripta* **11** (1975) 271
A. N. Kaufman, L. Stenflo, *Physica Scripta* **11** (1975) 269
A. N. Kaufman, *Physica Scripta* **11** (1975) 309
P. K. Kaw, K. Nishikawa, *J. Phys. Soc. Japan* **38** (1975) 1753
H. Kever, G. Morikawa, *Phys. Fluids* **12** (1969) 2090
A. S. Kingsep, L. I. Rudakov, R. N. Sudan, *Phys. Rev. Lett.* **31** (1973) 1482
M. D. Kruskal, R. M. Miura, C. S. Gardner, *J. Math. Phys.* **11** (1970) 952
E. A. Kuznecov, *Ž. Exp. Teor. Fiz.* (*JETP*) **62** (1972) 584
P. D. Lax, in *American Mathematical Society Summer Seminar on Nonlinear Wave Motion*, Potsdam N.Y., July 1972
S. Leibovich, *J. Fluid Mech.* **42** (1970) 803
D. W. McLaughlin, J. Corones, *Phys. Rev.* **A 10** (1974) 2051
S. Maxon, J. Viecelli, *Phys. Rev. Lett.* **32** (1974) 4
S. Maxon, J. Viecelli, *Phys. Fluids* **17** (1974) 1614
A. Menikoff, *Commun. Pure Appl. Math.* **25** (1972) 407
K. Mima, K. Nishikawa, H. Ikezi, *Phys. Rev. Lett.* **35** (1975) 726
R. M. Miura, in *Nonlinear Waves* (Herausgeb. S. Leibovich, A. Seebass) Cornell Univ. Press, Ithaca N.Y. 1974
G. A. Nariboli, A. Sedov, *J. Math. Anal. Appl.* **32** (1970) 661
K. Nishikawa, in *Proc. Fifth Tbilissi School on Plasma Physics and Controlled Fusion*, Sept. 29—Oct. 8, 1976, Tbilissi, USSR
K. Nozaki, T. Taniuti, *J. Phys. Soc. Japan* **34** (1973) 796
M. Oikawa, N. Yajima, *J. Phys. Soc. Japan* **34** (1973) 1093
L. A. Ostrovskii, in *Rep. of URSI Symp. on Electromagnetic Waves VI* (Stresa, Italy) 1968
E. Ott, *Phys. Fluids* **14** (1971) 748
E. Ott, R. N. Sudan, *Phys. Fluids* **13** (1970) 1432
V. I. Petviashvili, *Fiz. Plazmy* **1** (1975) 28
D. Pfirsch, R. N. Sudan, *Phys. Fluids* **14** (1971) 1033
L. I. Rudakov, *Dokl. AN SSSR* **207** (1972) 821
A. B. Schabat, *Dokl. AN SSSR* **211** (1973) 1310
H. Schamel, *J. Plasma Phys.* **7** (1972) 1
H. Schamel, *Max-Planck-Inst. MPI-PAE/Astro-Report* 54, 1972
A. C. Scott, F. Y. Chu, D. W. McLaughlin, *Proc. IEEE* **61** (1973) 1443

K. Shimizu, Y. H. Ichikawa, *J. Phys. Soc. Japan* **33** (1972) 789
A. Sjöberg, *J. Math. Anal. Appl.* **29** (1970) 569
S. Tanaka, *Proc. Japan Acad.* **48** (1972) 466
F. D. Tappert, N. J. Zabusky, *Phys. Rev. Lett.* **27** (1971) 1774
F. D. Tappert, C. N. Judice, *Phys. Rev. Lett.* **29** (1972) 1308
F. D. Tappert, *Phys. Fluids* **15** (1972) 2446
M. Toda, *Phys. Reports* **18** (1975) 1
M. Toda, M. Wadati, *J. Phys. Soc. Japan* **34** (1973) 18
M. Wadati, *J. Phys. Soc. Japan* **34** (1973) 168, 1289
M. Wadati, M. Toda, *J. Phys. Soc. Japan* **32** (1972) 1403
M. Wadati, H. Sanuki, K. Konno, *Progr. Theor. Phys.* **53** (1975) 419
H. Washimi, *J. Phys. Soc. Japan* **34** (1973) 1373
H. Washimi, V. I. Karpman, *Ž. Exp. Teor. Fiz. (JETP)* **71** (1976) No. 3 (9)
M. Watanabe, K. Nishikawa, *J. Phys. Soc. Japan* **41** (1976) 1029
V. H. Weston, *J. Math. Phys.* **13** (1972) 1952
V. H. Weston, R. J. Krueger, *J. Math. Phys.* **14** (1973) 400
G. B. Whitham, *J. Fluid Mech.* **44** (1970) 373
G. B. Whitham, in *Nonlinear Waves* (Herausgeb. S. Leibovich, A. Seebass) Cornell Univ. Press, Ithaca N.Y. 1974
N. Yajima, A. Outi, *Res. Inst. Fundamental Phys., Kyoto Univ. Report* 117, Kyoto Japan, 1971
N. J. Zabusky, *Comput. Phys. Commun.* **5** (1973) 1
N. J. Zabusky, C. J. Galvin, *J. Fluid. Mech.* **47** (1971) 811
V. E. Zacharov, *Ž. Exp. Teor. Fiz. (JETP)* **60** (1971) 1714
V. E. Zacharov, *Ž. Exp. Teor. Fiz. (JETP)* **62** (1972) 1745
V. E. Zacharov, E. A. Kuznecov, *Ž. Exp. Teor. Fiz. (JETP)* **66** (1974) 594
V. E. Zakharov, L. D. Faddeev, *Funct. Anal. Appl.* **5** (1971) 18, 280
V. E. Zakharov, A. M. Rubenchik, *Ž. Exp. Teor. Fiz. (JETP)* **65** (1973) 997
V. E. Zakharov, A. B. Shabat, *Ž. Exp. Teor. Fiz. (JETP)* **61** (1971) 118
V. E. Zakharov, A. B. Shabat, *Ž. Exp. Teor. Fiz. (JETP)* **64** (1973) 1627
V. E. Zakharov, A. B. Shabat, *Funct. Anal. Appl.* **8** (1974) 43
V. E. Zakharov, V. S. Lvov, Preprint ITFAN, Chernogolovka 1975

Sachverzeichnis

Der Autor

- entwickelt eine induktive geschlossene Theorie nichtlinearer Wellenerscheinungen in dissipativen und dispersiven Medien

- leitet die in zweiter Ordnung nichtlinearen Burgers- und Korteweg-de Vries-Gleichungen aus hydrodynamischen Gleichungen ab und stellt den Zusammenhang zur geometrischen Optik, zur nichtlinearen parabolischen Gleichung und zur nichtlinearen Schrödinger-Gleichung her

- geht auf nichtlineare Wellen in Hydro-, Elektro- und Plasmadynamik ein

- behandelt einfache Wellen, Solitonen, Stoßwellen und Enveloppen-Wellen

- erörtert die Stabilität, Selbstmodulation und Selbstfokussierung von Wellenpaketen

- stellt die adiabatische Theorie der gemittelten Lagrange-Dichte von Whitham und die inverse quantenmechanische Streutheorie als Behandlungsmethoden für nichtlineare Wellenprobleme vor

- wendet sich an alle an nichtlinearen Wellenvorgängen Interessierten

WISSENSCHAFTLICHE TASCHENBÜCHER

MIX
Papier | Fördert gute Waldnutzung
FSC® C083411

Zeitfracht Medien GmbH
Ferdinand-Jühlke-Straße 7
99095 Erfurt, Deutschland
produktsicherheit@kolibri360.de